一级注册建筑师考前复习用书

建筑材料

（知识要点·历年试题·模拟题解析）

刘祥顺　编著

中国建材工业出版社

图书在版编目（CIP）数据

建筑材料：知识要点·历年试题·模拟题解析/刘祥顺编著. —北京：中国建材工业出版社，2012.1（2012.3）

ISBN 978-7-5160-0055-7

Ⅰ.①建… Ⅱ.①刘… Ⅲ.①建筑材料—建筑师—资格考试—自学参考资料 Ⅳ.①TU5

中国版本图书馆 CIP 数据核字（2011）第 218755 号

内 容 简 介

本书以考试大纲为依据，参考有关的国家现行标准、规范及工程设计文件，详细且有重点地讲解了有关建筑材料的组成、结构及构造与建筑材料的基本性质，以及无机气硬性胶凝材料、水泥、混凝土、建筑砂浆、砌筑材料、屋面材料、天然石材、建筑钢材及金属材料、木材、建筑材料、绝热材料、吸声及隔声材料、建筑装饰材料等各类建筑材料的基础知识。并结合历年真题和模拟题进行了详细的解析和点拨，具有一定的指导性。

建筑材料（知识要点·历年试题·模拟题解析）

刘祥顺　编著

出版发行：中国建材工业出版社
地　　址：北京市西城区车公庄大街 6 号
邮　　编：100044
经　　销：全国各地新华书店
印　　刷：北京鑫正大印刷有限公司
开　　本：710mm×1000mm　1/16
印　　张：20.25
字　　数：384 千字
版　　次：2012 年 1 月第 1 版
印　　次：2012 年 3 月第 2 次
定　　价：39.00 元

本社网址：www.jccbs.com.cn
本书如出现印装质量问题，由我社发行部负责调换。联系电话：（010）88386906

编者的话

本书是一本为参加全国一级注册建筑师资格考试人员而编写的一级注册建筑师资格考试建筑材料部分的复习资料。它以考试大纲要求为依据，具有广泛的覆盖面。容纳了建筑师对各类各种常用建筑材料（包括新型建筑材料及绿色建材）应掌握的知识要点。介绍了建筑材料的组成、结构及构造与建筑材料的基本性质，以及无机气硬性胶凝材料、水泥、混凝土、建筑砂浆、砌筑材料、屋面材料、天然石材、建筑钢材及金属材料、木材、建筑塑料、绝热材料、吸声及隔声材料、建筑装饰材料等各类建筑材料。着重对重要及常用建筑材料从产地、生产、物理化学性质（特性）及其影响因素、应用范围、检验检测方法等基本知识进行归纳。它基本上包括了本科目考试的知识要点。

本书以考试大纲为依据，采用国家的现行标准及规范进行编写，并参考有关工程设计文件等。内容全面，简明扼要，重点突出，为参加考试的学员们提供了一本使用方便的辅导教材。可作为全国一级注册建筑师资格考试复习资料，也可作为建筑师日常工作的一本参考资料。

为了帮助考生更好地了解和适应考试，在每章后还提供了历年考试真题（标有考试年份及试题序号）和模拟试题（无标注）共计 574 道，并配有答案和较详细的答案解析，便于读者更好地掌握和消化各章的内容。

参加本书编写的有胡姗、周大伟、刘雪飞、范进、吴琼、吴健等同志，特此致谢。

刘祥顺

2011 年 10 月

目 录

绪　　论 ··· 1
　一、建筑材料的定义与分类 ··· 1
　二、建筑材料发展简史 ·· 2
　三、建筑材料的特点及其在工程中的地位 ··································· 3
　四、关于绿色建筑材料 ·· 4
　五、建筑材料技术标准简介 ··· 4
　本章历年试题及模拟题解析 ··· 5

第一章　建筑材料的基本性质 ·· 10
　第一节　建筑材料的组成与结构 ··· 10
　第二节　建筑材料的物理性质 ·· 13
　第三节　建筑材料的力学性质 ·· 17
　第四节　建筑材料的耐久性 ··· 20
　本章历年试题及模拟题解析 ··· 21

第二章　无机气硬性胶凝材料 ·· 26
　第一节　石灰 ·· 26
　第二节　建筑石膏 ·· 28
　第三节　水玻璃 ··· 31
　第四节　菱苦土 ··· 32
　本章历年试题及模拟题解析 ··· 32

第三章　水泥 ·· 39
　第一节　硅酸盐类水泥 ·· 39
　第二节　其他水泥 ·· 46
　本章历年试题及模拟题解析 ··· 48

第四章　混凝土 ·· 60
　第一节　混凝土概述 ··· 60
　第二节　普通混凝土的组成材料 ··· 61
　第三节　普通混凝土拌合物 ··· 66
　第四节　普通混凝土的性质 ··· 69
　第五节　混凝土外加剂与掺合料 ··· 77

  第六节 普通混凝土配合比设计 ································· 81
  第七节 预拌混凝土 ······································· 84
  第八节 轻混凝土 ··· 86
  第九节 特种混凝土 ······································· 89
  本章历年试题及模拟题解析 ································· 92
第五章 建筑砂浆 ··· 109
  第一节 概述及组成材料 ··································· 109
  第二节 砂浆拌合物的和易性 ······························· 110
  第三节 砌筑砂浆 ··· 111
  第四节 抹面砂浆 ··· 111
  本章历年试题及模拟题解析 ································· 113
第六章 砌筑材料 ··· 118
  第一节 烧结类砌筑材料 ··································· 118
  第二节 非烧结类砌筑材料 ································· 121
  第三节 砌筑用石材 ······································· 123
  本章历年试题及模拟题解析 ································· 125
第七章 建筑钢材 ··· 136
  第一节 钢的分类 ··· 136
  第二节 钢的性质 ··· 136
  第三节 钢材的化学成分与晶体组织对钢性能的影响 ········· 139
  第四节 冷加工、热处理与焊接 ··························· 140
  第五节 钢结构用钢及钢筋混凝土结构用钢 ··················· 142
  第六节 钢材的防护 ······································· 149
  本章历年试题及模拟题解析 ································· 150
第八章 木材 ··· 157
  第一节 木材的分类 ······································· 157
  第二节 木材的构造与性质 ································· 158
  第三节 常用木材及制品 ··································· 160
  第四节 木材的防腐与防火 ································· 161
  本章历年试题及模拟题解析 ································· 162
第九章 屋面材料与防水材料 ··· 170
  第一节 瓦屋面材料 ······································· 170
  第二节 防水材料 ··· 171
  第三节 建筑密封材料 ····································· 180
  本章历年试题及模拟题解析 ································· 182

第十章　合成高分子材料 ……………………………………………… 198
 第一节　建筑塑料 ……………………………………………………… 198
 第二节　建筑胶粘剂 …………………………………………………… 201
 第三节　合成橡胶 ……………………………………………………… 202
 本章历年试题及模拟题解析 …………………………………………… 203
第十一章　绝热材料 …………………………………………………… 212
 第一节　绝热材料的基本知识 ………………………………………… 212
 第二节　常用绝热材料 ………………………………………………… 214
 本章历年试题及模拟题解析 …………………………………………… 215
第十二章　吸声材料与隔声材料 ……………………………………… 224
 第一节　吸声材料 ……………………………………………………… 224
 第二节　隔声材料 ……………………………………………………… 227
 本章历年试题及模拟题解析 …………………………………………… 228
第十三章　建筑装饰材料 ……………………………………………… 232
 第一节　定义、分类与选用原则 ……………………………………… 232
 第二节　建筑装饰石材 ………………………………………………… 232
 第三节　建筑陶瓷 ……………………………………………………… 235
 第四节　建筑玻璃 ……………………………………………………… 236
 第五节　装饰用金属材料 ……………………………………………… 240
 第六节　塑料装饰制品 ………………………………………………… 248
 第七节　装饰用织物 …………………………………………………… 251
 第八节　油漆与建筑涂料 ……………………………………………… 253
 第九节　装饰砂浆及装饰混凝土 ……………………………………… 262
 第十节　民用建筑工程室内环境污染的控制 ………………………… 264
 本章历年试题及模拟题解析 …………………………………………… 269

参考文献 ………………………………………………………………… 316

绪 论

一、建筑材料的定义与分类

建筑材料系指在建筑工程中所使用的各种材料。通常有用于建筑工程中构成建筑物本身的材料（如砖、瓦、灰、砂、石、钢材和各种建筑器材等）和在建筑实施过程中需用的工具性材料（如模板、脚手架等）两类。这里所讲的建筑材料是指第一类。

建筑材料品种繁多，为了方便掌握，可从不同角度进行分类。通常有按化学成分和按使用功能两种分类方法。

按化学成分分类，将建筑材料分为无机材料、有机材料和复合材料三大类，详见表0-1。这种分类方便学习，便于掌握，各种教科书常按此种方法进行分类。

表0-1 建筑材料按化学成分分类

分类			实例
无机材料	金属材料	黑色金属	生铁、钢材、不锈钢
		有色金属	铝、铜及其合金、金、银
	非金属材料	天然石材	花岗石、大理石、石灰石
		烧土制品	砖、瓦、陶瓷
		玻璃及熔融制品	玻璃、矿棉、岩棉、铸石
		胶凝材料	气硬性：石灰、石膏、菱苦土、水玻璃 水硬性：各类水泥
		混凝土类	砂浆、混凝土、硅酸盐制品
有机材料	植物质材料		木材、竹材
	沥青材料		石油沥青、煤沥青及其制品
	合成高分子材料		建筑塑料、合成橡胶、建筑胶粘剂、有机涂料、建筑密封材料
复合材料	金属材料-非金属材料复合		钢筋混凝土、钢纤维混凝土、夹丝玻璃
	金属材料-有机材料复合		涂层钢板、彩色压型钢板
	非金属材料-有机材料复合		沥青混凝土、聚合物混凝土、玻纤增强塑料、水泥刨花板

按使用功能分类,将建筑材料分为建筑结构材料、墙体材料、建筑功能材料和建筑器材四大类,详见表0-2。这种分类方法便于查找,方便使用,各种建筑材料手册常按这种方法进行分类。

表0-2 建筑材料按使用功能分类

分类	定义	实例
建筑结构材料	构成建筑物承重系统(基础、墙、柱、梁、板、框架、屋架)的材料	砖、石、钢材、木材、混凝土
墙体材料	构成建筑物内、外墙体及内分隔墙的材料	各种砖、石、多孔砖、空心砖、加气混凝土(现称蒸压加气混凝土)砌块、混凝土小型空心砌块、石膏板、墙板及复合墙板
建筑功能材料	不用来承受荷载,具有某种特定功能的材料	绝热材料:矿棉、岩棉、玻璃棉、膨胀珍珠岩及其制品、膨胀蛭石及制品、泡沫玻璃、轻混凝土、泡沫塑料 吸声材料:地毯、帷幕、吸声石膏穿孔板、铝合金穿孔板及上述绝热材料 采光材料:各种玻璃 防水材料:防水涂料、各种防水卷材、建筑密封材料 防腐材料:煤焦油、有机涂料 装饰材料:石材、玻璃、石膏制品、木材、陶瓷、涂料、塑料制品、棉麻毛织品、金属装饰材料
建筑器材	为了满足使用要求,与建筑物配套的各种器材及设备	给水及排水器材 采暖、通风及空调设备 电工器材及灯具 消防器材 电信及通信器材 燃气设备及器材 建筑五金

二、建筑材料发展简史

建筑材料是随着人类社会生产力、科学技术水平以及人们需求的不断提高而逐步发展起来的。人类最早穴居巢处。进入石器、铁器时代,才开始挖土、凿石为洞,伐木搭竹为棚,利用天然材料建造极其简陋的房屋。

在西周(前1046年—前771年)之前,祖先就能够利用黏土烧制砖瓦,利用岩石烧制石灰,且配制了三合土。距今已有3000多年的历史。

水泥在5000年以前一些形式就已出现，建造了罗马圆形大剧场和著名的众神庙。但直到18、19世纪，一个英国人（约瑟）在1824年获得了"波特兰水泥"的专利权。此后，水泥的制造在全世界才有了新的发展。

在18、19世纪，由于资本主义兴起，在科学技术进步的推动下，除水泥外，钢材、混凝土以及钢筋混凝土等结构材料和其他材料相继问世，为大型的工程建设奠定了基础。

进入20世纪后，以有机材料为主的化学建材异军突起，一些具有特殊功能的新型建筑材料应运而生，如绝热材料、吸声材料、装饰材料、耐热防火材料、防水抗渗材料、高性能混凝土等。

当前，人们大力提倡在材料生产、利用、废弃和再生循环过程中，以与生态环境相协调、满足最小资源和能源消耗、最小或无环境污染、最佳使用性能、最高循环再利用率为要求设计生产的建筑材料，即生态建筑材料。

人类很早就学会了利用天然材料，并建造了一些世界著名的建筑物，如：利用天然石材建造的埃及的太阳神庙；意大利的比萨斜塔；中国泉州洛阳桥、河北赵州桥；美国华盛顿独立纪念碑等。单纯利用木材建造的我国山西应县佛塔。

后来，人们还利用砖、混凝土、钢材等材料建造了世界闻名的建筑物，如：采用砖建造的中国河北定县料敌塔；采用混凝土建造的加拿大国家电视塔、纽约帝国大厦、上海东方明珠；采用钢材建造的法国巴黎艾菲尔塔、东京电视塔、广州电视塔、北京奥运场馆鸟巢、中国中央电视台大楼。

三、建筑材料的特点及其在工程中的地位

随着现代科学技术的发展，生产力不断提高，人民生活水平不断改善，要求建筑材料的品种与性能更加完备。不仅要求建筑材料要经久耐用，而且要求具有轻质、高强、美观、绝热、防水、防火、防震、节能等多方面功能。因此，理想的建筑材料应具有轻质、高强、防火、无毒、多功能和高效能的特点。

建筑材料在工程中用量极大，且具有很强的经济性，它直接影响工程的总造价。一般，住宅工程的材料费用约占工程总造价的50%~60%。可见，作为建筑材料必须具备以下四大特点：适用（具备要求的使用功能）、耐久（具有与使用环境条件相适应的耐久性）、量大（具有丰富的资源）和价廉。

在基本建设领域中，水泥、钢材和木材是各类建设工程中不可缺少且用量较大的材料。尽管木材在建设中已逐渐被其他材料所代替，但到目前为止仍是一种必不可少的材料。因此，在我国基本建设行业中仍将水泥、钢材和木材列为"三大建筑材料"。

四、关于绿色建筑材料

绿色建筑材料是指采用清洁生产技术，不用或少用天然资源和能源，大量使用工农业或城市固态废弃物生产的无毒害、无污染、无放射性，达到使用周期后可回收利用，有利于环境保护和人体健康的建筑材料。

绿色建筑材料又称生态建材、环保建材和健康建材。即作为绿色建筑材料应具有四个基本要素：

1. 原料采用

必须是大量利用废弃物（如稻壳、秸秆、粉煤灰、煤矸石、炉渣等）、最少地使用天然资源或一次性资源（如水泥、混凝土等），在原料采集过程中不会对环境或生态造成破坏。

2. 产品制造

必须是清洁的生产技术，在生产过程中产生的废气、废水、废渣应符合环保要求，不能造成污染，而且在生产过程中应使能耗尽可能少，高耗能材料不能称为绿色建材。

3. 产品使用

绿色建材还应具有优异的使用性能，如：轻质、高强、保温隔热、使用寿命长等。而且无污染、无毒害、无放射性。即达到"健康、环保、安全及优质"的四大目的。

4. 材料使用周期后

当材料使用寿命终结之后，即废弃时，不应造成二次污染，并可以再次被利用，具有最高循环再利用率。

上述四个基本要素是一个系统工程的概念，如果没有系统工程的概念，设计和生产的建筑材料，有可能在某些方面反映出是"绿色的"，而另一些方面还可能是"黑色"。

绿色建筑材料是在传统建筑材料基础上产生的新一代建筑材料，主要包括新型墙体材料、保温隔热材料、防水密封材料和装饰装修材料。

五、建筑材料技术标准简介

建筑材料技术标准是作为有关生产、设计、应用、管理、研究等部门共同遵循的依据。包括原料，材料，产品的质量、规格、等级、性能要求以及检验方法；材料及产品的应用技术规范（或规程）；材料生产及设计的技术规定；产品质量的评定标准等。

在我国，根据技术标准的发布单位与适用范围，可分为国家标准、行业标准、地方标准和企业标准四级。

国家标准由国家标准局发布,在全国范围内适用,其代号为GB。

行业标准(亦称部颁标准)由中央相关部委发布,报国家标准局备案,在全国本行业范围内适用。建材行业标准代号为JC,建工行业标准代号为JG,交通行业标准代号为JT,铁路行业标准代号为TB,冶金行业标准代号为YB,石油化工行业标准代号为SH等。

地方标准只能适用本地区,它是国家、行业未能颁布的产品与工程的技术标准,由地方主管部门发布,代号为DB。

企业标准是国家、行业未能颁布的产品与工程的技术标准,只能适用本企业,代号为QB。

各级标准,在必要时可有试行与正式标准两类。按其权威程度又可分为强制性标准和推荐性标准,例如:《建筑用砂》GB/T 14684—2001。

随着我国对外开放的不断深入和加入世界贸易组织(WTO),常会涉及一些与建筑材料有关的国际标准及外国标准,了解和熟悉有关标准也是十分必要的。如:国际标准,代号为ISO;美国材料试验学会标准,代号为ASTM;日本工业标准,代号为JIS;俄罗斯联邦国家标准,代号为ГOCT P;德国工业标准,代号为DIN;英国标准,代号为BS;法国标准,代号为NF。

本章历年试题及模拟题解析

1. 建材品种繁多,组分各异,用途不一。按基本成分建筑材料分类有三种,下列何者不属于分类之内? [2000-001]

A. 金属材料　　B. 非金属材料　　C. 单纯材料　　D. 复合材料

【解析】 建筑材料按化学成分分为三大类。即无机材料(包括金属材料和无机非金属材料)、有机材料(包括植物质材料、沥青材料和合成高分子材料)、复合材料(包括金属材料-非金属材料复合、金属材料-有机材料复合、非金属材料-有机材料复合)。在分类中,无单纯材料说法。详见表0-1。

答案: C

2. 涂料属于以下哪一种材料? [2005-003]

A. 非金属材料　　B. 无机材料　　C. 高分子材料　　D. 复合材料

【解析】 涂料是指涂于物体表面可形成连续性薄膜,具有保护、装饰或其他特殊功能的材料。按其主要成膜物可分为油料类涂料和树脂类涂料,两者均属有机高分子类材料。

答案：C

3. 建筑材料分类中，下列哪种材料属于复合材料？ [2008-001]
A. 不锈钢　　B. 合成橡胶　　C. 铝塑板　　D. 水玻璃

【解析】　不锈钢是一种以含铬元素为主的合金钢；合成橡胶是由单体聚合、缩合作用等人工合成而形成的一种高弹性的高分子聚合物；水玻璃是碱金属氧化物与二氧化硅结合而成的能溶于水的硅酸盐材料；铝塑复合板（简称铝塑板）则是以经过化学处理的涂装铝板为表层材料，用聚乙烯塑料为芯板，在专用铝塑板生产设备上加工而成的复合材料，即是一种以塑料为芯层，两面为铝材的3层复合材料。

答案：C

4. 石棉水泥制品属于： [2010-004]
A. 层状结构　　B. 纤维结构　　C. 散粒结构　　D. 堆聚结构

【解析】　就石棉本身来说，是属纤维结构，而石棉水泥制品从结构上说则是水泥石粘结石棉形成的混凝土，是一种堆聚结构。

答案：D

5. 建筑材料按使用功能可分为（　　）四大类。
A. 建筑结构材料、维护材料、防水材料和装饰材料
B. 建筑结构材料、墙体材料、建筑功能材料和建筑器材
C. 建筑结构材料、墙体材料、防水材料和装饰材料
D. 建筑结构材料、维护材料、建筑功能材料和建筑器材

【解析】　将建筑材料按其使用功能分为建筑结构材料、墙体材料、建筑功能材料和建筑器材四大类。

答案：B

6. 下列哪组重要建材在18～19世纪相继问世并广泛运用，成为主要结构材料？ [2001-001]

A. 石材、钢铁、机砖、复合板
B. 钢材、水泥、混凝土、钢筋混凝土
C. 砌块、高强塑料、铝合金、不锈钢
D. 充气材料、合成砖块、预制构件

【解析】　人类在远古时期就开始使用石材建造居所。在18～19世纪，由于资本主义兴起，在科学技术进步的推动下，水泥、钢材、混凝土以及钢筋混

凝土等结构材料相继问世，并广泛运用，成为主要结构材料。20世纪后，题目中其他材料如：机砖、复合板、砌块、高强塑料、充气材料等才相继出现。

答案： B

7. 陕西凤雏遗址的土坯墙等说明我国烧制石灰、砖瓦至少有多少年的历史？ [2001-051]

A. 1500年　　　B. 2000年　　　C. 3000年　　　D. 4000年

【解析】 陕西岐山凤雏村西周遗址是一座相当严整的四合院式的建筑。房屋基址下还设有排水陶管和卵石叠筑的暗沟。屋顶采用瓦，瓦的发明是西周（前1046年—前771年）在建筑上的突出贡献。以上事实说明我国烧制石灰、砖瓦至少有3000年的历史。

答案： C

8. 我国自古就注意建筑材料的标准化，如咸阳城、兵马俑坑、明代长城（山海关段）等所用砖的规格，其长、宽、厚之比为下列（　　）。

[2001-011]

A. 4∶2∶1　　　B. 5∶3∶1　　　C. 2∶1∶1　　　D. 5∶4∶3

【解析】 为了配合使用方便，砖的长、宽、厚之比均接近4∶2∶1。

答案： A

9. 在我国基本建设所用的"三大建筑材料"通常是指：

[1995-002、2006-001]

A. 钢材、砂石、木材　　　　B. 水泥、钢材、木材
C. 水泥、金属、塑料　　　　D. 石材、钢材、木材

【解析】 在基本建设领域中，水泥、钢材和木材是各类建设工程中不可缺少且用量较大的材料。尽管木材在建设中已逐渐被其他材料所代替，但到目前为止仍是一种必不可少的材料。因此，在我国基本建设行业中仍将水泥、钢材和木材列为"三大建筑材料"。虽然，混凝土是当前工程上最重要、用量最大的材料，但混凝土是必须经二次生产的材料。

答案： B

10. 举世闻名而单一天然材料构筑的古建筑如：埃及太阳神庙、意大利比萨斜塔、美国华盛顿独立纪念碑及中国泉州洛阳桥等，是用下列哪一类材料建造的？ [2001-021]

A. 木材　　　B. 石材　　　C. 生土　　　D. 天然混凝土

【解析】 上述的庙、塔、碑、桥都是采用石材建造的。

答案：B

11. 山西应县佛塔、河北定县料敌塔、华盛顿纪念塔、加拿大国家电视塔、巴黎艾菲尔塔是五座闻名的建筑杰作，它们所用的最主要建筑材料，依次是：　　　　　　　　　　　　　　　　　　　　　　　　　　[1995-036]

A. 砖、木、混凝土、石、钢　　　　B. 砖、石、木、混凝土、钢
C. 木、砖、石、钢、混凝土　　　　D. 木、砖、石、混凝土、钢

【解析】 山西应县佛塔系山西应县佛宫寺释迦塔（俗称应县木塔），是世界上现存最高（67.31米）、最古老的全木结构佛塔。建于公元1058年，至今已有950多年的历史。河北定县料敌塔亦称八角形料敌塔，位于河北定县，原名"开元寺塔"也称"了敌塔"，是中国现存最高的古代砖塔，塔高84米，11层，于公元1055年建成。华盛顿纪念塔是美国首都的标志性建筑，是一座纯白色大理石建筑，塔高555英尺。加拿大国家电视塔高553.33米，是世界上最高的钢筋混凝土结构的自立构造。位于多伦多市，1975年建成。巴黎艾菲尔塔称艾菲尔铁塔，是一座全钢结构，塔身重7000吨，于1889年建成。

答案：D

12. 某栋普通楼房建筑造价1000万元，据此估计材料费约为下列哪一项价格？　　　　　　　　　　　　　　　　　　　　[2001-003、2003-001]

A. 250万元　　　B. 350万元　　　C. 450万元　　　D. 500～600万元

【解析】 一般，住宅工程的材料费用约占工程总造价的50%～60%。

答案：D

13. 建筑材料标准按等级分有国际标准、中国国家标准等，以下常用标准编码符号全部正确的是：　　　　　　　　　　　　　　[1995-049]

A. ISO（国际标准）；ASTM（澳大利亚标准）；GB（中国国家标准）
B. ISO（国际标准）；ASTM（美国材料试验标准）；GB（中国国家标准）
C. ISO（意大利标准）；ASTM（美国材料试验标准）；GB（德国标准）
D. ISO（国际标准）；ASTM（俄罗斯标准）；GB（英国标准）

【解析】 ISO——国际标准；ASTM——美国材料试验标准；GB——中国国家标准。

答案：B

14. 以下哪项能源不是《可再生能源法》中列举的可再生能源？

[2010-057]

A. 地热能　　　B. 核能　　　C. 水能　　　D. 生物质能

【解析】 在国家《可再生能源法》中，列举了可再生能源有风能、太阳能、水能、生物质能、地热能、海洋能等非石化能源。但是，核能亦属于可再生能源。

答案：B

第一章 建筑材料的基本性质

第一节 建筑材料的组成与结构

一、材料的组成

无机非金属材料的组成包括化学组成和矿物组成。化学组成是指由哪些化学元素所组成,常以氧化物的含量百分数形式表示。具有一定的化学组成和结构特征的物质称为矿物,矿物具有一定的分子结构和性质。无机非金属材料可由一种或多种矿物所组成。材料的性质取决于矿物组成及其含量。例如:水泥由硅酸三钙、铝酸三钙等四种矿物组成,改变四种矿物的比例,即可得到不同品种的水泥。

金属材料的组成包括化学组成和晶体组织。化学组成以其元素的含量百分数形式表示。具有一定的化学组成和结构特征的晶体称为组织。金属材料的性质取决于晶体组织及其含量。例如建筑钢材由铁素体和珠光体所组成,改变两者的含量比,钢材性质也随之改变。

二、材料的结构

结构即材料的构造状态。对材料结构的研究,可分为微观结构、亚微观结构和宏观结构三个结构层次。

微观结构有晶体和非晶体之分。晶体材料具有固定的熔点和良好的化学稳定性;虽然晶体本身具有各向异性,但由于晶体材料内的众多细小晶体粒子方向各异的排列使得晶体材料仍显示出各向同性。非晶体(亦称玻璃体或无定形体)无固定的熔点,具有良好的化学活性。例如:砂(晶态 SiO_2)与石灰在常温下不能发生化学作用;而含有玻璃态 SiO_2 的粒化高炉矿渣却在有水的条件下能与石灰发生化学作用,被用作水泥的活性混和材。

亚微观结构(亦称细观结构)包括晶体粒子的粗细、大小、形态分布状态,金属的晶体组织,胶体的形态,材料内部孔隙的形态、大小分布等结构状态。晶态的材料,其晶粒越细小,强度越高。不同形态的胶体(溶胶与凝胶),具有不同的性能。

宏观结构（亦称构造）即用肉眼或借助放大镜即可观察的结构状态。一般可分为：致密结构（金属材料、致密的天然石材、玻璃、塑料等）、微孔结构（砖瓦陶瓷等烧土制品、石膏制品、混凝土、砂浆等）和多孔结构（加气混凝土、泡沫混凝土、泡沫塑料）。按其形态可有聚集结构（混凝土、砂浆、沥青混合料）、纤维结构（矿棉板、岩棉板、玻璃棉板及木材）、层状结构（胶合板、纸面石膏板、各种新型层状复合板材）、散粒结构（混凝土集料、膨胀珍珠岩、膨胀蛭石、陶粒、粉煤灰等）等。宏观结构对材料的性能影响极大，尤其是材料的工程性质，如：强度、吸水性、抗渗性、抗冻性、绝热性、吸声性等。

三、构造特征参数

（一）密度

材料的质量与体积之比称为密度。根据材料所处状态不同，可分为密度、表观密度和堆积密度。

1. 密度（亦有称真密度）

材料在绝对密实状态下，单位体积的质量称为密度。常用 ρ 表示，单位：g/cm^3。即

$$\rho = \frac{m}{v}$$

这里，v 表示材料在绝对密实状态下的体积。

建筑材料中，钢材、玻璃、塑料、致密的石材在自然状态下可看作是绝对密实的，而大多数材料都含有孔隙。

在测定材料的密度时，对于密实的材料，可将材料加工成规则形状（或用排液法）求其体积，再称其质量即可求得密度。对于在自然状态下含孔的材料（如普通砖），应将其磨成细粉除去内部孔隙，用李氏比重瓶测定其密实体积，进而求得密度。

2. 表观密度（亦称体积密度）

材料在自然状态下，单位体积的质量称为表观密度。常用 ρ_0 表示，单位：g/cm^3 或 kg/m^3。即

$$\rho_0 = \frac{m}{v_0}$$

这里，v_0 表示材料在自然状态下的体积。

一般材料在自然状态下，其内部既含开口孔，又含闭口孔，如普通砖、混凝土等。有的材料如砂、石在拌制混凝土时，其内部的开口孔被水所填充，因

此材料的体积只包括材料的实体积与闭口孔的体积。为了区别上述两种情况,将前者情况的密度称为表观密度;将后者情况的密度称为视密度(亦有称近似密度),常用ρ'表示。

在测定砂石材料的视密度时,对砂采用容量瓶法;对石子采用广口瓶法。

3. 堆积密度(亦称松散体积密度)

粉状、颗粒状或块状材料在自然堆积状态下,单位体积的质量称为堆积密度。常用ρ'_0表示,单位:kg/m³。即

$$\rho'_0 = \frac{m}{v'_0}$$

这里,v'_0表示材料在自然堆积状态下的体积。

某种材料在一般情况下,$\rho > \rho' > \rho_0 > \rho'_0$,可根据几种密度间的差值,定性地判断材料的构造状态。是否有孔,有开口孔还是闭口孔。材料的堆积密度可用容积升法测定。

常用材料的密度、表观密度和堆积密度值,见表1-1。

表1-1 常用材料的密度、表观密度和堆积密度

材料名称	密度(g/cm³)	表观密度(kg/m³)	堆积密度(kg/m³)
钢材	7.85	—	—
水泥	2.8~3.1	—	1000~1300
花岗石	2.6~2.9	2500~2800	—
碎石(石灰石)	2.6~2.8	2600	1400~1700
砂	2.6~2.7	2650	1450~1650
普通混凝土	—	2000~2800	
普通黏土砖	2.5	1800~1900	
烧结多孔砖	2.5	1400	
烧结空心砖	2.5	800~1100	
轻骨料*混凝土		800~1950	
木材	1.55	400~800	
泡沫塑料	—	20~50	

* 骨料亦称集料。

(二)材料的孔隙率、空隙率

1. 孔隙率与孔隙特征

孔隙率是指在材料体积内,孔隙体积所占的比例。以p表示。即

$$p = \frac{v_0 - v}{v_0} = 1 - \frac{\rho}{\rho_0}$$

孔隙率定量地说明了材料体积内孔隙的数量。同时,也说明了材料的致密

程度。许多工程性质如强度、吸水性、抗渗性、抗冻性、绝热性、吸声性等都与材料的孔隙有关。

这些性质除取决于孔隙率的大小外,还与孔隙的构造特征密切相关。孔隙构造特征主要指孔的种类(开口孔与闭口孔)、孔径的大小及分布等。

材料的孔隙率可通过材料的表观密度与密度值之比求得。

2. 空隙率

空隙率是指散粒状材料在其堆积体积内,颗粒间空隙所占的比例。以 p' 表示。即

$$p' = \frac{v'_0 - v_0}{v'_0} = 1 - \frac{\rho'_0}{\rho_0}$$

空隙率可用来衡量散粒状材料堆积的疏密程度。

了解材料的孔隙率和空隙率数值的大小,就可以定量地说明材料的构造状态。

第二节 建筑材料的物理性质

一、材料与水有关的性质

(一)材料的亲水性与憎水性

在空气中,当水与材料表面接触时,会出现两种不同的现象。图1-1(a)中,水在材料表面上表现出较强的亲和力,水滴易于扩展。这种材料与水的亲和性称为亲水性。水在材料表面上的润湿边角(固、气、液三态交点处,沿水滴表面的切线与水和固体接触面所成的夹角)$\theta \leqslant 90°$。表面与水亲和力较强的材料称为亲水性材料。与此相反,当水与材料表面接触时,材料不与水亲和,收缩成圆饼状,这种性质称为憎水性(亦称疏水性)。此时润湿边角 $\theta > 90°$。具有憎水性的材料,称为憎水性材料。

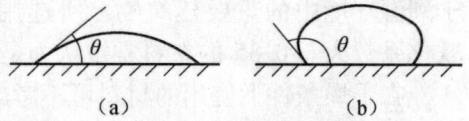

图1-1 材料润湿边角
(a)亲水性材料;(b)憎水性材料

在建筑材料中,各种无机胶凝材料、石材、砖瓦、陶瓷、玻璃、砂浆、混凝土、金属材料以及木材等均为亲水性材料。

沥青、有机涂料、塑料等为憎水性材料。憎水性材料常用作防潮、防水及防腐材料。也可以对亲水性材料进行表面处理,以降低其吸水性。

(二)材料的吸湿性与吸水性

1. 吸湿性

材料在潮湿空气中吸收水分的性质称为吸湿性。以含水率表示,即吸入水

分与干燥材料的质量比。一般说，开口孔隙率较大（或比表面积较大）的亲水性材料具有较强的吸湿性。

材料的含水率还受环境条件的影响，随环境温度和湿度的变化而改变。最终，材料的含水率将与环境湿度达到平衡状态，此时的含水率称为平衡含水率。长期处于某环境中的材料，必然含有一定数量的水，即达到平衡含水率的含水状态。

2. 吸水性

材料在水中吸收水分的性质称为吸水性。以吸水率表示，与含水率相同，吸水率也等于吸入水分与干燥材料的质量比，此时称为质量吸水率。有时，对于多孔类的材料还可以以吸入水分与干燥材料的体积之比表示，称为体积吸水率。一般说，开口孔隙率较大的亲水性材料具有较大的吸水率。

无论是吸湿还是吸水，都是材料吸收了水分。材料吸水后，不但使重量增加，而且会使强度降低，保温性能下降，抗冻性能变差，从而降低材料的耐久性。因此，在建筑设计中，总要设法防止各个结构部位受水的侵害。

（三）材料的耐水性

材料长期在水的作用下，不破坏，强度也不显著降低的性质称为耐水性。材料的耐水性用软化系数 $K_{软}$ 表示。

$K_{软}$ 为材料在吸水饱和状态下的抗压强度与材料在干燥状态下的抗压强度之比。

通常，$K_{软}$ 波动在 0~1 之间。软化系数越小，耐水性越差。受水浸泡或处于潮湿环境中的重要建筑物，所选用材料的软化系数不得低于 0.85。因此，软化系数大于 0.85 的材料常被认为是耐水的。

在干燥条件下使用的材料可不考虑耐水性。

（四）材料的抗渗性

材料抵抗压力水渗透的性质称为抗渗性（或不透水性）。以抗渗等级表示，用材料抵抗压力水渗透的最大水压力值来确定。材料的抗渗性也可以用渗透系数（K）表示。K 值越大，抗渗能力越差。

材料的抗渗性取决于材料的孔隙率及孔隙特征。密实的材料，只有闭口孔或者极微细孔的材料，是不会发生透水现象的。

材料抵抗其他液体渗透的性质，也属抗渗性。

对于地下建筑、水池、水工构筑物等经常受压力水作用的工程及防水材料都应具有良好的抗渗性能。

（五）材料的抗冻性

材料在使用环境中，经受多次冻融循环而不破坏，强度也无显著降低的性质称为抗冻性。

材料受冻破坏是由于材料内部孔隙中的水受冻结冰时，体积增大（约9%）对孔壁产生很大的压力，冰融化时压力骤然消失所致。无论冻结还是融化过程都会使冻融交界层间产生明显的压力差，并作用于孔壁使之遭损。

材料抗冻能力与材料的构造特征、强度、含水状态等因素有关。一般，密实的以及具有闭口孔的材料有较好的抗冻性能；具有一定强度的材料对冰冻有一定的抵抗能力；含水量越大，冰冻破坏作用越大；经受冻融循环次数越多，材料遭损越严重。

对于冬季室外计算温度低于 -10℃ 的地区，工程中使用的材料必须进行抗冻性检验。

二、材料与热有关的性质

（一）导热性

材料传导热量的能力称为导热性。用导热系数（λ）表示。单位为：W/(m·K)。导热系数越大，传导热量的能力越强。在建筑热工中，常把 $1/\lambda$ 称为材料的热阻，用 R 表示，单位为：m·K/W。

导热系数与热阻都是评价建筑材料保温隔热性能的重要指标。材料的导热系数越小，热阻值越大，材料的导热性能越差，保温隔热性能越好。

材料的导热系数主要取决于材料的化学组成、微观结构、宏观构造状态（即孔结构）、含水程度及热流方向等。材料两侧的温度差则是决定热流量的大小和方向的客观条件（详见第十一章，第一节）。

（二）热容量

材料受热时吸收热量，冷却时放出热量的性质称为热容量。常以1g材料温度改变1℃时所需的热量，即比热（亦称热容量系数）来表示。单位为：J/(kg·K)。

常用建筑材料的导热系数和比热值见表1-2。

表1-2　几种典型材料的热性质指标

材　料	导热系数 [W/(m·K)]	比热 [J/(kg·K)]	材料	导热系数 [W/(m·K)]	比热 [J/(kg·K)]
钢材	58	0.48	泡沫塑料	0.035	1.3
花岗石	2.9	0.92	水	0.58	4.19
普通混凝土	1.51	0.84	冰	2.33	2.05
普通黏土砖	0.80	0.88	密闭空气	0.023	1.00
松木	横纹 0.17 顺纹 0.35	2.5			

当选用墙体材料具有较小的导热系数和较大的热容量值（比热与材料质量之积）时，室内温度稳定，并将会冬暖夏凉。

从表中可以看出，水的比热值最大达4.19J/(kg·K)，因此要使水（或潮湿状态的材料）改变1℃时，所需热量的改变也最大。

（三）耐热性（亦称耐高温性、耐火性）

材料长期在高温作用下，不失去使用功能的性质称为耐热性。

一些材料长期在高温作用下会发生材质的变化而影响材料的正常使用。例如：二水石膏在65℃以上长期使用，会脱水成为半水石膏；石英在573℃下，将由α石英转变为β石英，同时体积增大2%；石灰石、大理石等碳酸盐类矿物岩石在750℃以上时分解；木材长期在50℃以上时木质将部分分解而碳化，同时强度大幅度降低。

一些材料在高温下发生较大的变形，导致结构破坏。例如：普通混凝土在300℃以上，水泥石脱水收缩，骨料受热膨胀，将导致结构破坏。钢材在350℃以上时，其抗拉强度显著降低，会使钢构件产生过大的变形而失去稳定。玻璃以及铝合金在火焰作用下也会发生明显变形而失去使用功能。

上述材料在高温下，或是发生材质的变化；或是发生较大的变形，导致结构破坏。因此，限制了这些材料使用时所处环境的最高温度。

（四）耐燃性（亦称防火性）

在发生火灾时，材料抵抗或延缓燃烧的性质称为耐燃性。

国家标准《建筑材料燃烧性能分级方法》（GB 8624—1997）将建筑材料的燃烧性能分为：不燃烧材料（A级）、难燃烧材料（B_1级）、可燃烧材料（B_2级）和易燃烧材料（B_3级）。

不燃烧材料（A级）是指在空气中，无法点燃的材料。无机材料均为不燃材料，如：花岗石、大理石、水磨石、水泥制品、混凝土制品、石膏板、石灰制品、黏土制品、玻璃、瓷砖、马赛克、钢铁、铝、铜合金等材料。安装在钢龙骨上的纸面石膏板，可做为A级装修材料使用；施涂于A级基材上的无机装饰涂料，也可做为A级装修材料使用。但是，一些不燃材料却不耐火，如玻璃、混凝土、钢材、铝材等。

难燃烧材料（B_1级）是指在空气中受高温作用难起火、难微燃、难碳化，当火源移走后立即停止燃烧的材料。这类材料多为以不燃烧材料为基体的复合材料，如沥青混凝土、纸面石膏板、纤维石膏板、水泥刨花板、矿棉装饰吸声板、玻璃棉装饰吸声板、珍珠岩装饰吸声板、难燃胶合板、难燃中密度纤维板、岩棉装饰板、难燃木材、铝箔复合材料、难燃酚醛胶合板、铝箔玻璃钢复合材、多彩涂料、难燃墙纸、难燃墙布、难燃仿花岗石装饰板、氯氧镁水泥、装配式墙板、难燃玻璃钢平板、PVC塑料护墙板、轻质高强复合墙板、阻燃模压木质复合板材、彩色阻燃人造板、难燃玻璃钢等，它们可推迟发火时间或缩小火焰的蔓延。

可燃烧材料（B_2级）是指在空气中点燃时会起火或微燃，当火源移走后仍能继续燃烧或微燃的材料，如：木材及大部分有机材料。大多数塑料是燃烧材料，但加了阻燃剂后会具有自熄性，成为难燃性材料。

易燃烧材料（B_3级），随点即燃，火焰不熄灭。

国家标准《建筑材料及制品燃烧性能分级》（GB 8624—2006）中考虑了燃烧的热值、火灾发展速率、烟气产生率等燃烧特性要素，将材料的燃烧性能级别划分改为 A_1、A_2、B、C、D、E、F 七个级别。某一制品在不同的最终应用状态下，可能有不同的燃烧性能等级。

为了使材料具有较好的防火性，一种办法是对可燃材料进行阻燃处理。即将阻燃剂直接加入材料之中，使之成为材料的一个组分；或采用阻燃剂浸注处理。另一种办法就是采用表面涂刷防火涂料［组成防火涂料的成膜物质可为无机物（如水玻璃）或是有机含氯的树脂。］或粘贴不燃材料来达到阻燃的目的。

用上述几种材料制成的建筑构件分别叫做不燃烧体、难燃烧体和燃烧体。用可燃材料制作而用不燃材料做保护层的构件亦称难燃烧体。

第三节　建筑材料的力学性质

一、强度与强度等级

（一）材料的强度

材料在外力（荷载）作用下，抵抗破坏的能力称为强度。材料在外力作用下，不同的材料可出现两种情况：

一种是当内部应力达到其极限应力值时，材料即破坏。则将极限应力值作为材料的强度。所有的脆性材料如：普通砖、石材、砂浆、混凝土等均属此类。

另一种是当内部应力达到某一值后出现屈服现象，应力不增加也会产生较大的变形，此时虽然没有达到其极限应力值，却使构件失去了使用功能。因此，只能采用屈服时的应力值（屈服强度），而不采用极限强度作为设计的取值依据，如：建筑钢材。

材料的强度是通过对标准试件在规定的实验条件下的破坏试验来测定的。根据受力方式不同，可分为抗压强度、抗拉强度、抗剪强度和抗弯强度（亦称抗折强度）。常用材料的强度测定见表1-3。

表 1-3 测定强度的标准试件

受力方式	试件	简图	计算公式	材料	试件尺寸（mm）
		(a) 轴向抗压强度极限			
轴向受压	立方体		$f_{压}=\dfrac{F}{A}$	混凝土 砂浆 石材	$150\times150\times150$ $70.7\times70.7\times70.7$ $50\times50\times50$
	棱柱体			木材	$a=20$，$h=30$
	复合试件			砖	$s=115\times120$
	半个棱柱体			水泥	$s=40\times62.5$
		(b) 轴向抗拉强度极限			
轴向受拉	木材 钢筋 拉伸试件		$f_{拉}=\dfrac{F}{A}$	钢筋	$l=5d$ 或 $l=10d$ $A=\dfrac{\pi d^2}{4}$
				木材	$a=15$，$h=4$ $(A=a\cdot b)$
	立方体			混凝土	$100\times100\times100$ $150\times150\times150$
		(c) 抗弯强度极限			
受弯	棱柱体		$f_{弯}=\dfrac{3Fl}{2bh^2}$	水泥	$l_0=160$ $b=h=40$ $l=100$
			$f_{弯}=\dfrac{Fl}{bh^2}$	混凝土、 木材	$20\times20\times300$，$l=240$

不同种类的材料具有不同的抵抗外力的特点，强度差异较大。常用结构材料的强度值，见表1-4。

表1-4 常用结构材料的强度值（MPa）

材料	抗压	抗拉	抗弯
建筑钢材	195~1500	195~1500	—
花岗石	100~250	5~8	10~14
普通混凝土	7.5~60	1~9	—
普通黏土砖	10~30	—	—
木材	30~50	80~120	60~100

同种材料的强度随孔隙率及宏观构造特征的不同有很大的差异。一般说，材料的孔隙率越大，其强度越低。

材料的强度值还受试验条件影响，如试件的形状、尺寸、表面状态、含水程度、温度、加荷速度等。因此，材料的强度试验必须按照国家规定的试验方法进行。

（二）强度等级

为了掌握材料的力学性质，合理选择材料，将建筑材料按极限强度（或屈服点）划分为不同的等级，即强度等级。

对于石材、普通砖、砂浆、混凝土等脆性材料，由于主要用于抗压，因此以其抗压强度来划分强度等级。而建筑钢材主要用于抗拉，则以其屈服点作为划分强度等级的依据。

（三）比强度

比强度并不能表明材料真实强度的大小。它是用来评价材料是否轻质高强的指标。它等于材料的强度与其表观密度之比，其值较大者，表明该材料轻质高强。表1-5的数值表明，松木较为轻质高强。

表1-5 常用材料的比强度

材料名称	强度值（MPa）	表观密度（g/cm^3）	比强度
建筑钢材 Q235	235	7.85	29.9
普通混凝土 C30	30	2.4	12.5
普通黏土砖 MU20	20	1.8	11.1
木材（松木）	34	0.5	68.0

二、变形性能

(一) 弹性与塑性

1. 弹性

材料在外力作用下产生变形,当外力取消后能够完全恢复原来形状、尺寸的性质称为弹性。这种能够完全恢复的变形称为弹性变形。材料在弹性范围内变形符合胡克定律。用弹性模量(E)来反映材料抵抗变形的能力。E值越大,材料在外力作用下越不易产生变形。

2. 塑性

材料在外力作用下产生不能自行恢复的变形,且不破坏的性质称为塑性。这种不能自行恢复的变形称为塑性变形。

实际上,只有单纯的弹性或塑性的材料都是不存在的。各种材料在不同的应力下,表现出不同的变形性能。

(二) 脆性和韧性

1. 脆性

材料在外力作用下,直至断裂前只发生弹性变形,不出现明显的塑性变形而发生突然破坏的性质称为脆性。具有这种性质的材料称为脆性材料,如石材、普通砖、玻璃、陶瓷、砂浆、混凝土及铸铁等。

脆性材料的抗压能力很强,其抗压强度比抗拉强度大得多,可达十几倍甚至更高。脆性材料抗冲击及动荷载能力差,破坏时呈脆性破坏。因此,常用于承受静压力作用的建筑部位,如基础、墙体、柱子、墩座等。

2. 韧性

材料在冲击、振动荷载作用下,能吸收较大的能量,产生较大的变形而不致破坏的性质称为韧性(或称冲击韧性)。材料的韧性用冲击试验来检验。

建筑钢材、木材、沥青混凝土等都属于韧性材料。用作路面、桥梁、吊车梁以及承受动荷载的结构等,都须采用具有较高韧性的材料。

第四节 建筑材料的耐久性

材料在使用环境中经受多种因素长期作用,不变质、不破坏仍保持原有性能的能力称为耐久性。

材料在所处环境中使用,除受荷载作用外,还会受周围环境的各种自然因素的影响,如物理、化学及生物等方面的影响。耐久性是一种综合性质,它可以包括抗渗性、抗冻性、抗风化性、耐蚀性(耐水、酸、碱等)、耐老化性、耐热性、耐磨性等诸多内容。

不同种类的材料其耐久性内容各不相同，如：砖、石、混凝土等暴露在大气中受风吹、日晒、雨淋、霜雪、冰冻等作用，主要表现为抗风化性和抗冻性；金属材料（如钢材）在某种介质中，受化学或电化学作用，主要表现为耐蚀性；木材等有机材料常因生物作用而遭损；沥青、高分子材料在阳光、空气、热量等作用下逐渐老化。

工程所处环境不同或材料处在不同的建筑部位，材料的耐久性也具有不同的内容。如在严寒地区室外工程的材料应考虑抗冻性；处于有压力水作用的水工工程所用材料应有抗渗性能要求；地面工程应有良好的耐磨性等。

为了提高处理的耐久性，首先，应努力提高材料自身对外界环境作用的抵抗能力（提高密实度、改善孔结构、合理的选择材料等）。其次，可用恰当的材料对主体材料加以保护（覆盖、涂刷等）。此外，还应设法减轻环境条件对材料的破坏作用（对材料进行处理或采取必要构造措施）。

对建筑材料耐久性的判定，常以相应的、最不利的条件下进行快速试验，并以此对耐久性作出评价。

本章历年试题及模拟题解析

1. 无机非金属材料的组成，可用（　　）表示。

A. 元素百分比含量　　　　　　B. 化学组成
C. 矿物组成　　　　　　　　　D. 化学组成和矿物组成

【解析】　无机非金属材料的化学组成包括金属元素和非金属元素，金属元素与非金属元素按一定的组成和结构特征构成矿物，矿物具有一定的分子结构和特性。因此，无机非金属材料的组成，可用化学组成和矿物组成表示。

答案：D

2. 建筑材料的结构有宏观、细观和微观结构。在宏观结构中，塑料属于以下（　　）结构。　　　　　　　　　　　　　　　　　　　　[2005-001]

A. 致密结构　　B. 多孔结构　　C. 微孔结构　　D. 纤维结构

【解析】　塑料（泡沫塑料除外）的结构是密实状态的。

答案：A

3. 测定有孔材料（如普通砖）的密度时，应把材料按下列（　　）方法加工，干燥后用比重瓶测定其体积。　　　　　　　　　　　　　　[1998-028]

A. 加工成比重瓶形状　　　　　B. 磨成细粉
C. 研碎成颗粒物　　　　　　　D. 做成正方形

【解析】 用比重瓶测定材料体积的方法称为排液法。测定有孔材料的密度时，须测定其密实状态下的体积，因此应将材料磨成细粉，消除材料颗粒内的孔隙，用排液法以便测得材料颗粒的密实体积。材料磨成的颗粒越粗，测得材料颗粒的密实体积越是不准确。

答案：B

4. 在测量卵石的密度时，以排液置换法测量其体积，这时所求得的密度是以下（　　）密度。　　　　　　　　　　　　　　　　　　[2005-006]

　　A. 精确密度　　　B. 近似密度　　　C. 表观密度　　　D. 堆积密度

【解析】 卵石直接以排液置换法测量出的体积则是材料实体积和材料内部闭口孔隙体积之和，因此，此时单位体积内所具有的质量，应为材料的视密度，亦有称近似密度。

答案：B

5. 建筑材料在自然状态下，单位体积的质量，是以下（　　）基本物理性质。　　　　　　　　　　　　　　　　　　　　　　　　　[2005-011]

　　A. 精确密度　　　B. 表观密度　　　C. 堆积密度　　　D. 比重

【解析】 建筑材料在自然状态下，其体积内包括材料实体积、材料内部闭口孔隙体积和开口孔体积，因此，此时单位体积内所具有的质量，应为材料的表观密度。

答案：B

6. 下列建筑材料中，密度最大的是（　　）。　　　　　　　[2005-010]

　　A. 花岗岩　　　　B. 砂子　　　　C. 水泥　　　　D. 黏土砖

【解析】 花岗岩的密度为 $2.8g/cm^3$；砂子的密度为 $2.6g/cm^3$；硅酸盐水泥的密度为 $3.1g/cm^3$；黏土砖的密度为 $2.6g/cm^3$。因此，四种材料中，以水泥的密度值为最大。

答案：C

7. 建筑材料的容重是指在常态下单位体积的质量，下列四组是常用几种建筑材料按容重由小到大的依次排列，（　　）不正确。　　　[1995-007、2000-010]

　　A. 水泥—普通黏土砖—普通混凝土—钢材

　　B. 木材—水泥—砂—普通混凝土

　　C. 木材—普通黏土砖—水泥—石灰岩

　　D. 水泥—普通黏土砖—石灰岩—钢材

【解析】 题中所提及的容重，系现称的表观密度；对于粉状或颗粒状材料，指的是堆积密度。题中涉及材料的表观密度或堆积密度值见表1-6。

表1-6 材料的表观密度（或堆积密度）（kg/m³）

材料名称	表观密度	堆积密度	材料名称	表观密度	堆积密度
石灰石	2800	—	水泥	—	1000~1300
花岗石	2900	—	普通混凝土	2000~2800	—
砂	—	1450~1650	钢材	7850	—
普通黏土砖	1800~1900		木材	400~800	

答案：C

8. 下列（ ）材料为憎水性材料。　　　　　　　　　　[1998-006、1999-002]
   A. 混凝土　　　B. 木材　　　C. 沥青　　　D. 砖
【解析】 在建筑材料中，无机材料及木材为亲水性材料，有机材料如沥青、有机涂料、塑料等为憎水性材料。
答案：C

9. 下列建材中，何者为非憎水性材料。　　　　　　　　[2000-007]
   A. 钢材　　　　　　　　　　B. 沥青
   C. 某些油漆（红丹漆、瓷漆）　D. 石蜡
【解析】 石蜡为憎水性材料；其他材料见上题。
答案：A

10. 材料受潮后除重量改变外，下列性能中哪个不会改变？
    A. 强度　　　B. 保温性能　　　C. 抗冻性　　　D. 抗渗性
【解析】 材料吸湿或吸水受潮后，材料重量增加，强度往往会降低，保温性能下降，抗冻性能变差。但是吸水后并不能改变其内部孔隙特征，因此其抗渗性能不会发生变化。
答案：D

11. 材料在外力作用下抵抗破坏的能力成为强度，把下面四种常用材料的抗压极限强度，由低到高依次排列，（ ）是正确的。　　　　　[1995-008]
    A. 建筑钢材—普通黏土砖—普通混凝土—花岗岩
    B. 普通黏土砖—普通混凝土—花岗岩—建筑钢材

C. 普通混凝土—普通黏土砖—建筑钢材—花岗岩

D. 普通混凝土—花岗岩—普通黏土砖—建筑钢材

【解析】 建筑钢材的抗压极限强度为 195～1500MPa；花岗岩的抗压极限强度为 100～250MPa；普通混凝土的抗压极限强度为 7.5～60MPa；普通黏土砖的抗压极限强度为 10～30MPa。

答案：B

12. 下列建材中，何者不属于以抗压强度划分强度等级？ [2000-016]

A. 砖　　　　　B. 石　　　　　C. 水泥　　　　D. 建筑钢材

【解析】 建筑结构材料以何种强度作为划分强度等级的依据，主要根据该材料在结构工程中所起的作用而定。建筑钢材的抗压强度与抗拉强度几乎相等。但是，由于其强度值较高，使得抗压杆件常以失稳而告终，因此在结构中，多用来起抗拉作用，因此建筑钢材以抗拉强度划分强度等级。

答案：D

13. 材料的抗弯强度与试件的以下哪些条件有关？ [1998-005]

Ⅰ. 受力情况　　Ⅱ. 材料质量　　Ⅲ. 截面形状　　Ⅳ. 支撑条件

A. Ⅰ、Ⅱ、Ⅲ　　B. Ⅱ、Ⅲ、Ⅳ　　C. Ⅰ、Ⅲ、Ⅳ　　D. Ⅰ、Ⅱ、Ⅳ

【解析】 根据本章表1-3中受弯试件的抗弯强度计算公式可知，抗弯强度与试件的受力情况（Ⅰ）、截面形状（Ⅲ）、支撑条件（Ⅳ）有关，而与材料质量无关。

答案：C

14. 以下何种材料属于韧性材料。 [1998-012、2004-004、2005-009]

A. 砖　　　　　B. 石材　　　　C. 普通混凝土　　D. 木材

【解析】 砖、石材、普通混凝土以及玻璃、陶瓷、铸铁等均属于脆性材料。其特点是抗压强度比其抗拉强度大得多；不宜承受震动或冲击荷载；破坏时非常突然即发生脆性破坏。木材以及建筑钢材（软钢）、塑料等属于韧性材料。它们在冲击、振动荷载作用下，能吸收较大的能量，产生较大的变形而不致破坏。

答案：D

15. 建筑材料耐腐蚀能力是以下列何种数值的大小作为评定标准的？

[2004-005]

A. 质量变化率　　B. 体积变化率　　C. 密度变化率　　D. 强度变化率

【解析】 建筑材料耐腐蚀能力是以质量变化率的大小作为评定标准的。

答案：A

16. 以下哪种材料耐盐酸腐蚀能力最好？ ［2007-050］

A. 水泥砂浆　　B. 混凝土　　C. 碳钢　　D. 花岗岩

【解析】 水泥砂浆和混凝土属同一类材料，均由水泥石粘结而成。水泥石中含氢氧化钙，使其呈弱碱性，因此水泥砂浆和混凝土都是不耐酸的。钢材会被酸类所腐蚀，所以也是不耐酸的。花岗岩由石英、长石等组成，具有良好的耐酸性。

答案：D

第二章 无机气硬性胶凝材料

胶凝材料亦称胶结材料，它能从浆体状态经物理、化学变化，变成坚固的石状体，并能将散粒状或块状材料胶结成为整体。

胶凝材料按化学成分分为有机胶凝材料（各种沥青、天然或合成树脂等）和无机胶凝材料。

无机胶凝材料按其硬化条件分为气硬性胶凝材料和水硬性胶凝材料。气硬性胶凝材料只能在空气中凝结硬化，也只能在空气中保持和发展其强度。如建筑石膏、石灰、水玻璃、菱苦土等。因其耐水性差，不宜用于潮湿环境。水硬性胶凝材料不仅能在空气中凝结硬化，又能在水中更好地硬化，并保持和发展其强度。如各种水泥。因其耐水性好，可用于潮湿环境或水中。

第一节 石 灰

石灰是一种古老的建筑材料。早在三千多年前，人们就已经利用岩石烧制石灰。因其原料来源广泛、生产工艺简单、成本低廉，所以至今仍被广泛应用于建筑工程中。

一、石灰的生产

（一）原料

生产石灰的主要原料是石灰石、白云石等碳酸钙含量高的岩石原料。

（二）生产

石灰石经煅烧（900~1100℃）分解即得到生石灰，即氧化钙（CaO）。由于生产时火候及温度控制不均，在生产的石灰中总会夹杂着欠火或过火的石灰。欠火石灰内部孔隙率较大，结构疏松。过火石灰结构紧密，密度大。

因原料的成分不同，生石灰可分为气硬性石灰和水硬性石灰；钙质石灰（MgO 含量≤5%）和镁质石灰（MgO 含量>5%）。

工程中常用的石灰产品有：块状生石灰、石灰膏、磨细生石灰粉和消石灰粉。其中，块状生石灰常有三七灰、二八灰，即粉末与块灰的比例，粉末越多，质量越差。

二、熟化

生石灰在使用前，需加水消解成膏状熟石灰（亦称消石灰），即氢氧化钙

[Ca(OH)$_2$]。也可以淋以适量水得到粉末状的消石灰粉末。

生石灰的消解过程有两大特点：

1. 该过程是放热反应，且放热量较大（64.9kJ）；
2. 体积迅速膨胀（可增大 1～2.5 倍）。由于过火石灰结构紧密，其熟化速度极慢。因此在工程中常会出现，因过火石灰的熟化滞后，致使抹灰层表面开裂或隆起造成质量事故。为了消除过火石灰的危害，应将生石灰进行"陈伏"处理。陈伏时间至少两周。

消石灰在使用前也应进行陈伏，其目的是使石灰颗粒充分细化，提高石灰浆体的可塑性。

三、硬化

石灰是一种气硬性胶凝材料，石灰浆体的硬化只能在空气中硬化，并有以下两种方式。

1. 干燥硬化，即浆体在环境中逐渐失去水分，结构变得紧密，同时也会产生氢氧化钙结晶从而产生强度。干燥硬化产生的强度很低，且不耐水。与此同时浆体要产生明显的体积收缩。可见，石灰浆体不能单独使用，常掺入纸筋、麻刀、砂子等用来限制或减少收缩。

2. 碳化硬化，即浆体在环境中，在有水存在的情况下，吸收空气中的二氧化碳生成碳酸钙而硬化。因为空气中二氧化碳含量很低，故碳化硬化进行得非常慢。而且碳化硬化只是干燥硬化短暂的前期阶段。

一般说，石灰浆体的硬化速度慢，硬化后强度低，不耐水，且产生明显的体积收缩。

四、技术要求

建筑生石灰按其 CaO + MgO 含量、含渣率、CO$_2$ 含量与产浆量等项指标划分为优等品、一等品和合格品三个等级，见表2-1。

表2-1　建筑生石灰的技术要求（JC/T 479—1992）

项目	钙质生石灰			镁质生石灰		
	优等品	一等品	合格品	优等品	一等品	合格品
CaO + MgO 含量（%，不小于）	90	85	80	85	80	75
未消化残渣含量(5mm 圆孔筛余,%,不大于)	5	10	15	5	10	15
CO$_2$（%，不大于）	5	7	9	6	8	10
产浆量（L/kg，不小于）	2.8	2.3	2.0	2.8	2.3	2.0

建筑消石灰粉按其 CaO + MgO 含量、游离水含量、体积安定性和细度等项指标划分为优等品、一等品和合格品三个等级，见表2-2。

表2-2　建筑消石灰粉的技术要求（JC/T 481—1992）

项目		钙质消石灰粉			镁质消石灰粉			白云石消石灰粉		
		优等品	一等品	合格品	优等品	一等品	合格品	优等品	一等品	合格品
CaO+MgO含量（%，不小于）		70	65	60	65	60	55	65	60	55
游离水（%）		0.4~2	0.4~2	0.4~2	0.4~2	0.4~2	0.4~2	0.4~2	0.4~2	0.4~2
体积安定性		合格	合格	—	合格	合格	—	合格	合格	—
细度	0.9mm筛筛余（%，不大于）	0	0	0.5	0	0	0.5	0	0	0.5
	0.125mm筛筛余（%，不大于）	3	10	15	3	10	15	3	10	15

五、石灰的应用

1. 石灰乳——主要用于要求不高的室内粉刷。

2. 石灰砂浆——可用于室内砖墙基层抹灰。因其耐水性差，不能用于基础及潮湿环境。

3. 石灰土和三合土——生石灰粉或消石灰粉与黏土拌合称为石灰土。在石灰土中再加入砂石、炉渣、碎砖等即成三合土。石灰土常用熟石灰与黏土在强力夯打之下，不但提高了紧密度，而且石灰与黏土表面的少量活性成分起化学反应，生成水硬性的水化产物，因而三合土具有较高的强度和良好的耐水性，被广泛用于建筑物和道路的基础垫层。

4. 硅酸盐混凝土及制品——石灰与硅质材料（石英砂、粉煤灰、矿渣等）经磨细、配料、拌合、成型、养护（蒸养或压蒸）等工序制得的人造石材，称硅酸盐混凝土。常见的硅酸盐混凝土制品有灰砂砖、粉煤灰砖、加气混凝土及砌块等。

5. 用于碳化石灰板、无熟料水泥、静态破碎剂和膨胀剂等。

六、贮存及运输

各种石灰产品在运输及贮存时，均应处在干燥的环境中，防潮防水，且不宜久存，以防碳化。

第二节　建筑石膏

一、石膏的生产

（一）原料

生产石膏的原料主要是天然二水石膏；含硫酸钙的化工副产品如磷石膏、

氟石膏、硼石膏等；其化学式为：$CaSO_4 \cdot 2H_2O$。

（二）生产

石膏的生产是将二水石膏 $CaSO_4 \cdot 2H_2O$（又称生石膏）在不同的条件下脱水，生成半水石膏 $CaSO_4 \cdot 0.5H_2O$（又称熟石膏）的过程。实际上，当温度在65℃以上时二水石膏就会缓慢地脱水，但生产时要高于这个温度。二水石膏在不同的生产条件，将得到不同的石膏品种。

若将二水石膏在干燥条件下加热107~170℃分解，生成β型半水石膏，并放出部分结晶水。因其工艺简单，价格低廉，被广泛应用于工程中。故将β型半水石膏称为建筑石膏。

若将二水石膏在0.13MPa（124℃）的过热水蒸气中脱水，则会得到α型半水石膏。因其浆体硬化后强度较高，故将α型半水石膏称为高强度石膏。它可用于室内高级抹灰、石膏板、人造理石等。

若将二水石膏在800℃以上煅烧，可完全脱水得到高温煅烧石膏。它具有较好的抗水性和耐磨性，常用作地面。因此高温煅烧石膏又称地板石膏。

二、建筑石膏的水化、凝结、硬化

（一）水化

建筑石膏加水后，溶于水且发生水化反应，生成二水石膏，同时放出一定热量。

（二）建筑石膏的凝结与硬化

建筑石膏浆体凝结硬化速度较快，随着水化不断进行，水化产物二水石膏 $CaSO_4 \cdot 2H_2O$ 不断增多，自由水分逐渐减少，浆体变稠而凝结；产物晶体不断长大、互相搭接、交错与共生而硬化。

三、建筑石膏的技术要求

建筑石膏按其凝结时间、细度及强度指标分为3.0、2.0与1.6三个等级。见表2-3。

表2-3 建筑石膏质量指标（GB/T 9776—2008）

项目	等级		
	3.0	2.0	1.6
抗折强度（MPa）	≥3.0	≥2.0	≥1.6
抗压强度（MPa）	≥6.0	≥4.0	≥3.0
细度，0.2mm方孔筛余（%）	≤10		

注：各等级建筑石膏的初凝时间不得小于6min，终凝时间不得大于30min。

四、建筑石膏的特性

1. 凝结硬化快，石膏浆体6min以后即可初凝，30min之内达到终凝，一周时间即能完全硬化。

2. 建筑石膏浆体硬化过程中，体积产生微膨胀（约1%），这使得石膏制品表面光滑、形态饱满，加之本身洁白、细腻，故特别适合制作建筑装饰制品。

3. 多孔性，硬化后孔隙率大（可达50%～60%），使得石膏制品表观密度小（800～1000kg/m³），保温隔热性能好，吸声性能好；但石膏的抗渗性、抗冻性及耐水性均差。

4. 作为室内装修材料，具有良好的调湿作用。

5. 防火性好，石膏制品不燃、导热系数小，二水石膏受热脱出结晶水时吸热，产生的水蒸气能阻碍火势蔓延。但二水石膏受热脱出结晶水后，强度降低，因而不耐火。

五、建筑石膏的应用

1. 石膏砂浆——用于室内高级抹灰和粉刷。石膏硬化后的微膨胀，使得抹面不出现裂纹。

2. 石膏装饰品——由于石膏制品耐水性差，且不抗冻，因此只能用于室内，不能用于室外。石膏装饰品为不燃烧材料（A级）。

3. 制作各种石膏板材

（1）装饰石膏板——按板材防潮性能分为普通板和防潮板（F）。按正面形状分为平板（P）、孔板（K）、浮雕板（D）。规格为500mm×500mm×9mm和600mm×600mm×11mm。装饰石膏板材的防火性能好，装饰石膏板为不燃烧材料（A级）。

（2）纸面石膏板——纸面石膏板分为普通型、耐水型和耐火型三种。板的长度为1800～3600mm，宽度为900～1200mm，厚度为9mm、12mm、15mm、18mm。国际标准ISO 6308—1980石膏墙板推荐尺寸为：长度1800～3600mm，递增量为100mm；宽度600mm，900mm，1200mm；厚度9.5mm，12.5mm，15mm。常用于室内隔墙、顶棚。纸面石膏板为难燃烧材料（B_1级）；普通纸面石膏板安装在轻钢龙骨上时，可作为不燃烧材料（A级）看待。普通纸面石膏板用于厨房、浴厕及空气相对湿度经常高于70%的环境时，应采取相应的防潮措施。

（3）纤维石膏板——可用于室内隔墙。属难燃烧材料（B_1级）。

（4）空心石膏板——主要用于室内隔墙或内墙，安装使用时不需龙骨。

规格为长2500~3000mm，宽度为450~600mm，厚度为60~100mm。

(5) 吸声用穿孔石膏板——以装饰石膏板或纸面石膏板为基板，板面上穿有$\phi 6$、$\phi 8$和$\phi 10$三种规格的圆孔；孔距有18mm、22mm和24mm三种；孔眼有正方形和三角形两种分布形式；穿孔率为4.9%~15.7%。常用于吸声要求高的建筑，如播音室、影剧院、报告厅等。

六、贮存与运输

建筑石膏在贮存与运输中，应防潮防水。有效储存期为三个月。过期或受潮都会使其强度显著降低，大约可降低30%。

第三节 水玻璃

一、水玻璃的组成

水玻璃俗称泡花碱，是由不同比例的碱性氧化物和二氧化硅化合而成的一种可溶于水的硅酸盐。建筑上常用的为硅酸钠（$Na_2O \cdot nSiO_2$）的水溶液，称钠水玻璃。有时采用硅酸钾（$K_2O \cdot nSiO_2$）的水溶液，称钾水玻璃。二氧化硅与氧化钠的摩尔数的比值n，称为水玻璃的模数。n值越大，即组成中二氧化硅越多，水玻璃的密度和黏度越大；越难溶于水；硬化速度越快，硬化后的粘接力与强度越大，且耐酸性和耐热性越高。

二、水玻璃的硬化

水玻璃可以在空气中吸收CO_2，析出二氧化硅凝胶，并逐渐脱水而硬化。但由于空气中CO_2浓度较低，硬化极慢。为了加速水玻璃的硬化，常加入氟硅酸钠（Na_2SiF_6）作为促凝剂，加速二氧化硅凝胶的析出。氟硅酸钠的适宜掺量为12%~15%，其初凝可在30~60min，终凝可缩短到240~360min，一周可达最高强度。水玻璃硬化后不耐碱、不耐水，为提高耐水性，对硬化后的水玻璃应进行酸洗处理。

三、水玻璃的应用

1. 耐酸砂浆及耐酸混凝土——水玻璃硬化后具有良好的粘结力与强度，且在硬化后析出二氧化硅凝胶具有渐高的耐酸性（氢氟酸除外），可作为耐酸砂浆及耐酸混凝土的胶结料。

2. 耐热砂浆及耐热混凝土——硬化后析出二氧化硅凝胶具有较高的耐热性，可用来配制耐热砂浆及耐热混凝土，最高可耐1700℃高温。

3. 涂刷材料表面，提高抗风化能力——可涂于烧土制品、混凝土制品及硅酸盐制品等表面，提高其表层的密实度和抗风化能力。但石膏制品除外，因会发生反应生成硫酸钠，在制品空隙中结晶、膨胀破坏其表面层。

4. 加固地基——将模数为 2.5~3.0 的液体水玻璃与氯化钙溶液配制成化学注浆材料用来加固地基。

5. 配制快凝堵漏剂——以水玻璃为基料，配制三矾或四矾防水剂，与水泥浆调和制成快凝堵漏剂，对漏洞、缝隙等进行局部抢修。

四、水玻璃的贮存

水玻璃应在密闭条件下存放。长时间存放后，会产生一定的沉淀，使用时应搅拌均匀。

第四节 菱苦土

菱苦土（MgO）也是一种气硬性胶凝材料。它是用菱镁矿（$MgCO_3$）经焙烧而制得。

菱苦土用水拌合时硬化极慢，且强度低。菱苦土常采用一些盐类（氯化镁、硫酸镁、硫酸亚铁等）水溶液拌合。当采用氯化镁溶液拌合时，硬化后强度高，一天的强度可达 60%~80%，7 天左右可达最高强度（40~70MPa），被称为氯氧镁水泥。但其吸湿性大，耐水性差。

氯氧镁水泥碱性较弱，且与植物纤维粘接良好，对其腐蚀较弱。建筑上常用菱苦土与木屑（1:1.5~3）及氯化镁水溶液（密度 1.2~1.25g/cm³）拌合，制作菱苦土木屑地面。它具有保温、防火、防爆（撞击时不发火星）及一定的弹性。表面涂漆后，用于纺织车间、教室、办公室、影剧院等。但不能用于经常潮湿的环境。氯氧镁水泥不能用来配制钢筋混凝土。

菱苦土在贮存与运输中，应防潮、防水，且储存期不宜超过三个月。过期或受潮都会使其强度显著降低。

本章历年试题及模拟题解析

1. 在以下胶凝材料中，属于气硬性胶凝材料的为哪一组？
　　[1998-014，1999-003，2001-053，2005-002，2006-003，2007-017]
　　Ⅰ 石灰　　　Ⅱ 石膏　　　　Ⅲ 水泥　　　Ⅳ 水玻璃
　　A. Ⅰ、Ⅱ、Ⅲ　　B. Ⅱ、Ⅲ、Ⅳ　　C. Ⅰ、Ⅲ、Ⅳ　　D. Ⅰ、Ⅱ、Ⅳ
　　【解析】题中四种材料均为无机胶凝材料，其中石灰、石膏、水玻璃三种材料只能在空气中硬化,也只能在空气中保持或发展其强度。因此,它们属于气硬性胶凝材料。而水泥则既能在空气中硬化,也能在水中硬化,且能在水中保持或发展其强度。属于水硬性胶凝材料。

答案:D

2. 关于建筑石膏的性能,哪条是不正确的?

[1995-009,2001-055,2005-008]

A. 白色,密度2.6～2.75
B. 耐水性、抗冻性都较差
C. 适用于室内装饰、隔热、保温、吸声和防火等
D. 适用于65℃以上环境

【解析】 建筑石膏系指β型半水石膏。密度2.5～2.8g/cm³。白色,质地细腻;凝结硬化快,硬化过程中产生微膨胀;因硬化后体积内多孔,具有隔热、保温、吸声和防火等特点。加之耐水性及抗冻性差,建筑石膏只适用于室内装饰。因为建筑石膏在65℃以上环境中使用会缓慢分解,强度降低,因此不适用于65℃以上环境。

答案:D

3. 建筑石膏的使用性能何者不正确? [1998-052,2006-034]

A. 干燥时不开裂   B. 耐水性强
C. 机械加工方便   D. 抗火性能好

【解析】 建筑石膏硬化过程中产生微膨胀,因此浆体干燥时不会开裂;硬化后强度及硬度不高,机械加工方便;建筑石膏硬化后为二水石膏,遇到火灾时,首先吸收热量后放出结晶水,其本体温度并不提高;其次,滞留在表面的水蒸气尚能隔绝火焰;失去结晶水的基体具有良好的热绝缘性。因此,建筑石膏抗火性能好。建筑石膏属于气硬性胶凝材料,只能在空气中保持或发展其强度,建筑石膏硬化后为二水石膏,具有微溶性,故不耐水。

答案:B

4. 建筑石膏的等级是依据下列哪组指标划分的?

A. 强度、吸水率和凝结时间   B. 强度、吸水率和细度
C. 吸水率、凝结时间和细度   D. 强度、凝结时间和细度

【解析】 根据GB/T 9776—2008的规定,建筑石膏的等级依据强度、凝结时间和细度划分为3.0、2.0、1.6三个等级。

答案:D

5. 调制石膏砂浆的熟石膏，是用生石膏在多高温度下煅烧而成的？

[2005-033]

A. 150~170℃　　B. 190~200℃　　C. 400~500℃　　D. 750~800℃

【解析】 生石膏即二水石膏，在不同的温度下煅烧会得到不同的石膏产品。实际上，建筑石膏在65℃以上即开始分解，但其生产温度是107~170℃，建筑石膏常用来调制石膏砂浆；当温度在170~200℃时，半水石膏继续脱水，得到可溶性硬石膏（亦称脱水半水石膏），其水化凝结硬化很快；当温度在400~800℃时则形成不溶性硬石膏，失去水化及凝结硬化能力；在800℃以上时，因部分石膏分解得到的氧化钙起催化剂作用，使产品重新具有胶凝性能，即是高温煅烧石膏（又称地板石膏），常用作地面。

答案：A

6. 关于建筑石膏应用的叙述中，不正确的是哪条？

A. 建筑石膏常用来调制石膏砂浆。

B. 普通纸面石膏板用于厨房、浴厕及空气相对湿度大于70%的潮湿环境中时，必须采取相应的防潮措施。

C. 普通纸面石膏板是难燃材料，安装在轻钢龙骨上的纸面石膏板可作为不燃烧的装饰材料使用。

D. 按国际标准（ISO 6308—1980）石膏墙板推荐宽度为600mm，900mm，1200mm，其推荐长度为1800~3600mm范围内每300mm递增。

【解析】 按国际标准（ISO 6308—1980）石膏墙板推荐长度为1800~3600mm范围内每100mm递增。推荐宽度为600mm，900mm，1200mm，推荐厚度为9.5mm，12.5mm，15mm。

答案：D

7. 以下哪种材料不宜用作石膏板制品的填料？　　　　[2010-033]

A. 锯末　　　　B. 陶粒　　　　C. 普通砂　　　　D. 煤渣

【解析】 石膏板制品具有质轻、保温隔热性能好、有吸声功能等特点，而上述四种材料中，普通砂不具备这些特点，因此不宜用作石膏板制品的填料。

答案：C

8. 以下对建筑石灰的叙述，哪项错误？　　　　[2006-033]

A. 石灰分为气硬性石灰和水硬性石灰

B. 石灰分为钙质石灰和镁质石灰

C. 生石灰淋以适量水所得的粉末称为消石灰粉

D. 石灰产品所说的三七灰、二八灰指粉末与块灰的比例，生石灰粉末越多质量越佳

【解析】 由含一定黏土质（超过8%）的石灰石类原料，经煅烧而得到的一种具有微弱水硬性的石灰，称水硬性石灰。因此，石灰有气硬性石灰和水硬性石灰之分。在石灰石中常含有一些碳酸镁，所以石灰中也会含有一定量的氧化镁。根据氧化镁含量的多少，生石灰分为钙质石灰（MgO含量≤5%）和镁质石灰（MgO含量>5%）。生石灰CaO经淋以适量水（消解）所得的粉末称为消石灰粉$Ca(OH)_2$。所说的三七灰、二八灰指生石灰中粉末与块灰的比例，生石灰粉末越多质量越差，因为生石灰粉末比表面积大，容易在空气中吸湿，再经碳化而变质。

答案：D

9. 比较石灰、石膏的某些性能要点，下列哪条错误？ [2003-031]
   A. 都是气硬性胶凝材料，耐水性都较差
   B. 都是白色的
   C. 石膏比石灰的密度小
   D. 石膏比石灰的价格低

【解析】 石灰与石膏同属气硬性胶凝材料，不但它们都是白色的，而且水化时都会放出热量，生石灰要比石膏的放热量大得多。建筑石膏的密度$2.60\sim2.75g/cm^3$，石灰的密度$3.25\sim3.38g/cm^3$。石膏的价格要比石灰的价格高上几倍。

答案：D

10. 氧化钙（CaO）是以下哪种材料的主要成分？ [2008-006]
    A. 石灰石　　B. 生石灰　　C. 电石　　D. 消石灰

【解析】 石灰石的主要成分是碳酸钙（$CaCO_3$）；生石灰的主要成分是氧化钙（CaO）；电石的主要成分是碳化钙（CaC_2）；消石灰的主要成分是氢氧化钙$Ca(OH)_2$。

答案：B

11. 消石灰的主要成分是以下哪种物质？ [2009-030]
    A. 碳酸钙　　B. 氧化钙　　C. 碳化钙　　D. 氢氧化钙

【解析】 见上题。

答案：D

12. 关于石灰的叙述中，错误的是哪条？
   A. 生石灰的主要成分是氧化钙（CaO）。
   B. 用于拌制石灰土及三合土的消石灰粉的主要成分是氢氧化钙，即$Ca(OH)_2$。
   C. 石灰在建筑上的主要应用是配制石灰砂浆、混合砂浆石灰乳、石灰土和三合土。
   D. 石灰还可以用来制作硅酸盐建筑制品和烧土制品。

   【解析】 生石灰的化学成分是氧化钙（CaO）；消石灰粉的化学成分是氢氧化钙（$Ca(OH)_2$）；石灰在建筑上主要用来配制石灰砂浆、混合砂浆、石灰乳、石灰土和三合土等，还可作为硅酸盐建筑制品生产的钙质材料。但生产烧土制品时，不需要石灰。

   答案：D

13. 生石灰使用前要进行陈伏处理，是为了消除过火石灰的危害。那么为什么在使用袋装白灰（消石灰粉）时，也应进行陈伏处理？
   A. 有利于硬化   B. 消除过火石灰的危害
   C. 更好地提高石灰浆体的可塑性   D. 使用方便

   【解析】 在生石灰中，总会含有一些过火石灰，它熟化极慢。若在使用前未将其很好的熟化，使用后它会在硬化后的浆体内缓慢熟化，并产生体积膨胀致使结构表面隆起、开裂造成质量事故。因此，生石灰在使用前的陈伏处理，是为了消除过火石灰的危害。而在使用袋装白灰（消石灰粉）时，也应进行陈伏处理则是为了更好地提高石灰浆体的可塑性，从而提高石灰的使用效果。

   答案：C

14. 三合土垫层是用下列哪组材料拌合铺设？   [1995-021]
   A. 水泥、碎砖、碎石、砂子
   B. 消石灰、碎料（碎砖石类）、砂或掺少量黏土
   C. 石灰、砂子、纸筋
   D. 生石灰、碎料（碎砖石类）、锯木屑

   【解析】 消石灰粉或生石灰粉与黏土拌合，称为灰土（或称石灰土）。一般石灰用量约为石灰土总重的6%~12%。若在石灰土中再加入砂石、炉渣、碎砖等碎料即成三合土。石灰与黏土在强力夯打之下，一方面加大了紧密度，另一方面石灰可与黏土颗粒表面的少量活性氧化硅和氧化铝起化学反应生成不溶性的水化硅酸钙和水化铝酸钙将黏土颗粒粘接起来，从而使三合土具有了强

度和耐水性。

答案：B

15. 在建筑工程中，水玻璃的应用范围，何者不正确？ ［1998-053］
   A. 用于涂料
   B. 耐酸砂浆及耐酸混凝土
   C. 防水砂浆及防水混凝土
   D. 用于灌浆材料

【解析】 水玻璃的主要应用是：涂刷材料表面，提高抗风化能力；配制速凝防水剂；配制水玻璃矿渣砂浆用于对砖墙裂缝的粘接和补强；与氯化钙溶液配合用于土壤加固；配制耐酸砂浆及耐酸混凝土；配制耐热砂浆及耐热混凝土；由于水玻璃硬化后不耐碱、不耐水，因此不宜用来配制防水砂浆及防水混凝土。

答案：C

16. 以下有关水玻璃的用途哪项不正确？ ［2010-056］
   A. 涂刷或浸渍水泥混凝土
   B. 调配水泥防水砂浆
   C. 用于土壤加固
   D. 配制水玻璃防酸砂浆

【解析】 见上题。

答案：B

17. 水玻璃类耐酸混凝土使用的一般规定不包括以下哪条？ ［1997-048］
   A. 施工温度应在10℃以上，且应在干燥环境中
   B. 禁止直接铺设在水泥砂浆或普通混凝土基层上
   C. 必须经过养护和酸化处理
   D. 适用于有各种浓度的各种酸类腐蚀的场合

【解析】 水玻璃耐酸混凝土是以水玻璃为胶结料，以氟硅酸钠为促凝剂和耐酸粉料配制成水玻璃胶泥。用水玻璃胶泥加入耐酸的粗细集料组成水玻璃耐酸混凝土。它用来浇捣耐酸混凝土整体面层、设备基础面层、耐酸地面等。水玻璃耐酸混凝土在施工时一般规定：1. 施工环境温度应在10℃以上。施工及养护期间，严禁与水或水蒸气直接接触，并防止烈日暴晒（因为上述环境条件影响水玻璃耐酸混凝土的正常硬化及硬化后的强度）。2. 严禁直接铺设在水泥砂浆或普通混凝土基层上（因为水玻璃耐酸混凝土不耐碱）。3. 必须经过养护及酸化处理后方可使用（经处理后可确保混凝土的耐酸性能）。水玻璃耐酸混凝土适用于有各种浓度的各种酸类腐蚀的场合，但不耐氢氟酸和氟硅酸，当水玻璃耐酸混凝土温度在300℃时不耐磷酸。

答案：D

18. 水玻璃用涂刷法或浸渍法可使建筑材料表面提高其密实性和抗风化能力，但下列哪种材料不能涂刷水玻璃？ 　　　[2001-022，2005-029，2007-034]
　　A. 黏土砖　　　　B. 石膏　　　　C. 硅酸盐制品　　D. 矿渣空心砖

【解析】 水玻璃用涂刷法或浸渍法可使建筑材料表面提高密实性和抗风化能力，因为水玻璃能与空气中的 CO_2 反应生成硅酸凝胶，若再遇到氢氧化钙将生成硅酸钙凝胶，它们填充于材料的孔隙之中，使得材料表面密实化，从而提高其密实性和抗风化能力。若涂刷于石膏制品表面时，硅酸钠将与硫酸钙反应生成硫酸钠，在制品孔隙中结晶，体积显著膨胀，从而导致制品破坏。因此石膏制品表面不能涂刷水玻璃。

答案：B

第三章 水 泥

水泥与水拌合后形成可塑性浆体。水泥浆体不仅能在空气中硬化,还能更好地在水中硬化,保持并增长其强度,故水泥属于水硬性胶凝材料。

水泥按水化后的主要水硬性产物分为:硅酸盐水泥、铝酸盐水泥和硫铝酸盐水泥等三大系列。工程中,用量最大,应用最广的则是硅酸盐类水泥。

第一节 硅酸盐类水泥

一、硅酸盐类水泥的分类

按其性能和用途不同分为:通用水泥、专用水泥和特性水泥三类。

（一）通用水泥

通用水泥的品种、代号及组成见表3-1。

表3-1 通用水泥的品种、代号及组成情况

水泥品种	代号	组成
硅酸盐水泥	P·Ⅰ型	硅酸盐水泥熟料+适量石膏+0%混合材料
	P·Ⅱ型	硅酸盐水泥熟料+适量石膏+0%~5%混合材料
普通硅酸盐水泥	P·O	硅酸盐水泥熟料+适量石膏+6%~20%混合材料
矿渣硅酸盐水泥	P·S·A	硅酸盐水泥熟料+适量石膏+20%~50%粒化高炉矿渣
	P·S·B	硅酸盐水泥熟料+适量石膏+50%~70%粒化高炉矿渣
火山灰质硅酸盐水泥	P·P	硅酸盐水泥熟料+适量石膏+20%~40%火山灰质混合材料
粉煤灰硅酸盐水泥	P·F	硅酸盐水泥熟料+适量石膏+20%~40%粉煤灰
复合硅酸盐水泥	P·C	硅酸盐水泥熟料+适量石膏+20%~50%两种或以上混合材料

注:上述混合材料含量中,不包括上限值。

（二）专用水泥

常见的专用水泥有:砌筑水泥、道路硅酸盐水泥、油井水泥等。

（三）特性水泥

常用的特性水泥有:快硬硅酸盐水泥、白色硅酸盐水泥、硅酸盐膨胀水泥、中热低热矿渣硅酸盐水泥等。

二、硅酸盐水泥的生产

硅酸盐水泥是由硅酸盐水泥熟料、0%~5%石灰石或粒化高炉矿渣、适量石膏磨细制成的水硬性胶凝材料（国外统称为波特兰水泥）。

（一）主要原料

1. 石灰质原料。常采用石灰石、泥灰石、白垩、贝壳灰岩等，主要用来提供水泥熟料中的氧化钙成分。

2. 黏土质原料。常采用黏土、黄土、黏土质页岩等，主要用来提供水泥熟料中的氧化硅成分和氧化铝成分。

3. 校正原料。（1）铁质校正原料如铁矿石；（2）硅质校正原料如砂岩；（3）铝质校正原料如矾土。

（二）混合材料

在水泥生产时，为改善水泥性能，调节水泥强度等级而加入的人工或天然矿质材料，称混合材料。通常分为活性混合材料和非活性混合材料。

活性混合材料磨成细粉，与石灰或石灰和石膏加水拌合后，在常温下能生成具有胶凝性能的水硬性水化产物。主要包括粒化高炉矿渣、火山灰质混合材料及粉煤灰。火山灰质混合材料品种较多，有天然的（火山灰、凝灰岩、沸石、硅藻土等）和人工的（烧黏土、烧页岩、粉煤灰等）两类。

非活性混合材料在水泥中只起填充作用，如石灰石、砂岩、慢冷矿渣等。

（三）生产过程

先将原料按比例配合后，磨成生料；再将生料入窑在1450℃下煅烧成熟料；将熟料配以适量石膏（或加入混合材料）共同磨细即得到硅酸盐水泥。其工艺过程称为"两磨一烧"。

（四）水泥熟料的矿物组成及其特性

水泥熟料的主要矿物有四种，它们的含量及特性见表3-2。

表3-2 熟料的主要矿物含量及单独水化时表现出的特性

矿物名称	分子式	简式	含量（%）	凝结硬化速度	28d放热量	强度
硅酸三钙	$3CaO \cdot SiO_2$	C_3S	37~60	快	大	高
硅酸二钙	$2CaO \cdot SiO_2$	C_2S	15~37	慢	小	高，但早期低
铝酸三钙	$3CaO \cdot Al_2O_3$	C_3A	7~15	最快	最大	低
铁铝酸四钙	$4CaO \cdot Al_2O_3 \cdot Fe_2O_3$	C_4AF	10~18	快	中	中

调节熟料中各种矿物的比例，水泥的性能将发生相应的改变，得到不同品种的水泥。例如：提高C_3S的含量，可制得高强水泥；提高C_3S和C_3A的含

量，可制得快硬水泥；降低 C_3S 和 C_3A 的含量，提高 C_2S 含量，可制得中、低热水泥；提高 C_4AF 含量，降低 C_3A 的含量，可制得道路水泥等。

三、硅酸盐水泥的凝结硬化

（一）水泥熟料的水化

硅酸盐水泥的凝结硬化是通过一系列复杂的化学反应来实现的。最终生成的水化产物为：水化硅酸钙凝胶（C-S-H 凝胶）和水化铁酸钙凝胶、氢氧化钙晶体、水化铝酸钙晶体、水化硫铝酸钙晶体。在完全水化的水泥石中，C-S-H 凝胶约占 70%，氢氧化钙晶体约占 20%，水化硫铝酸钙晶体约占 7%。

（二）混合材料的水化

混合材料的主要成分是活性的氧化硅和氧化铝，在有碱性激发剂（氢氧化钙）及硫酸盐激发剂（石膏）存在的情况下，可使混合材料的活性得以发挥，生成水化硅酸钙和水化硫铝酸钙，充实了水泥石结构。

（三）凝结硬化

水泥水化产物经复杂的物理化学变化，逐渐凝结硬化，形成坚硬的水泥石。水泥石是由凝胶体、晶体、未水化完的水泥颗粒以及固体颗粒间的毛细孔所组成的不均质结构体。

（四）石膏的缓凝作用

水泥熟料的凝结速度极快，一般在几分钟内即凝结（瞬凝）。当有石膏存在时，石膏与水化最初生成的水化铝酸钙反应生成不溶性的水化硫铝酸钙晶体（亦称钙矾石）。同时延缓了水泥的凝结时间，满足施工要求。因此，在生产水泥时加入的石膏，起到了缓凝剂的作用。

（五）影响凝结硬化的因素

1. 熟料矿物组成，其中铝酸三钙含量越高，凝结越快；2. 细度，磨得越细，凝结越快；3. 用水量，水灰比（新规范称"水胶比"）越大，凝结越慢；4. 养护时间，时间越长，硬化程度越大；5. 养护温度，温度越高，凝结越快；6. 环境湿度，湿度是水泥正常水化的保障；7. 石膏掺量，掺量不足时，会产生速凝现象。

四、硅酸盐水泥的主要技术要求

（一）细度

水泥颗粒越细，暴露的表面积越大，水化时速度越快；若水泥颗粒过粗，则不具有胶凝性。国标《通用硅酸盐水泥》（GB 175—2007/XG1—2009）规定，硅酸盐水泥及普通硅酸盐水泥的细度采用勃氏法检验，用比表面积表示，应不小于 $300m^2/kg$。其他通用硅酸盐水泥用筛分析法检验，用筛余率表示，$80\mu m$ 筛筛余百分率 ≯10% 或 $45\mu m$ 筛筛余百分率 ≯30%。

（二）凝结时间

水泥加水起至水泥净浆开始失去可塑性时所需的时间，称为初凝时间。水泥加水起至水泥净浆完全失去可塑性并开始产生强度时所需的时间，称为终凝时间。国标规定，硅酸盐水泥的初凝不小于45min，终凝不大于390min；普通硅酸盐水泥及其余四种通用硅酸盐水泥初凝不小于45min，终凝不大于600min。国产通用硅酸盐水泥实际的初凝时间一般在1~3h，终凝时间在5~8h。

水泥的凝结时间以标准稠度的水泥净浆，用凝结时间测定仪测定。

（三）安定性

安定性是指水泥在凝结硬化过程中体积变化的均匀性。安定性不良的水泥在硬化过程中会产生不均匀的体积变化，使构件产生膨胀性裂纹，降低建筑质量，甚至引起质量事故。安定性不合格的水泥严禁在工程中使用。

安定性不良的原因主要是熟料中游离氧化钙过多所致，或游离氧化镁过多，或所掺石膏过量。国标规定水泥中游离氧化镁含量不得超过6.0%，三氧化硫含量不得超过3.5%。

国标规定，由游离氧化钙过多所致的安定性不良采用沸煮法检验。沸煮法又分为饼法与雷氏法，以雷氏法为标准方法，当两种方法测定结果发生争议时以雷氏法为准。

（四）强度

国标规定，水泥与中国ISO标准砂以1:3比例混合加入规定量的水，按规定方法制成40mm×40mm×160mm的试件，在标准温度（20℃±1℃）的水中养护，分别测定其3d与28d的抗压和抗折强度，并划分强度等级。见表3-3。

表3-3　通用硅酸盐水泥不同龄期的强度规定（GB 175—2007/XG1—2009）（MPa）

品　种	强度等级	抗压强度		抗折强度	
		3d	28d	3d	28d
硅酸盐水泥	42.5	≥17.0	≥42.5	≥3.5	≥6.5
	42.5R	≥22.0		≥4.0	
	52.5	≥23.0	≥52.5	≥4.0	≥7.0
	52.5R	≥27.0		≥5.0	
	62.5	≥28.0	≥62.5	≥5.0	≥8.0
	62.5R	≥32.0		≥5.5	
普通硅酸盐水泥	42.5	≥17.0	≥42.5	≥3.5	≥6.5
	42.5R	≥22.0		≥4.0	
	52.5	≥23.0	≥52.5	≥4.0	≥7.0
	52.5R	≥27.0		≥5.0	

续表

品　种	强度等级	抗压强度		抗折强度	
		3d	28d	3d	28d
矿渣硅酸盐水泥 火山灰质硅酸盐水泥 粉煤灰硅酸盐水泥 复合硅酸盐水泥	32.5	≥10.0	≥32.5	≥2.5	≥5.5
	32.5R	≥15.0		≥3.5	
	42.5	≥15.0	≥42.5	≥3.5	≥6.5
	42.5R	≥19.0		≥4.0	
	52.5	≥21.0	≥52.5	≥4.0	≥7.0
	52.5R	≥23.0		≥4.5	

（五）合格性判定

国标中规定，凡化学指标（不溶物、烧失量、SO_3、MgO、Cl^{-1}）、凝结时间、安定性和强度中任何一项不符合标准规定时，均判为不合格品。

五、水泥石的侵蚀与防止

在通常的使用条件下，水泥石有较好的耐久性。但在某些侵蚀介质长期作用下，也会遭受侵蚀。

（一）引起水泥石侵蚀的内在因素

1. 水泥石中氢氧化钙、水化铝酸钙，或遇水溶出，或遇酸或者强碱溶解，或遇盐类反应生成膨胀物质或者无胶凝性物质，使水泥石遭受损害。

2. 水泥石不够密实，各种孔隙为侵蚀介质的进入提供了条件。

（二）侵蚀的外界条件

1. 江、河、湖中的软水；

2. 地下水、沼泽水、海水；

3. 工业废水。

（三）防止侵蚀的措施

1. 根据工程所处环境，合理选择水泥品种。

2. 采取适当措施，提高水泥石的密实度。

3. 表面加做保护层，常采用耐酸石料（花岗石、石英岩、辉绿岩、玄武岩、安山岩等）、耐酸陶瓷、铸石、沥青等。

六、其他品种通用水泥

通用水泥的技术要求及特性见表3-4。

表 3-4 通用水泥的技术要求及特性

项目		硅酸盐水泥	普通水泥	矿渣水泥	火山灰水泥	粉煤灰水泥
密度（g/cm³）		3.15~3.25	3.10~3.15	2.8~3.1	2.8~3.1	2.8~3.1
堆积密度（kg/m³）		1000~1500	1000~1450	1000~1200	1000~1200	1000~1200
技术要求	细度	不小于300m²/kg	同左	80μm筛≯10%或者45μm筛≯30%	同左	同左
	初凝	不小于45min	同左	同左	同左	同左
	终凝	不大于390min	600min	同左	同左	同左
	安定性	合格	合格	合格	合格	合格
	强度等级	42.5、42.5R 52.5、52.2R 62.5、62.5R	42.5、42.5R 52.5、52.2R	32.5、32.5R 42.5、42.5R 52.5、52.2R	同左	同左
特性		1. 硬化快，早期强度高； 2. 水化热大； 3. 抗冻性好； 4. 耐水性及耐腐蚀性差； 5. 碱度高，抗碳化能力强； 6. 不宜湿热养护	1. 硬化快，早期强度较高； 2. 水化热较大； 3. 抗冻性较好； 4. 耐水性及耐腐蚀性较差； 5. 碱度较高，抗碳化能力较强； 6. 不宜湿热养护	1. 硬化慢，早期强度较低，后期强度增长快； 2. 水化热小； 3. 抗冻性差； 4. 耐软水性及耐硫酸盐腐蚀性好； 5. 碱度较低，抗碳化能力差； 6. 适宜湿热养护； 7. 耐热性好； 8. 干缩大； 9. 抗渗性差	1~6项与矿渣水泥相同 不同点是： 1. 抗渗性好； 2. 干缩大； 3. 在干燥条件下会产生起粉现象	1~6项与矿渣水泥相同 不同点是： 1. 干缩小； 2. 抗裂性好； 3. 拌制的混凝土流动性好

七、通用硅酸盐水泥的选用

通用硅酸盐水泥的选用见表 3-5。

表 3-5 通用硅酸盐水泥的选用

混凝土类型		混凝土工程特点及所处环境条件	优先选用	可以选用	不宜选用
普通混凝土	1	在一般气候环境中的混凝土	普通水泥、硅酸盐水泥	矿渣水泥、火山灰水泥、粉煤灰水泥	—
	2	在干燥环境中的混凝土	普通水泥	—	火山灰水泥、粉煤灰水泥、矿渣水泥
	3	在高湿环境中的混凝土	矿渣水泥、火山灰水泥、粉煤灰水泥	普通水泥	—
	4	厚大体积的混凝土	矿渣水泥、火山灰水泥、粉煤灰水泥	—	硅酸盐水泥
	5	高层建筑基础的混凝土	普通水泥	矿渣水泥、火山灰水泥、粉煤灰水泥	硅酸盐水泥
有特殊要求的混凝土	1	要求快硬、高强（>C40）的混凝土	硅酸盐水泥	普通水泥	矿渣水泥、火山灰水泥、粉煤灰水泥、复合水泥
	2	严寒地区的露天混凝土、寒冷地区处于水位升降范围内的混凝土	普通水泥	矿渣水泥	火山灰水泥、粉煤灰水泥
	3	严寒地区处于水位升降范围内的混凝土	普通水泥	—	火山灰水泥、矿渣水泥、粉煤灰水泥、复合水泥
	4	有抗渗要求的混凝土	普通水泥、火山灰水泥	—	矿渣水泥
	5	有耐磨性要求的混凝土	硅酸盐水泥、普通水泥	矿渣水泥	火山灰水泥、粉煤灰水泥
	6	有耐热要求的混凝土	矿渣水泥	普通水泥	—

第二节 其他水泥

一、专用水泥

(一) 砌筑水泥

凡由活性混合材料或具有水硬性的工业废料为主要原料,加入少量硅酸盐水泥熟料和石膏,经磨细制成的水硬性胶凝材料,称为砌筑水泥。代号 M。

砌筑水泥的技术要求与通用硅酸盐水泥相近,其强度等级只有 12.5 和 22.5 两级,并要求保水率不低于 80%。

砌筑水泥强度等级低,但能满足砌筑砂浆强度要求,且成本低。适用于砖、石、砌块等砌体的砌筑砂浆和内墙抹面砂浆,但不得用于混凝土。

(二) 道路水泥

由道路硅酸盐水泥熟料,0~10% 活性混合材料和适量石膏磨细制成的水硬性胶凝材料,称为道路硅酸盐水泥(简称道路水泥),代号 P·R。

国标《道路硅酸盐水泥》(GB 13693—2005) 中规定了 13 项技术要求,其中:

铝酸三钙含量不得大于 5.0%;

铁铝酸四钙含量不得小于 16.0%;

细度,比表面积为 $300 \sim 450 m^2/kg$;

凝结时间,初凝不得早于 1.5h,终凝不得迟于 10h;

安定性,用沸煮法检验必须合格;

耐磨性,28d 磨损量不得大于 $3.00 kg/m^2$;

强度等级按其 3d、28d 抗压和抗折强度分为 32.5、42.5、52.5 三个等级。

二、特性水泥

(一) 快硬硅酸盐水泥

凡以硅酸盐水泥熟料和适量石膏磨细制成,3d 抗压强度表示强度等级的水硬性胶凝材料称为快硬硅酸盐水泥(简称快硬水泥)。

快硬水泥与硅酸盐水泥在生产时的不同之处是:1. 提高了硅酸三钙和铝酸三钙的含量(达 60%~65%);2. 适当地增加石膏的掺入量(可达 8%);3. 提高水泥的粉磨细度(比表面积达 $450 m^2/kg$)。

快硬水泥适用于早强、高强混凝土,紧急抢修工程和低温施工工程。

(二) 白色及彩色硅酸盐水泥

以白色硅酸盐水泥熟料加入适量石膏磨细制成的水硬性胶凝材料称为白色

硅酸盐水泥（简称白水泥）。而白色硅酸盐水泥熟料则是以适当成分的生料烧至部分熔融，所得以硅酸钙为主要成分，氧化铁含量少的熟料。

白水泥的生产较严格，从原料、燃料，到磨机层层把关，以便防止水泥着色。

白水泥采用纯净的石灰石、高岭土作为原料，并在配料时控制Fe_2O_3含量，采用无灰尘的可燃气体作燃料，用铸石及硬质陶瓷作为磨机的衬板和研磨体，因此白水泥生产成本高。

彩色硅酸盐水泥可直接生产，但成本高；也可在白水泥中加入碱性矿物颜料而制得。

白色及彩色硅酸盐水泥因其价格高，主要用于建筑物内外表面的装饰工程，以及制作人造大理石、水磨石制品等。

三、铝酸盐水泥

（一）定义

以铝矾土和石灰石为原料，经煅烧制得以铝酸钙为主要成分的熟料，经磨细制成的水硬性胶凝材料称为铝酸盐水泥，代号CA。

（二）技术要求

国标《铝酸盐水泥》（GB 201—2000）规定：

1. 细度。比表面积不小于$300m^2/kg$或0.045mm筛余不得超过20%。
2. 凝结时间（胶砂）。CA-50、CA-70、CA-80初凝时间不得早于30min，终凝时间不得迟于6h；CA-60初凝时间不得早于60min，终凝时间不得迟于18h。
3. 强度。各类水泥各龄期强度不得低于表3-6中数值。

表3-6 铝酸盐水泥各龄期胶砂强度值（GB 201—2000）

水泥类型	抗压强度（MPa）				抗折强度（MPa）			
	6h	1d	3d	28d	6h	1d	3d	28d
CA-50	20	40	50	—	3.0※	5.5	6.5	—
CA-60	—	20	45	85	—	2.5	5.0	10.0
CA-70	—	30	40	—	—	5.0	6.0	—
CA-80	—	25	30	—	—	4.0	5.0	—

注：当用户需要时，生产厂应提供结果。

（三）铝酸盐水泥的特性与应用

1. 铝酸盐水泥在湿热环境会发生晶型转化，强度降低，因此它不能用于长期承重的结构及高温高湿环境的工程。在一般的混凝土结构工程中严禁使用。

2. 早期强度增长快,一天可达到最高强度的80%以上,可用于紧急抢修工程及很快使用的军事工程。

3. 水化热大,且放热速度快,1天即可放出70%~80%。宜于冬期施工。

4. 最适宜的硬化温度为15℃左右,一般不得超过25℃,硬化后形成致密的水泥石。

5. 耐热性好,若采用耐火粗细骨料(铬铁矿等)可配制成使用温度达1300~1400℃的耐热混凝土。

6. 耐酸性好,抗硫酸盐侵蚀性强,但耐碱性极差,不得用于接触碱性溶液的工程。

7. 不能与硅酸盐水泥或石灰相混,不但会产生闪凝,而且生成的高碱性水化铝酸钙会导致混凝土开裂。也不能与尚未硬化的硅酸盐水泥混凝土相接触。

综上,铝酸盐水泥的特点可归纳为:硬化快早期强度高、在湿热条件下强度将降低、放热量大、耐酸、耐水、不耐碱、致密抗渗、耐热性好、不可高温条件下施工;不能用于混凝土结构工程之中。

四、水泥的运输与贮存

1. 水泥在运输与贮存时,不得遇水或受潮;不得混入杂物;不同品种、等级及出厂日期的水泥应分别贮运。

2. 散装水泥应分库存放。

3. 袋装水泥存放时,库房应防漏、通风;室内外高差应不低于150mm,库内地面垫板要离地300mm,四周离墙300mm;堆放高度不宜超过10袋;应按到场先后依次堆放,且要方便拿取,尽量做到先存先用,以防长期存放。

4. 水泥的储存期不宜过长,以免受潮而降低水泥强度;标准规定,通用硅酸盐水泥的储存期为3个月,高铝水泥为2个月,硫铝酸盐水泥为50d,快硬水泥为1个月。

5. 水泥长期存放,强度将会降低,存期越长,强度降低越大。存放3个月以上的通用水泥强度将降低10%~20%。对于过期的水泥,在使用前必须重新检验,在使用时应按复验结果,谨慎使用。

本章历年试题及模拟题解析

1. 生产硅酸盐水泥的天然岩石原料主要是下列哪一种?

[2001-031,2007-018]

A. 石英岩　　B. 大理岩　　C. 石灰岩　　D. 白云岩

【解析】 石英岩是硅质砂岩变质而成。主要成分是SiO_2,在水泥工业中可作为硅质校正原料。大理岩的主要矿物是方解石，但常含不同杂质而具有灰、绿、黑、玫瑰等多种色彩和花纹，是一种高级装饰材料。石灰石的主要矿物是方解石，化学成分是 $CaCO_3$，当其中 $MgO≤3\%$ 的石灰石作为水泥生产的主要天然岩石原料。白云岩的矿物是白云石，它是碳酸钙与碳酸镁的复盐矿物，因其 MgO 含量过高，不能作为生产水泥的原料。

答案：C

2. 水泥的生产过程中，纯熟料磨细时掺适量石膏，是为了调节水泥的什么性质？　　　　　　　　　　　　　　　　　　　　　　[1999-006]

A. 延缓水泥的凝结时间　　　　　B. 加快水泥的凝结时间
C. 增加水泥的强度　　　　　　　D. 调节水泥的微膨胀

【解析】　纯熟料磨细后，加水水化极快，几分钟内即凝结，无法使用。当纯熟料磨细时掺适量石膏，则水泥水化时石膏起到抑制水泥凝结的作用，调节了水泥的凝结速度，延缓了水泥的凝结时间，使之满足施工的需要。

答案：A

3. 在硅酸盐水泥熟料中，决定最终强度大小的主要是哪一组矿物？

A. C_2S+C_3S　　B. C_3S+C_3A　　C. C_2S+C_3A　　D. C_3S+C_4AF

【解析】　在硅酸盐水泥熟料中，C_3S 单独水化时水化速度快，放热量大，生成水化硅酸钙和氢氧化钙，其强度最高且早期强度增长快。C_2S 单独水化时水化速度很慢，放热量小，但水化产物与 C_3S 相同，只是早期强度增长慢，后期强度则与 C_3S 相同。C_3A 单独水化时水化速度最快，放热量最大，但强度却最小。C_4AF 单独水化时水化速度快，放热量大，其强度要比 C_3A 大些。可见，A 组 C_2S+C_3S 是决定强度大小的主要矿物。

答案：A

4. 水泥是由几种矿物组成的混合物，改变熟料中矿物组成的相对含量，水泥的技术性能会随之变化，主要提高下列何种含量可以制得快硬高强水泥？

[2004-012，2007-016]

A. 硅酸三钙　　B. 硅酸二钙　　C. 铝酸三钙　　D. 铁铝酸四钙

【解析】　水泥中几种组成矿物的特性如上题所述。为了制得快硬高强水泥常采用下列三种措施：1. 提高了硅酸三钙和铝酸三钙的含量（达 60%~65%），其中硅酸三钙主要起增强、早强作用；2. 适当地增加石膏的掺入量（可达 8%）；3. 提高水泥的粉磨细度（比表面积达 450m^2/kg）。

答案：A

5. 提高硅酸盐水泥中哪种熟料的比例,可制得高强度水泥? [2008-007]
   A. 硅酸三钙　　　B. 硅酸二钙　　　C. 铝酸三钙　　　D. 铁铝酸四钙

【解析】 见上题。

答案: A

6. 在生产硅酸盐类水泥时,掺入的活性混合材料不包括哪项?
   A. 粒化高炉矿渣　　　　　　B. 黏土
   C. 火山灰质混合材料　　　　D. 粉煤灰

【解析】 在水泥生产时,为改善水泥性能,调节水泥强度等级而加入的人工或天然矿质材料,称混合材料。通常分为活性混合材料和非活性混合材料。

活性混合材料磨成细粉,与石灰或石灰和石膏加水拌合后,在常温下能生成具有胶凝性能的水硬性水化产物。主要包括粒化高炉矿渣、火山灰质混合材料和粉煤灰。粒化高炉矿渣亦称水淬高炉矿渣。火山灰质混合材料有天然的(火山灰、凝灰岩、硅藻土等)和人工的(烧黏土、烧页岩、粉煤灰等)。

答案: B

7. 属于硅酸盐水泥活性混合材料中的活性成分是哪一组?
   A. 活性 CaO 和活性 SiO_2　　　　B. 活性 CaO 和活性 Al_2O_3
   C. 活性 SiO_2 和活性 Al_2O_3　　　D. 活性 CaO 和活性 Na_2O

【解析】 硅酸盐水泥活性混合材料中的活性成分是活性 SiO_2 和活性 Al_2O_3,它们能与碱性激发剂(氢氧化钙)和硫酸盐激发剂(石膏)发生化学反应生成水硬性的水化硅酸钙和水化铝酸钙。

答案: C

8. 在关于水泥凝结硬化影响因素的叙述中,不正确的是哪一条?
   A. 水泥的矿物组成、细度以及石膏的掺入量是影响水泥水化速度的关键因素。
   B. 温度和湿度是保证水泥正常凝结硬化的必要条件。
   C. 水泥浆体在正常养护下,龄期越长硬化程度越大。
   D. 水泥浆体硬化时,环境越干燥,硬化速度越快。

【解析】 水泥的矿物组成、细度以及石膏的掺入量是影响水泥水化速度的内在因素;温度和湿度是保证水泥正常凝结硬化的外界条件;温度越高,水化越快,反之温度越低,水化越慢;当温度达零下时,水泥水化基本停止。水泥浆体在正常养护下,由于水化在不断进行,因此硬化程度随龄期增长而加大。水泥浆体硬化时，环境越干燥，越易水分蒸发而失水干燥。水泥浆体表面失水干燥后，其内部水分将向表面迁移，进而造成内部形成开口连通孔使得耐久性变差。若因干燥水分完全失去，则水化将停止。

答案：D

9. 细度是影响水泥性能的重要物理指标，以下何者不正确？

[2000-006，2006-009]

A. 颗粒越细，水泥早期强度越高
B. 颗粒越细，水泥凝结硬化的速度越快
C. 颗粒越细，水泥越不易受潮
D. 颗粒越细，水泥成本越高

【解析】 水泥磨得越细，暴露的表面积越大，与水接触得越充分，因此水泥水化得越快，凝结硬化的速度也就越快。会使得水泥的早期及后期的强度都会越高。但是，水泥磨得越细，消耗能力越大，其成本自然就越高。由于水泥磨得细，暴露的表面积大，与空气接触得越充分。巨大的表面积对空气中的水蒸气有很强的吸附能力，因此磨得过细的水泥，极易受潮。

答案：C

10. 水泥凝结时间的影响因素很多，以下哪种说法不对？　　　　[2005-020]
A. 熟料中铝酸三钙含量高，石膏掺量不足使水泥快凝
B. 水泥的细度越细，水化作用越快
C. 水灰比越小，凝结时温度越高，凝结越慢
D. 混合材料掺量大，水泥过粗等都使水泥凝结缓慢

【解析】 在水泥中，由于铝酸三钙水化速度极快，造成水泥的快凝，加入石膏后，可对铝酸三钙的水化起到抑制作用。因此熟料中铝酸三钙含量高，石膏掺量不足则难以控制水泥快凝。混合材料的水化必须待熟料水化后放出氢氧化钙，有了碱性激发剂才能反应，并且反应速度慢，因此混合材料掺量越大，水泥凝结越缓慢。水泥过粗，其比表面积小，水泥的水化、凝结硬化都必然缓慢。然而水灰比越小，浆体就越黏稠，则凝结得越快。凝结时温度越高，水化反应越快，使水泥凝结速度越快。

答案：C

11. 水泥凝结时间是水泥的重要性能之一，下列说法不正确的是哪一条？
A. 国产水泥的初凝时间多为1~3h，终凝时间5~8h。
B. 为了水泥在使用时有充分的操作时间，而且在成型后能尽快地结硬拆

模，要求水泥的初凝时间不得太早，终凝时间不宜太迟。
C. 国标规定，通用水泥的初凝不得早于45min，终凝不迟于10h。
D. 国标规定，硅酸盐水泥的初凝不得早于45min，终凝不迟于390min。

【解析】 《通用硅酸盐水泥》（国标GB 175—2007/XG1—2009）规定，硅酸盐水泥的初凝不得早于45min，终凝不迟于390min；规定，除硅酸盐水泥以外的其他品种的通用硅酸盐水泥的初凝不得早于45min，终凝不迟于10h。通用硅酸盐水泥中，包括硅酸盐水泥。

答案：C

12. 以下哪种因素会使水泥凝结速度减缓？　　　　　　　　　　［2008-011］
A. 石膏掺量不足　　　　　　　　B. 水泥的细度愈细
C. 水灰比愈小　　　　　　　　　D. 水泥的颗粒过粗

【解析】 在生产水泥时，加入二水石膏的作用是为了减缓熟料的凝结速度，使水泥的凝结时间满足施工的要求，二水石膏起到缓凝剂的作用，若石膏掺量不足，会使水泥的凝结速度加快；水泥的细度愈细，与水的接触面积愈大，水泥水化速度愈快，则水泥的凝结速度就愈快；水灰比愈小，则水泥水化产生的水化产物浓度提高得愈快，故凝结速度也就愈快；但是，水泥的颗粒过粗，不易水化，故而会使水泥凝结速度减缓。

答案：D

13. 在 -1℃的温度下，水泥的水化反应呈现以下哪种变化？　　［2008-020］
A. 变快　　　　B. 不变　　　　C. 变慢　　　　D. 基本停止

【解析】 水泥浆体在 -10℃以上，若有液态水存在仍可进行水化反应，但其速度极慢，近于基本停止；若无液态水存在，水泥不能发生水化反应。

答案：D

14. 采用沸煮法测定硅酸盐水泥安定性不良的原因是水泥中哪种物质含量过多引起的？
A. 游离态氧化钙　B. 化合态氧化钙　C. 游离态氧化镁　D. 二水石膏

【解析】 有三种情况可能造成硅酸盐水泥安定性不良，即：游离态氧化钙、游离态氧化镁和二水石膏含量过多。游离态氧化钙和游离态氧化镁是生料在1450℃条件下煅烧成熟料时，未能得到化合，而以游离态存在的氧化钙和氧化镁，它们是过烧的，具有非常致密的结构。所以，当水泥水化，并硬化到一定程度时，它们才开始熟化，并产生体积膨胀，表现为水泥安定性不良。若水泥中二水石膏掺量过多，在水泥水化并已经凝结时，还有部分二水石膏未能消耗，这些二水石膏继续与水化铝酸钙发生反应生成钙矾石，同时产生体积膨胀并破坏已硬化的结构。即水泥安定性不良。

测定硅酸盐水泥安定性通常采用沸煮法，沸煮法又只能检验由于游离态氧化钙所引起的安定性不良。这是因为1. 游离态氧化镁和二水石膏的含量可在生产中得到控制；2. 游离态氧化镁和二水石膏在沸煮的条件下，不能产生膨胀促使水泥安定性不良。

答案：B

15. 关于水泥强度及强度等级的叙述中，何者不正确？
A. 国标规定，测定水泥强度是将水泥和中国ISO标准砂按质量计以1:3混合，用0.5的水灰比按规定的方法制成40mm×40mm×160mm的试件进行。
B. 水泥强度试件的标准养护条件是，(20±1)℃的水中。
C. 水泥的强度等级是以3d和28d龄期的抗压强度确定的。
D. 硅酸盐水泥分3个强度等级，每个等级又有普通型和早强型两种。

【解析】 国家标准《水泥胶砂强度检验方法（ISO法）》（GB/T 17671—1999）规定，测定水泥强度是将水泥和中国ISO标准砂按质量计以1:3混合，用0.5的水灰比按规定的方法制成40mm×40mm×160mm的试件，在标准温度(20±1)℃的水中养护，分别测定其3d和28d的抗压强度和抗折强度。并以此来评定水泥的强度等级，将硅酸盐水泥分为3个强度等级，每个等级又有普通型和早强型两种；普通硅酸盐水泥分为2个强度等级，每个等级又有普通型和早强型两种；矿渣水泥、火山灰水泥、粉煤灰水泥及复合水泥分为3个强度等级，每个等级又有普通型和早强型两种。

答案：C

16. 关于硅酸盐水泥技术性质的测定方法中，哪种说法有误？
A. 细度测定采用筛分法
B. 凝结时间采用凝结时间测定仪测定
C. 安定性采用沸煮法测定
D. 强度采用软练胶砂法测定

【解析】 国家标准GB 175—2007规定，硅酸盐水泥、普通硅酸盐水泥的细度采用勃氏法检验，用比表面积表示，应不小于300m²/kg。矿渣水泥、火山灰水泥、粉煤灰水泥及复合水泥采用筛分法检验，以筛余表示，这种方法采用选择性指标，即当采用80μm方孔筛时，筛余不大于10%；当采用45μm方孔筛时，筛余不大于30%。通用硅酸盐水泥的凝结时间均用标准稠度的水泥浆，采用凝结时间测定仪测定。通用硅酸盐水泥的安定性均以标准稠度的水泥浆，采用沸煮法测定。通用硅酸盐水泥的强度均采用软练胶砂法测定。

答案：A

17. 国家标准 GB 175—2007/XG1—2009 规定，以下技术指标中任何一项不符合规定的标准时，水泥即为不合格品，其中哪一项除外？

A. 细度　　　　B. 安定性　　　　C. 初凝时间　　　　D. 氧化镁含量

【解析】 国家标准《通用硅酸盐水泥》（GB 175—2007/XG1—2009）规定，凡化学指标（不溶物、烧失量、MgO、SO_3、Cl^{-1}）凝结时间、安定性各龄期强度中的任一项不符合标准规定时，均判为不合格品。不合格品水泥严禁用于工程之中。

答案：A

18. 关于硅酸盐水泥储存的一般规定的叙述中，不正确的是哪一条？

A. 水泥储存时不得遇水或受潮；不得混入杂物；不同品种、等级及出厂日期的水泥应分别贮运。散装水泥应分库存放；袋装水泥应能保证库房内通风良好。

B. 袋装水泥在储存时，库房室内外地面高差应不低于 150mm，且库内地面垫板要离地 300mm，四周离墙 300mm。

C. 为了防止长期存放，应满足先存先用的原则，按到场先后依次堆放，在摆放时应保证各个部位的水泥均能方便拿取。同时，堆放高度不得超过 10 袋。

D. 百日存期，质量第一。

【解析】 上述前三条为水泥储存的一般规定。但是，相关标准规定，通用硅酸盐水泥的储存期为 3 个月；高铝水泥为 2 个月；快硬水泥为 1 个月。对于过期的水泥，在使用前必须重新检验标定强度，并按检验结果适当使用。

答案：D

19. 水泥贮存时应防止受潮使水泥性能下降，国家规定在正常贮存条件下从出厂日起普通水泥的存放期不得超过：　　　　　　　　　　[2010-022]

A. 2 个月　　　　B. 3 个月　　　　C. 4 个月　　　　D. 5 个月

【解析】 见上题，普通水泥属于通用硅酸盐水泥的一个品种，存放期不得超过 3 个月。

答案：B

20. 硅酸盐水泥的下列性质和应用中何者不正确？ [2000-035]

A. 水化时放热大，宜用于大体积混凝土工程

B. 凝结硬化快，抗冻性好，适用于冬期施工

C. 强度等级高，常用于重要结构

D. 含有较多的氢氧化钙，不宜用于有水压作用的工程

【解析】 硅酸盐水泥强度等级高，常用于重要结构；因其水化后水泥石中含有较多的氢氧化钙，不宜用于有抗渗性要求的水压作用的工程；凝结硬化快，水化时放热大，适用于冬期施工；抗冻性好，宜用于严寒地区遭受反复冻融的工程；但是，水化热大的水泥不宜用于大体积混凝土工程。这是因为水化热大的水泥，会造成大体积混凝土的内部与表面有较大的温差，产生温度应力，致使结构产生裂缝。

答案：A

21. 根据工程特点，制作高强混凝土（大于 C40）应优先选用何种水泥？ [2000-026]

A. 矿渣水泥   B. 硅酸盐水泥   C. 火山灰水泥   D. 粉煤灰水泥

【解析】 因为硅酸盐水泥强度等级高，凝结硬化快早期强度高，适于配制高强度混凝土，也可以选用普通硅酸盐水泥。

答案：B

22. 在下列四种水泥中，何种水化热最高？ [1998-011]

A. 硅酸盐水泥   B. 火山灰水泥   C. 粉煤灰水泥   D. 矿渣水泥

【解析】 一般说，通用硅酸盐水泥中熟料含量越高，则水泥的水化热越大。而硅酸盐水泥的熟料含量最高，标准规定熟料与石膏的总量可达 95% ~ 100%，故硅酸盐水泥水化热最高。

答案：A

23. 在一般气候环境中的混凝土，应优先选用以下哪种水泥？ [2005-018]

A. 矿渣硅酸盐水泥   B. 火山灰质硅酸盐水泥

C. 粉煤灰硅酸盐水泥   D. 普通硅酸盐水泥

【解析】 在一般气候环境中的混凝土，上述四种水泥均可使用。但是，由于普通硅酸盐水泥水化速度较快，早期强度比其余三种水泥高，因此应优先选用普通硅酸盐水泥。

答案：D

24. 有耐磨性能的混凝土，应优先选用下列何种水泥？ [1999-045]

A. 硅酸盐水泥 B. 火山灰水泥
C. 粉煤灰水泥 D. 硫铝酸盐水泥

【解析】 有耐磨性能要求的混凝土，应优先选用硅酸盐水泥或普通硅酸盐水泥，也可以选用强度等级较高的矿渣硅酸盐水泥，但不宜选用火山灰水泥和粉煤灰水泥，见表3-5。

答案：A

25. 严寒地区处于水位升降范围内的混凝土，应优先选用以下哪种水泥？
[2005-007]

A. 矿渣水泥   B. 火山灰水泥   C. 硅酸盐水泥   D. 粉煤灰水泥

【解析】 严寒地区处于水位升降范围内的混凝土，应优先选用普通硅酸盐水泥，也可选用硅酸盐水泥；但不宜选用火山灰水泥、矿渣水泥、粉煤灰水泥以及复合水泥，见表3-5。

答案：C

26. 以下四种水泥与普通硅酸盐水泥相比，其特性何者是不正确的？
[1999-022]

A. 火山灰质硅酸盐水泥耐热性较好
B. 粉煤灰硅酸盐水泥干缩性较小
C. 铝酸盐水泥快硬性较好
D. 矿渣硅酸盐水泥耐硫酸盐侵蚀性较好

【解析】 对于通用硅酸盐水泥来说，除普通硅酸盐水泥、矿渣硅酸盐水泥耐热性较好外，其他几种水泥的耐热性都较差；粉煤灰硅酸盐水泥因拌合时需水量小，故硬化过程中干缩性较小，抗裂性好；铝酸盐水泥是一种快硬早强型的水泥，一天就能达到80%的强度，三天即达到强度最高值；矿渣硅酸盐水泥因其水化后其中的氢氧化钙被大量消耗，余下的氢氧化钙少，因此矿渣硅酸盐水泥具有较好的耐硫酸盐侵蚀性。

答案：A

27. 在下列四种水泥中，哪种水泥具有较高的耐热性？
[1997-007，2001-035]

A. 普通硅酸盐水泥 B. 火山灰水泥
C. 矿渣硅酸盐水泥 D. 粉煤灰硅酸盐水泥

【解析】 矿渣硅酸盐水泥具有较高的耐热性，是因为矿渣具有较高的耐火性能，而且在水泥水化过程中，矿渣的水化消耗了氢氧化钙，使得氢氧化钙的余量较少的缘故。其他三种水泥的耐热性能均不及矿渣硅酸盐水泥。

答案：C

28. 对于大型基础、水坝、桥墩等大体积混凝土工程不宜选用下列哪种水泥？

　　A. 普通硅酸盐水泥　　　　　B. 火山灰水泥
　　C. 矿渣水泥　　　　　　　　D. 粉煤灰水泥

【解析】　大体积混凝土是指体积较大的，可能由水泥水化热引起的温差应力导致有害裂缝的结构混凝土。因此，对于大体积混凝土工程来说，选择水化热较小的水泥是必要的。不宜选择水化热较大的硅酸盐水泥或普通硅酸盐水泥。

答案：A

29. 以下哪种水泥不得用于浇筑大体积混凝土？　　　　［2010-015］

　　A. 矿渣硅酸盐水泥　　　　　B. 粉煤灰硅酸盐水泥
　　C. 硅酸盐水泥　　　　　　　D. 火山灰质硅酸盐水泥

【解析】　见上题。

答案：C

30. 有抗渗要求的混凝土不宜使用下列哪种水泥？［1999-039，2004-013］

　　A. 普通硅酸盐水泥　　　　　B. 火山灰水泥
　　C. 矿渣水泥　　　　　　　　D. 粉煤灰水泥

【解析】　抗渗混凝土（亦称防水混凝土）是指抗渗等级等于或大于P6级的混凝土。按其配制方法分为普通抗渗混凝土、外加剂抗渗混凝土和膨胀水泥抗渗混凝土三类。对于普通抗渗混凝土来说，水泥品种的选择则是一项重要措施。在通用硅酸盐水泥中，矿渣硅酸盐水泥的抗渗性最差，因此对于有抗渗要求的混凝土不宜使用矿渣水泥。

答案：C

31. 能使混凝土具有良好的密实性和抗渗性能的防水专用水泥不包括哪种？　　　　　　　　　　　　　　　　［1997-036，2001-030］

　　A. 硅酸盐自应力水泥　　　　B. 明矾石膨胀水泥
　　C. 矿渣水泥　　　　　　　　D. 石膏矾土膨胀水泥

【解析】　见上题。

答案：C

32. 高层建筑基础工程的混凝土常选用下列哪种水泥？
　　A. 普通硅酸盐水泥　　　　　　　B. 火山灰质水泥
　　C. 矿渣水泥　　　　　　　　　　D. 硅酸盐水泥

【解析】　高层建筑基础工程的混凝土往往不一定具备大体积混凝土的条件，一般应属大方量（即混凝土用量大）混凝土。因此不必按大体积混凝土用水泥的选用原则进行。而硅酸盐水泥水化热大，通常，多选用普通硅酸盐水泥。

　　答案：A

33. 对于有抗冻要求的混凝土，宜优先选用下列哪种水泥？
　　A. 普通硅酸盐水泥　　　　　　　B. 火山灰质水泥
　　C. 矿渣水泥　　　　　　　　　　D. 粉煤灰水泥

【解析】　抗冻混凝土是指抗冻等级等于或大于F50级的混凝土。在通用硅酸盐水泥中，硅酸盐水泥与普通硅酸盐水泥具有良好的抗冻性，而其他品种的硅酸盐水泥的抗冻性较差。

　　答案：A

34. 白色硅酸盐水泥与硅酸盐水泥的区别在于：　　　　　　　［2000-032］
　　A. 氧化锰含量少　　　　　　　　B. 氧化铁含量少
　　C. 氧化铬含量少　　　　　　　　D. 氧化钛含量少

【解析】　白色硅酸盐水泥是以白色硅酸盐水泥熟料加以适量石膏磨细制成的水硬性胶凝材料；而白色硅酸盐水泥熟料则是以适当成分的生料烧至部分熔融，所得以硅酸钙为主要成分，氧化铁含量少的熟料。因此两者的区别就在于氧化铁含量少。

　　答案：B

35. 以下哪种物质是烧制白色水泥的原料？　　　　　　　　　［2009-017］
　　A. 铝矾土　　　　　　　　　　　B. 火山灰
　　C. 高炉矿渣　　　　　　　　　　D. 纯净的高岭土

【解析】　铝矾土是生产高铝水泥的基本原料；火山灰、高炉矿渣是通用水泥的活性掺合料；白色水泥的原料是纯净的高岭土、纯石灰石、纯石英砂或白垩等，所含着色物质（如氧化铁、氧化锰、氧化钛、氧化铬等）极少。

　　答案：D

36. 白色硅酸盐水泥掺入颜料制得彩色硅酸盐水泥，对所用颜料的基本要求是：

A. 耐酸　　　　B. 耐碱　　　　C. 耐水　　　　D. 耐冻

【解析】 硅酸盐水泥水化后放出氢氧化钙使浆体呈碱性，因此要求所掺入的颜料必须具有良好的耐碱性能。

答案： B

37. 铝酸盐水泥与硅酸盐水泥能否混用？

A. 可以　　　　　　　　　　　　B. 不可以
C. 在干燥环境下可以　　　　　　D. 在20℃以下可以

【解析】 由于铝酸盐水泥中水化过程中遇到氢氧化钙，不但会产生闪凝，而且硬化后的强度很低。因此无论在何种情况下，铝酸盐水泥都不得与硅酸盐水泥、石灰等能产生氢氧化钙的材料混用。

答案： B

第四章 混 凝 土

第一节 混凝土概述

一、概述

混凝土是由胶凝材料与骨料和水等按适当比例制成拌合物,再经硬化所得到的人造石材。工程上主要采用水泥作为胶凝材料的水泥混凝土。水泥混凝土按其表观密度可分为重混凝土（表观密度大于 $2800kg/m^3$）、普通混凝土（表观密度为 $2000 \sim 2800kg/m^3$）和表观密度小于 $1950kg/m^3$ 的轻混凝土。

建筑工程中,主要采用普通混凝土。它是由水泥、砂、石和水组成,砂与石相互填充密实堆积,水泥浆包裹砂石表面并填充空隙形成较密实的聚集结构。在混凝土凝结硬化前,水泥浆起润滑作用,使拌合物具有良好的可塑性便于施工。硬化后水泥石粘接砂石形成坚硬的人造石材,砂石起骨架作用,使混凝土具有较高的强度。在凝结硬化过程中水泥与水发生化学反应,生成的水泥石与砂石间发生物理结合。在硬化后的混凝土中除存在毛细孔外,还残留少量的空气泡。

二、混凝土的特点

（一）优点

1. 原料丰富、价格低廉,组成中砂、石占 80% 以上,可就地取材。水泥只占 10%~15%。

2. 使用灵活、施工方便,拌合物有良好的可塑性,可根据工程需要浇注成各种形状尺寸的构件及构筑物。

3. 性能可调,调整组成材料的品种及数量,可获得不同性能（稠度、强度及耐久性）的混凝土来满足工程上的不同需求。

4. 强度高,具有较高的抗压强度,且能与钢筋牢固结合组成钢筋混凝土（因为两者有相近的膨胀系数）,混凝土起抗压作用,钢筋起抗拉作用,克服了混凝土抗拉、抗折强度低的缺点。

5. 耐久性好,性能良好的混凝土具有较高的抗冻性、抗渗性、耐腐蚀性。

(二) 缺点

1. 自重大,每立方米达 2000～2800kg,常用的混凝土约为 2400kg/m³。

2. 呈脆性,抗拉强度小(约为抗压强度的 1/20～1/10),受拉力作用易产生裂缝。

3. 质量波动大,施工中影响混凝土质量的因素较多,因此必须精心施工。

4. 呈碱性,不耐酸(但对钢筋却有良好的保护作用)。

5. 耐火性差。

三、工程上对混凝土的基本要求

工程上使用的混凝土,一般应满足如下四项基本要求:
1. 混凝土拌合物应具有适合于施工条件的和易性,使之便于施工。
2. 混凝土硬化后的强度必须满足结构设计所要求的强度等级。
3. 混凝土应具有适应于工程所处环境条件的耐久性。
4. 在满足上述三项技术要求的前提下,要最大限度地节约水泥,以降低成本。

第二节 普通混凝土的组成材料

一、水泥

在配制混凝土时,应合理地选择水泥的品种与强度等级。

(一) 水泥品种选择

水泥品种选择应考虑工程特点、工程所处环境条件及施工条件,进行合理选择,可参照表3-5。

(二) 水泥强度等级的选择

水泥的强度等级应与混凝土的强度等级相适应。一般,以水泥的实际强度为混凝土配制强度的 0.9～2.0 倍为宜,若过大,则水泥用量偏小,影响拌合物的和易性,应掺入一些掺合料(如粉煤灰)予以改善。若过小,则水泥用量偏大,不经济且会使混凝土硬化后产生较大的干缩。

二、骨料

(一) 分类

1. 按粒径大小,骨料分为粗骨料(粒径大于5mm)和细骨料(粒径在 0.16～5.0mm 之间)。

2. 按产源,砂分为天然砂(有河砂、湖砂、海砂、山砂)和人工砂,石分为卵石亦称砾石(有河卵石、海卵石、山卵石)和碎石。目前,工程中多采用碎石、河卵石和河砂。

（二）骨料的技术要求

国家行业标准《普通混凝土用砂、石质量及检验方法标准》（JGJ 52—2006）规定了如下技术要求，见表4-1。

1. 有害杂质含量，包括云母、硫化物与硫酸盐、氯盐及有机物。它们或降低混凝土的强度，或是对水泥石有腐蚀作用，而氯盐对钢筋有腐蚀作用。

2. 泥及黏土块。它们会增大拌合物的需水量；影响水泥石与骨料的粘接，降低强度及耐久性（抗渗、抗冻性等）。

3. 无定形氧化硅。它能与水泥中的碱发生碱集料反应导致混凝土破坏，影响耐久性。对于长期处于潮湿环境的重要结构的混凝土所使用的砂石应进行碱活性检验。当判定骨料存在潜在碱－碳酸盐反应危害时，不宜用作混凝土骨料；当判定骨料存在潜在碱－硅反应危害时，应控制混凝土的碱含量不超过 $3kg/m^3$。

4. 坚固性。指骨料的抗风化能力。采用硫酸钠溶液法进行试验，其质量损失应符合表4-1中规定。

表4-1　砂、石杂质含量及石子中针、片状颗粒含量的规定（JGJ 52—2006）

骨料种类　　　项　目		砂			石		
		≥C60	C55～C30	≤C25	≥C60	C55～C30	≤C25
含泥量（按质量计,%）	≤	2.0	3.0	5.0	0.5	1.0	2.0
泥块含量（按质量计,%）	≤	0.5	1.0	2.0	0.2	0.5	0.7
云母（按质量计,%）	≤	2.0			—		
轻物质（按质量计,%）	≤	1.0			—		
有机物（比色法试验）		合格（见注1）			合格（见注1）		
硫化物及硫酸盐（按 SO_3 计）	≤	1.0			1.0		
氯化物（以干砂质量百分率计）		≤0.06%（钢筋混凝土用砂） ≤0.02%（预应力钢筋混凝土用砂）			—		
针、片状颗粒（按质量计,%）	≤	—			8	15	25
质量损失		≤8（见注2），≤10（见注3）			≤8（见注2），≤12（见注3）		

注：1. 用比色法试验，颜色不应深于标准色。当颜色深于标准色时，应按水泥胶砂强度试验方法进行对比试验，抗压强度比不应低于0.95。

2. 在严寒或寒冷地区室外使用并经常处于潮湿或干湿交替状态的混凝土；对于有抗疲劳、耐磨、抗冲击要求的混凝土；有腐蚀介质作用或经常处于水位变化区的地下结构混凝土。

3. 除上项外，其他条件下使用的混凝土。

（三）细骨料的粗细程度与颗粒级配

1. 砂的粗细程度。是指不同粒径的砂粒混合在一起的平均粗细程度。通常分为粗砂、中砂和细砂。粗细程度反映了砂的总表面积的大小，在相同砂量时，粗砂的总表面积小，包裹表面所用水泥浆少，因此节省水泥。

2. 砂的颗粒级配。是指砂中不同粒径颗粒的搭配情况。颗粒级配反映了砂的空隙率的大小，级配良好的砂具有较小的空隙率，配制混凝土时不仅需要的水泥浆少，而且还可以提高混凝土流动性、密实度和强度。

3. 细骨料的粗细程度与颗粒级配的确定。是通过筛分试验，求得每个筛上的累计筛余百分率，再按规定的公式计算出砂的细度模数 μ_f。

砂的粗细程度用细度模数表示，按细度模数分为粗砂、中砂、细砂及特细砂。其细度模数为：粗砂 $\mu_f = 3.7 \sim 3.1$，中砂 $\mu_f = 3.0 \sim 2.3$，细砂 $\mu_f = 2.2 \sim 1.6$，特细砂 $\mu_f = 1.5 \sim 0.7$。

砂的颗粒级配用级配区表示，见表4-2。普通混凝土用砂的颗粒级配应处于该表中的任何一个级配区以内（除4.75mm与0.6mm筛，其他筛的累计筛余百分率，允许有超出分区界限，其总量不应大于5%）。

一般说，级配良好的粗砂，其空隙率与总表面积均小，不仅节省水泥浆，还保证了混凝土的密实度与强度。但必须用于富混凝土，否则拌合物易离析。因此，配制混凝土多选用中砂。若采用特细砂，因其颗粒细小，比表面积大，则应采用低砂率，低流动性，富水泥浆等措施。否则，会造成离析现象。若掺入减水剂会加剧离析现象。

表4-2 砂的颗粒级配区（JGJ 52—2006）

公称粒径	累计筛余（%）		
	Ⅰ区	Ⅱ区	Ⅲ区
5.00mm	10～0	10～0	10～0
2.50mm	35～5	25～0	15～0
1.25mm	65～35	50～10	25～0
630μm	85～71	70～41	40～16
315μm	95～80	92～70	85～55
160μm	100～90	100～90	100～90

（四）粗骨料

1. 颗粒形状与表面状态

粗骨料按颗粒形状与表面状态分为卵球状的卵石、棱角状的碎石以及针、片状石四种。卵石表面光滑，近于球状，用卵石拌制的混凝土流动性较好，但强度偏低。碎石表面粗糙，拌制的混凝土强度较高，但流动性偏差。碎石以接近立方体为好。

针、片状石对混凝土的流动性、强度及耐久性都不利，应予限制，见表4-1。

2. 粗骨料的强度

粗骨料是硬化后混凝土的骨架，必须有足够的强度。按JGJ 52—2006规定，碎石的强度可用岩石的抗压强度和压碎值指标表示。岩石的抗压强度应比所配制的混凝土强度至少高20%；压碎值指标宜符合表4-3的规定。

表4-3　碎石的压碎值指标（JGJ 52—2006）

岩石品种	混凝土强度等级	碎石压碎值指标（%）
沉积岩	C60～C40	≤10
（包括石灰岩、砂岩等）	≤C35	≤16
变质岩（如片麻岩、石英岩等）或深成的	C60～C40	≤12
火成岩（如花岗石、正长岩、闪长岩、橄榄岩）	≤C35	≤20
喷出的火成岩	C60～C40	≤13
（如玄武岩、辉绿岩）	≤C35	≤30

卵石的强度用压碎值指标表示。压碎值指标宜符合表4-4的规定。

表4-4　卵石的压碎值指标（JGJ 52—2006）

混凝土的强度等级	C60～C40	≤C35
压碎值指标（%）	≤12	≤16

3. 石子的最大粒径与颗粒级配

（1）石子的最大粒径。石子公称粒级的上限称为石子的最大粒径。

石子有连续粒级和单粒级之分。连续粒级按粒径分为六种粒级，见表4-5；单粒级一般不单独使用，或组合成要求的级配的连续粒级，或与连续粒级混用以改善级配。

与砂相同，石子的粗细程度反映了石子的总表面积的大小，在条件允许时，石子的最大粒径选择大些，可以节省水泥。

但是，石子的最大粒径的确定，还应受到结构截面尺寸、钢筋净距及施工条件的限制。《混凝土结构工程施工质量验收规范》（GB 50204—2002，2011年版）中规定，混凝土用粗骨料，其最大颗粒粒径不得超过截面最小尺寸的1/4，且不得超过钢筋最小净距的3/4。对混凝土实心板，骨料的最大粒径不宜超过板厚的1/3，且不得超过40mm。

对于泵送混凝土来说，石子的最大粒径应满足《混凝土泵送施工技术规程》（JGJ/T 10—1995）的规定，粗骨料的最大粒径与输送管径之比，泵送高度在50m以下时，对碎石不宜大于1:3，对卵石不宜大于1:2.5；泵送高度在50～100m时，宜在1:3～1:4；泵送高度在100m以上时，宜在1:4～1:5，且应级配良好；另外，其针、片状颗粒含量不宜大于10%。

（2）石子的颗粒级配与砂相同，其颗粒级配反映了石子的空隙率的大小，选择级配良好的石子即可节约水泥，还可以提高混凝土流动性、密实度和强度。

（3）石子的最大粒径与颗粒级配时通过筛分试验，求得各筛上的累计筛余，各筛上的累计筛余应符合表4-5的相应规定。

表 4-5 碎石或卵石的颗粒级配（GB/T 14685—2001）

	累计筛余(%) 方孔筛	2.36	4.75	9.50	16.0	19.0	26.5	31.5	37.5	53.0	63.0	75.0	90
公称粒径(mm)													
连续粒级	5~10	95~100	80~100	0~15	0	—	—	—	—	—	—	—	—
	5~16	95~100	85~100	30~60	0~10	—	—	—	—	—	—	—	—
	5~20	95~100	90~100	40~80	—	0~10	—	—	—	—	—	—	—
	5~25	95~100	90~100	—	30~70	—	0~5	—	—	—	—	—	—
	5~31.5	95~100	90~100	70~90	—	15~45	—	0~5	—	—	—	—	—
	5~40	—	95~100	70~90	—	30~65	—	—	0~5	—	—	—	—
单粒粒级	10~20	—	95~100	85~100	—	0~15	—	0	—	—	—	—	—
	16~31.5	—	95~100	—	85~100	—	—	0~10	0	—	—	—	—
	20~40	—	—	95~100	—	80~100	—	—	0~10	0	—	—	—
	31.5~63	—	—	—	95~100	—	—	75~100	45~75	—	0~10	0	—
	40~80	—	—	—	—	95~100	—	—	70~100	—	30~60	0~10	0

三、拌合用水及养护用水

拌合用水及养护用水应符合《混凝土用水标准》(JGJ 63—2006)的规定,凡符合国家标准的生活饮用水,均可拌制各种混凝土。海水可拌制素混凝土,但不宜拌制有饰面要求的素混凝土,并且不得用于拌制钢筋混凝土和预应力混凝土。

第三节 普通混凝土拌合物

一、混凝土拌合物的和易性的定义与含义

1. 和易性的定义。指混凝土拌合物易于施工操作(拌合、运输、浇筑、捣实),并能获得质量均匀、密实的混凝土的性能。

2. 和易性的含义。和易性是一项综合的技术性能,应包括:在运输、静置时不分层、不离析、不泌水;在浇筑、振捣时,易于流动,易于充满模具,易于密实等内容。总括起来应归结为流动性、黏聚性和保水性三个方面的含义。

二、混凝土拌合物和易性的测定

根据混凝土拌合物的稠度不同可分为塑性混凝土和干硬性混凝土两类,根据《普通混凝土拌合物性能试验方法标准》(GB/T 50080—2002)规定,混凝土拌合物的稠度可采用坍落度与坍落扩展度法和维勃稠度法测定。

(一)塑性混凝土

塑性混凝土的稠度用坍落度法测定,且坍落度值应大于10mm。坍落度法主要反映拌合物的流动性的大小,同时对拌合物的黏聚性和保水性加以评定。当坍落度大于220mm时,还应测定其坍落度扩展值用以判定拌合物抗离析性。

按坍落度大小分为4级,即T_0级(坍落度10~40mm)称低塑性混凝土;T_1级(坍落度50~90mm)称塑性混凝土;T_2级(坍落度100~150mm)称流动性混凝土;T_3级(坍落度>160mm)称大流动性混凝土。

(二)干硬性混凝土

对于坍落度小于10mm的干硬性混凝土采用维勃稠度法测定。

混凝土按维勃稠度大小分为4级,即V_0级(维勃稠度>31s)称超干硬性混凝土;V_1级(维勃稠度30~21s)称特干硬性混凝土;V_2级(维勃稠度20~11s)称干硬性混凝土;V_3级(维勃稠度10~5s)称半干硬性混凝土。干硬性混凝土主要用于混凝土预制构件的生产。

三、影响和易性的因素

（一）影响和易性的主要因素

1. 水灰比（或称水泥浆的稠度）

水灰比越大，水泥浆就越稀，拌制的混凝土流动性越大，且易出现泌水及离析现象。然而，水灰比是由混凝土的强度和耐久性所决定的。

2. 浆骨比（或称水泥浆的数量）

浆骨比越大，即水泥浆数量越多，拌制的混凝土流动性越大，但过多会使黏聚性变差，甚至出现流浆现象。

无论是提高水灰比，还是增大浆骨比，最终都表现为用水量的增加。可见，用水量是对混凝土拌合物稠度起决定性作用的因素。在骨料一定的情况下，为获得要求的流动性所需拌合用水量基本上是一定的，即使水泥用量有所变动（$1m^3$ 混凝土水泥用量增减 50～100kg）也无何影响。这一关系称为恒定用水量法则。塑性混凝土用水量的选择见表4-6。

表4-6 塑性混凝土的用水量（kg/m^3）

拌合物稠度		卵石最大粒径（mm）				碎石最大粒径（mm）			
项目	指标	10	20	31.5	40	16	20	31.5	40
坍落度（mm）	10～30	190	170	160	150	200	185	175	165
	35～50	200	180	170	160	210	195	185	175
	55～70	210	190	180	170	220	205	195	185
	75～90	215	195	185	175	230	215	205	195

注：1. 本表用水量系采用中砂时的平均取值，如采用细砂，每立方米混凝土用水量可增加5～10kg，采用粗砂则可减少5～10kg；
 2. 掺用各种外加剂或掺合料时，可相应增减用水量；
 3. 本表不适用于水灰比小于0.4或大于0.8时的混凝土以及采用特殊成型工艺的混凝土。

必须指出，在施工时应保证混凝土的强度和耐久性，严禁采用单独改变用水量的办法来调整拌合物的稠度。应在保证水灰比不变的情况下，用改变浆骨比（即增减水泥浆的数量）的方法来使拌合物的稠度满足施工的要求。

3. 砂率（即砂的质量占砂石总质量的百分率）

在骨料中砂具有颗粒小，比表面积大的特点，因此含砂量的改变，会使骨料的总表面积及空隙率发生改变。砂率过大或过小都使得拌合物的流动性变差。

当砂率适宜时，砂不但填满石子的空隙，而且还能保证粗骨料间有一定厚度的砂浆层以便减少粗骨料的滑动阻力，使拌合物有较好的流动性。这一适宜的砂率值称为合理砂率。采用合理砂率时，在用水量与水泥用量一定的情况下，能使拌合物获得最大的流动性；且有良好的黏聚性和保水性。或者，在保证拌合物获得要求和易性时，水泥用量为最小。当混凝土坍落度为 10~60mm 时，可根据粗骨料的品种，粒径及水灰比按表4-7 选取。

表 4-7　混凝土的砂率（%）

水灰比 (W/C)	卵石最大粒径（mm）			碎石最大粒径（mm）		
	10	20	40	16	20	40
0.40	26~32	25~31	24~30	30~35	29~34	27~32
0.50	30~35	29~34	28~33	33~38	32~37	30~35
0.60	33~38	32~37	31~36	36~41	35~40	33~38
0.70	36~41	35~40	34~39	39~44	38~43	36~41

注：当有下列情况时，可适当调整砂率值。

1）表4-7 为中砂时的砂率选用表，若采用细砂或粗砂可相应地减少或增大砂率；

2）只用一个单粒级粗骨料配制混凝土时，砂率应适当增大。

4. 水泥品种

不同品种的水泥，标准稠度需水量不同，因此在相同配合比时拌合物的稠度也不相同。一般，采用火山灰水泥、矿渣水泥时，拌合物的坍落度较用普通水泥时小些。

5. 骨料的种类、粗细程度及颗粒级配

河砂和河卵石表面光滑无棱角，拌制的混凝土拌合物比用碎石的流动性好。采用较大粒径的级配良好的砂石，拌合物的流动性较好。

6. 外加剂

在拌制混凝土时，掺用外加剂（减水剂、引气剂）能显著地提高拌合物的流动性，且有较好的黏聚性和保水性。

（二）其他因素的影响

1. 时间

由于混凝土拌合后，水泥开始水化，水分消耗，因此拌合物的流动性随时间的增长不断降低。

2. 环境的温度与湿度

环境的温度越高、越干燥，拌合物的流动性降低得越快。

综上所述，在施工时因原材料及砂率已定，为了保证混凝土的质量，只能采用增大浆骨比（即增加水泥浆用量）或掺入外加剂的措施来改善拌合物的和易性。

四、坍落度的选择

坍落度的选择原则应是在允许的施工条件下,能保证混凝土拌合物振捣密实时,尽可能采用较小的坍落度,以节约水泥并能确保混凝土的质量。因此,当结构截面尺寸窄小或钢筋密集或采用人工插捣时,坍落度应选择大些。混凝土浇筑时的坍落度选择参考表4-8。

表4-8 混凝土浇筑时的坍落度 (mm)

结构种类	坍落度	结构种类	坍落度
基础及地面等的垫层、无配筋的大体积结构（挡土墙、基础等）或配筋稀疏的结构	10~30	配筋密列的结构（如薄壁、斗仓、筒仓、细柱等）	50~70
板、梁和大型及中型截面的柱子等	30~50	配筋特密的结构	70~90

注：当采用人工捣实混凝土时其值可适当增大。

当采用泵送混凝土施工时,拌合物应采用 T_2 级或 T_3 级的流动性或大流动性的混凝土。即泵送混凝土的坍落度不得低于100mm。为了施工方便,大多选用180mm以上的大流动性的混凝土。

第四节 普通混凝土的性质

一、混凝土的物理性质

（一）密实度

绝对密实的混凝土是不存在的,由于水泥水化后,水泥石中形成毛细孔；水化时产生化学收缩使骨料与水泥石的界面上形成微细裂缝；硬化后的干缩造成水泥石中产生裂纹；泌水时形成的通道；施工时残留在混凝土内的气泡。都使得混凝土的密实度小于1。普通混凝土的密实度一般在0.8~0.9之间。

同时,还说明混凝土在未受力之前,其内部就存在着裂缝和各种缺陷。实际上,混凝土受力破坏就是从这些裂缝与缺陷开始的。

（二）干湿变形

混凝土的干燥和吸湿引起含水量的变化,同时也使得混凝土体积发生变化即湿胀干缩。湿胀的变形量一般很小,对混凝土性能无多大影响。干缩对混凝土有较大的危害,会使混凝土表面开裂,甚至影响混凝土结构的耐久性。

混凝土的干缩是由水泥石的干缩所引起。一般说,采用火山灰水泥干缩率最大,矿渣水泥次之；采用高强度等级的水泥以及水泥用量较大的混凝土干缩率也较大。

工程设计中,为了减小化学收缩和干缩对结构的危害,对长度方向较大的结构,施工时应设置后浇带。通常在2个月后混凝土的干缩值可完成70%左右。设计时,采用混凝土的干缩为 $(1.5 \sim 2) \times 10^{-4}$,即 $0.15 \sim 0.2$mm/m。

(三)温度变形

混凝土同其他材料一样,具有热胀冷缩的性质。混凝土的温度膨胀系数约为 1×10^{-5},即温度改变1℃,每米胀缩0.01mm。

温度变形对于大体积混凝土工程极为不利,因大体积混凝土结构的各方向尺度较大,水泥水化放出的水化热不易散出,致使混凝土内外之间产生较大的温差,有时可达50~60℃,导致内部膨胀,混凝土表面产生拉应力,并出现表面裂缝。降温后内部也会产生拉应力,出现内部裂缝。因此对于大体积混凝土施工,为了保证工程质量,常要求其内外温差不得大于25℃。为此,大体积混凝土应选用低热水泥、控制水泥用量、采取降温措施、加强养护以及配置温度钢筋等措施。

对于纵长的混凝土结构,为了避免由于温度变形所产生的危害,应针对不同的结构类型在规定的间距内设置伸缩缝。

二、混凝土的力学性质

(一)强度

混凝土的强度包括抗压、抗拉、抗弯、抗剪以及握裹强度等。其中以抗压强度最大,故工程上混凝土主要承受压力。而且,混凝土的抗压强度与其他强度间有一定的相关性,可以根据抗压强度的大小来估计其他强度值,因此混凝土的抗压强度是最主要的一项力学性能指标。

1. 抗压强度

(1)立方体抗压强度及强度等级

按《普通混凝土力学性能试验方法标准》(GB/T 50081—2002)规定,将拌合物制成边长为150mm的立方体标准试件,应在20℃±5℃的环境中静置一昼夜至二昼夜,拆模后,置于温度为20℃±2℃,相对湿度为95%以上的标准养护室养护,或在20℃±2℃的不流动的 $Ca(OH)_2$ 饱和溶液中养护28d,测得其抗压强度,所测得的抗压强度值称为立方体抗压强度,以 f_{cu} 表示。

根据《混凝土强度检验评定标准》(GB/T 50107—2010)规定,混凝土的强度等级按立方体抗压强度标准值划分。混凝土的强度等级采用符号C与立方体抗压强度标准值 $f_{cu,k}$(以 N/mm^2 计)表示。

立方体抗压强度标准值系指按标准方法制作和养护的边长为150mm的立方体试件用标准试验方法在28d龄期测得的混凝土抗压强度总体分布中的一个

值，强度低于该值的概率应为5%。按国标《混凝土结构设计规范》（GB 50010—2010）中规定混凝土的强度等级有C10、C15、C20、C25、C30、C35、C40、C45、C50、C55、C60、C65、C70、C75、C80十五个等级。

工程设计时，根据建筑物的部位及承载情况不同，选择不同强度等级的混凝土，通常是：

C15~C20，用于基础、地面及受力不大的结构，混凝土垫层可用C10级混凝土；

C20~C35，用于梁、板、柱、楼梯、屋架等普通钢筋混凝土结构；

C35以上，用于大跨度结构、预应力混凝土结构、吊车梁及特种结构。

（2）轴心抗压强度

混凝土的立方体抗压强度只是评定强度等级的一个标志，不能直接作为结构设计的依据。在结构设计中混凝土受压构件的计算采用混凝土的轴心抗压强度（亦称棱柱强度）。

按GB/T 50081—2002规定，混凝土轴心抗压强度试验采用150mm×150mm×300mm的棱柱体为标准试件。

试验表明，混凝土的轴心抗压强度f_{cp}与立方体抗压强度f_{cu}之比为0.7~0.8。

2. 抗拉强度

混凝土是一种脆性材料，抗拉强度极低，一般只有抗压强度的1/20~1/10。混凝土工作时一般不依靠其抗拉强度。在结构设计中，抗拉强度是确定混凝土抗裂度的重要指标。

按GB/T 50081—2002规定，我国采用劈裂抗拉试验法，间接地求出混凝土的抗拉强度。

3. 影响混凝土强度的因素

（1）主要影响因素

混凝土的受力破坏，主要是内部裂缝在外力作用下的延展和联通的结果，并且发生在水泥石与骨料的界面上以及水泥石中。可见，混凝土的强度主要取决于水泥石与骨料的粘接强度和水泥石的强度。因此，水泥的强度、水灰比及骨料的情况则是影响混凝土强度的主要因素。

①水泥的强度。在原材料及配合比相同的情况下，水泥强度越高，制成的混凝土强度也越高。混凝土的强度与水泥的强度成正比例关系。

②水灰比。即水与水泥的质量比。在配制混凝土时，为了使拌合物具有良好的和易性往往要加入较多的水（约为水泥重的40%~70%），而水泥的水化用水只占23%左右。多余的水残留在混凝土中形成各种孔隙，影响了混凝土的强度。试验证明，在原材料确定的情况下，混凝土的强度主要取决于水灰比，这一规律常称为水灰比定则。混凝土的强度随水灰比增大而降低。

③骨料的种类。由于水泥石与骨料间呈物理结合,因此在水泥强度与水灰比相同的情况下,表面粗糙的碎石要比表面光滑的卵石拌制的混凝土强度高些。当然,骨料的级配良好数量适当对混凝土的强度也是有利的。

综上所述,人们建立了混凝土强度经验公式(亦称保罗米公式):

$$f_{cu} = \alpha_a f_{ce} \left(\frac{C}{W} - \alpha_b \right)$$

式中 f_{cu}——混凝土立方体抗压强度,MPa;

C——每立方米混凝土的水泥用量,kg;

W——每立方米混凝土的用水量,kg;C/W 即水灰比的倒数;

f_{ce}——水泥28d的抗压强度实测值,MPa;

α_a、α_b——与骨料品种、水泥品种有关的,通过试验求得的回归系数。

(2) 其他影响因素

为了使混凝土硬化后能够达到预定的强度,还必须精心施工、良好地养护并达到规定的龄期。

①施工条件(搅拌与振捣)。混凝土搅拌均匀,在施工过程中,不离析、不泌水,且捣固密实则是混凝土经正常硬化,达到预定强度的基本条件。

②养护条件(温度与湿度)。混凝土强度的产生和发展是通过水泥的水化硬化来实现的。

环境温度对水泥的水化作用有显著的影响。温度越高,水泥水化速度越快,混凝土强度的发展也越快;反之,在低温下混凝土强度发展缓慢。当温度在0℃以下时,不但水泥几乎停止水化,而且水在混凝土内结冰会造成混凝土硬化后的强度大幅度地降低。因此混凝土应特别防止早期受冻。

环境的湿度是保证水泥正常水化的重要条件。若环境干燥,混凝土会因失水而影响水泥水化,造成混凝土结构疏松、干裂,降低混凝土的强度,影响混凝土的耐久性。

混凝土的养护方法常有自然养护、湿热养护(常压蒸汽养护和蒸压养护)等方法。

《混凝土结构工程施工质量验收规范》(GB 50204—2002,2011年版)规定,在混凝土浇筑完毕后的12h以内应对混凝土加以覆盖和浇水,其浇水养护时间,对硅酸盐水泥、普通水泥以及矿渣水泥拌制的混凝土不得少于7d,对火山灰水泥、粉煤灰水泥或掺用缓凝型外加剂或有抗渗性要求的混凝土不得少于14d。如用高铝水泥时,不得少于3d。道路水泥混凝土宜为14~21d。

③龄期。在正常养护条件下,混凝土的强度随着龄期的增加而增长,最初7~14d内强度增长较快,以后便逐渐缓慢,28d达到预期强度,28d后强度仍在缓慢增长,其增长过程可延续数十年之久。

若采用湿热养护,将显著加快强度的增长。

④外加剂。外加剂的掺入可以改变混凝土的强度发展规律。如早强剂可加速混凝土早期强度的发展,但对其后期强度无影响。

(3) 试验条件对混凝土强度测定值的影响

①试件尺寸。试件尺寸越小,测得的强度值越大。因此当采非标准试件时应乘以换算系数,以予调整。见表4-9。

②试件形状。棱柱体（柱高 $h >$ 横截面的边长 a）试件比相同截面的立方体试件的测得强度值小些。

③表面状态。试件表面光滑或有油脂类污物时,测得的强度值较低。

表4-9 试件尺寸与抗压强度换算系数

试件尺寸（mm）	适用混凝土的骨料最大粒径（mm）	抗压强度换算系数
100×100×100	31.5	0.95
150×150×150	40	1.00
200×200×200	63	1.05

④含水状态。混凝土试件含水程度较大时,要比干燥时强度偏低。

⑤加荷速度。在测试混凝土的抗压强度时,若加荷速度较快,则测试的强度值偏高。

综上所述,即使混凝土的原材料、施工工艺及养护条件等都相同,但试验条件不同,所测得的强度试验结果也会不同。因此要得到正确的混凝土抗压强度值,还必须严格遵守国家有关试验标准的规定。

(4) 混凝土强度的非破损检测

当前,我国采用回弹法评定混凝土抗压强度;采用超声回弹综合法评定混凝土抗压强度;采用钻芯法检验混凝土强度。

4. 提高混凝土强度的措施

根据混凝土强度影响因素,可知提高混凝土强度和促进强度发展的措施可有以下几点:

(1) 采用高强度等级的水泥
(2) 采用较小的水灰比或用水量较小的干硬性混凝土
(3) 选用质量合格、级配良好的碎石及采用合理的含砂率
(4) 采用机械搅拌、机械振捣,改进施工工艺
(5) 采用湿热养护（常压蒸汽养护和蒸压养护）

采用常压蒸汽养护时,一般可在16h左右使混凝土的强度达到28d强度的70%~80%。常压蒸汽养护的温度,对硅酸盐水泥与普通水泥应控制在80℃;若采用矿渣水泥或火山灰水泥时,可提高到90℃。

采用压蒸养护（温度为175℃，8个大气压）时，因在高温下水泥将与骨料产生化学结合，可有效地提高混凝土的强度。

（6）掺入混凝土外加剂和掺合料

掺入减水剂，可降低拌合水量，降低水灰比，提高混凝土的强度；掺入早强剂，可显著提高混凝土的早期强度。若掺入硅灰、优质粉煤灰等可配制高强混凝土。

（二）受力变形

1. 在荷载作用下的即时变形

硬化后的混凝土是由砂石骨料、水泥石（水化产物的凝胶体、晶体、未水化的水泥颗粒）、各种孔隙及孔中的水分组成，属于弹塑性体。在受力作用时既出现可恢复的弹性变形，也出现不可恢复的塑性变形，即发生弹塑性变形。

混凝土的弹性模量主要取决于骨料和水泥石的弹性模量，并介于两者之间。骨料含量越大，水灰比越小，养护越好，龄期越长，混凝土的弹性模量就越大。但采用蒸汽养护的混凝土要比标准养护的混凝土略低些。

一般说，当混凝土的强度等级为 C10~C60 时，其弹性模量约为 $(1.75 \sim 3.60) \times 10^4$ MPa。

2. 徐变

在长期荷载作用下，随时间而增长的变形称为徐变。

混凝土的徐变是由于水泥石中的凝胶体在长期荷载作用下的黏性流动所引起的。一般可达 $(3 \sim 15) \times 10^{-4}$，即 0.3~1.5mm/m。

徐变的产生是由于水泥石的存在而产生的。因此，水泥用量越大，水灰比越大，养护越不充分，龄期越短的混凝土，其徐变值越大。

徐变的发生可使钢筋混凝土构件截面中的应力重分配，从而消除或减少内部的应力集中现象；对大体积混凝土能消除一部分温度应力。但在预应力混凝土结构中，混凝土的徐变将使钢筋的预加应力受到损失。

三、混凝土的耐久性

（一）耐久性的定义与内容

混凝土的耐久性是指混凝土在使用环境下，抵抗周围环境各种因素长期作用的能力。根据工程所处环境不同，混凝土的耐久性含义也有所不同。通常结构用混凝土的耐久性可包括抗冻、抗渗、耐腐蚀、抗碳化、碱集料反应等内容。

1. 抗冻性

（1）定义

混凝土抗冻性是指混凝土在使用环境中，能经受多次冻融循环再用而不破坏，同时也不严重降低强度的性能。以抗冻等级表示。抗冻等级等于或大于F50级的混凝土称为抗冻混凝土。在严寒地区的露天工程，特别是潮湿环境下受冻的混凝土工程，其抗冻性是评定该混凝土耐久性的重要指标。

（2）抗冻试验

是以28d龄期的混凝土标准试件，在吸水饱和后进行反复冻融循环（冷冻温度-20~-15℃，融解水槽温度15~20℃）；以同时满足抗压强度损失不超过25%，质量损失不超过5%时的最大循环次数来确定等级。抗冻等级有F25、F50、F100、F150、F200、F250和F300共七个等级。

（3）影响因素

①混凝土的构造特征。密实，或有闭口孔对抗冻性有利。具有开口、连通、粗大孔都会使混凝土的抗冻性变差。因此，选择适当的水泥品种（如硅酸盐水泥、普通水泥），掺入适当的外加剂（如引气剂）等措施，可提高混凝土的抗冻性能。

②含水程度。水变成冰只发生9%的体积膨胀，若混凝土内含水率较低时，则混凝土不会受到冰胀应力的威胁。

③经历冻融循环的次数。经历冻融循环的次数越多，对结构的损伤越严重。

2. 抗渗性（或称不透水性）

（1）定义

混凝土的抗渗性是指混凝土抵抗压力水（或其他液体）渗透的能力，以抗渗等级表示。抗渗等级等于或大于P6级的混凝土称为抗渗混凝土。

（2）抗渗试验

是以28d龄期的混凝土标准抗渗试件，按规定方法试验，以不渗水时所能承受的最大静水压力来确定。混凝土抗渗等级有P4、P6、P8、P10、P12等五个等级。分别表示能抵抗0.4、0.6、0.8、1.0、1.2MPa的静水压力而不渗透。

（3）提高抗渗性的措施

混凝土的渗透是由内部的开口孔隙及各种缺陷所致。因此，提高混凝土抗渗性的措施是设法使混凝土密实化或者改善混凝土的结构将开口孔变为闭口孔。

3. 抗侵蚀性

环境介质对混凝土的侵蚀主要是对水泥石的侵蚀。详见第三章第一节第五点，水泥石的侵蚀与防止。

4. 碳化

（1）定义

混凝土的碳化是指空气中的CO_2在潮湿（或有水存在）的条件下与水泥

石中的 $Ca(OH)_2$ 发生碳化作用，生成 $CaCO_3$ 和 H_2O 的过程。

（2）碳化对混凝土性能的影响

①碳化后，混凝土的碱度降低，会影响混凝土对钢筋的保护作用，使钢筋易于锈蚀。钢筋混凝土结构的耐久性有很大的影响；

②碳化会发生收缩，可使混凝土的抗压强度稍有增大；

③表面碳化收缩使表面层产生拉应力，并出现裂缝从而降低混凝土的抗拉及抗折强度。

总之，碳化对混凝土的耐久性是不利的。

5. 碱－集料反应（亦称碱－骨料反应）

（1）定义

碱－集料反应是指混凝土内所含的碱性氧化物（Na_2O、K_2O）与骨料中的活性成分（活性 SiO_2 或活性碳酸盐），发生化学反应生成碱－硅酸凝胶或碱－碳酸盐凝胶，该凝胶吸收水分后产生显著的体积膨胀，致使混凝土开裂而破坏。上述反应称为碱－集料反应。碱－集料反应可有碱－硅酸反应、碱－碳酸盐反应两大类。

（2）防止混凝土发生碱－骨料反应的措施

碱－集料反应致使混凝土开裂而破坏，应同时具备三个条件：活性骨料、碱金属离子、水。因此，防止混凝土发生碱－骨料反应的措施是：

①使用非活性骨料；当判定骨料存在潜在碱－碳酸盐反应危害时，不宜用作混凝土骨料。

②控制混凝土中的碱金属离子含量，包括水泥、水、掺合料、外加剂等来自各方面的碱金属离子的总含量；当判定骨料存在潜在碱－硅反应危害时，应控制混凝土的碱含量不超过 $3kg/m^3$。

③在混凝土拌合物中掺入粉煤灰等活性混合材料，使其在硬化过程中消耗一部分碱金属离子，对混凝土的碱－集料反应有一定的抑制作用。

（二）提高混凝土耐久性的措施

虽然混凝土在不同的环境条件下，耐久性的内容有所不同，但对于提高耐久性的措施来说，却有共同之处。即选择适当的原材料；提高混凝土的密实度；改善混凝土内部的孔结构。

1. 选择适当的原材料

（1）合理选择水泥品种，使其适用于混凝土的使用环境；

（2）选用质量良好的，技术条件合格的砂石骨料也是保证混凝土耐久性的重要条件；

2. 提高混凝土的密实度是提高混凝土耐久性的关键

（1）控制水灰比及保证足够的水泥用量是保证混凝土密实度的重要措施。表4-10列举了混凝土的最大水灰比和最小水泥用量的限制。

（2）选择良好级配的粗细骨料，并采用合理砂率，使骨料有最密集的堆积，以保证混凝土的密实性。

（3）掺入减水剂，可显著减少拌合水量，从而提高混凝土的密实性。

（4）在混凝土施工中，均匀搅拌、合理浇筑、振捣密实、加强养护保证施工质量。

表 4-10　混凝土的最大水灰比和最小水泥用量

环境条件		结构物类别	最大水灰比			最小水泥用量（kg）		
			素混凝土	钢筋混凝土	预应力混凝土	素混凝土	钢筋混凝土	预应力混凝土
1. 干燥环境		正常的居住或办公用房屋内部部件	不作规定	0.65	0.60	200	260	300
2. 潮湿环境	无冻害	高湿度的室内部件，室外部件，在非侵蚀性土和（或）水中且经受冻害的部件，高湿度且经受冻害的室内部件	0.70	0.60	0.60	225	280	300
	有冻害	经受冻害和除冻剂作用的室内和室外部件	0.55	0.55	0.55	250	280	300
3. 有冻害和除冰剂的潮湿环境		经受冻害和除冻剂作用的室内和室外部件	0.50	0.50	0.50	300	300	300

3. 改善混凝土内部的孔结构

在混凝土中加入引气剂可以在其内部形成闭口孔可显著提高混凝土的抗渗性、抗冻性、抗侵蚀性等耐久性能。

第五节　混凝土外加剂与掺合料

一、混凝土外加剂

外加剂是指在混凝土搅拌之前或拌制过程中加入的、用以改善新拌合（或）硬化混凝土性能的材料。常用的外加剂主要有减水剂、早强剂、引气剂、缓凝剂、速凝剂、防水剂、防冻剂、膨胀剂等。

（一）减水剂

减水剂是指在混凝土坍落度基本相同的条件下，能减少拌合用水量的外加剂。

1. 分类

（1）根据减水剂的效果及功能情况，减水剂可分为普通型减水剂、高效型减水剂、早强型减水剂、缓凝型减水剂、引气型减水剂等。

（2）根据减水剂的成分，减水剂可分为木质素系减水剂、萘系减水剂、树脂系减水剂、糖蜜系减水剂等。常用减水剂见表 4-11。

表 4-11　常用减水剂

种类	木质素系	萘系	树脂系	糖蜜系
类别	普通型减水剂	高效型减水剂	早强型减水剂（高效减水剂）	缓凝型减水剂
主要品种	木质素磺酸钙（木钙粉、M型减水剂）	NNO、NF、FDN、UNF、MF、建1型、JN等	SM、CRS等	ST、HC
适宜掺量（占水泥重%）	0.2~0.3	0.2~1	0.5~2	0.2~0.3
减水率	10%左右	15%以上	15%~30%	6%~10%
早强效果	—	显著	显著	—
缓凝效果	1~3h	—	—	2~4h
引气效果	1%~2%	部分品种>2%		
适用范围	一般混凝土工程及大模、滑模、泵送、大体积及夏季施工的混凝土工程	适用于所有混凝土工程，更适用于配制高强混凝土及流态混凝土	因价格昂贵，宜用于特殊要求的混凝土工程、高强混凝土	滑模、泵送、大体积及夏季施工的混凝土工程

2. 技术经济效果

（1）提高流动性。在配合比不变的情况下，掺入减水剂后可明显地提高拌合物的流动性（坍落度可增加 100mm 以上）且不影响混凝土的强度。

（2）提高强度。在坍落度不变的情况下，掺入减水剂可以减少拌合水量，若不改变水泥用量，可以降低水灰比，使混凝土强度提高。

（3）节约水泥。在保持混凝土的坍落度和强度都不变的情况下，可减少水泥用量。

（4）改善混凝土性能。例如：减少拌合物的泌水、离析现象；延缓拌合物的凝结时间；降低水泥水化放热速度；显著地提高混凝土的抗渗性及抗冻性，使混凝土的耐久性得到提高。

(二）早强剂

早强剂是指加速混凝土早期强度发展的外加剂。一般对混凝土后期强度无显著影响。常用于要求早拆模的工程，抢修工程及冬期施工。早强剂可分为强电解质无机盐类（硫酸盐、硫酸复盐、硝酸盐、亚硝酸盐、氯盐等）、水溶性有机化合物（三乙醇胺、甲酸盐、乙酸盐、丙酸盐等）以及其他类（有机化合物、无机盐复合物）。常用早强剂，见表4-12。

表4-12 常用早强剂

常用品种	氯化钙 氯化钠	硫酸钠（元明粉）、二水石膏	三乙醇胺	复合早强剂
适宜掺量（占水泥质量）	1%~2%	0.5%~2.0%	0.02%~0.05%	参考有关标准提供配方复合
早强效果	显著，可使3d强度提高40%~100%	显著	显著	显著
使用注意事项	Cl⁻会促进钢筋锈蚀，钢筋混凝土中限量1%，且常与阻锈剂亚硝酸钠复合使用	适用于不允许掺用氯盐的混凝土工程，但过多会造成水泥安定性不良	单独使用效果不明显，宜复合使用	按要求使用

（三）引气剂

引气剂是指在搅拌混凝土过程中能引入大量均匀分布、稳定而封闭的微小气泡的外加剂。常用的有松香热聚物及松香皂等，适宜掺量为 0.005%~0.012%。多用于水工工程。

引气剂可在拌合物中形成大量均匀分布、稳定而封闭的微小气泡（直径为 20~1000μm），可使混凝土很多性能得到改善。

1. 改善和易性。稳定而封闭的微小气泡减少拌合物流动阻力，使流动性提高，且有较好的保水性和黏聚性；

2. 提高耐久性。微小气泡隔断毛细管及渗水通道，改善混凝土内孔隙特征，从而可显著地提高混凝土的抗渗性、抗冻性及耐侵蚀性等耐久性能。

3. 对强度及变形的影响。气泡的存在使混凝土的弹性模量有所下降，对抗裂性有利。使混凝土强度及耐磨性降低。一般含气量每增加1%，混凝土强度下降3%~5%。因此，在配制掺有引气剂的混凝土时，应考虑相应地提高配制强度，以便满足混凝土的强度要求。

（四）缓凝剂

缓凝剂是指延长混凝土凝结时间的外加剂。常用品种有木质素磺酸钙和糖蜜，见表4-11。

缓凝剂可使拌合物在较长时间内保持塑性,利于浇灌成型,提高混凝土质量,且具有减水、增强、降低水化热等多种功能,对钢筋无腐蚀作用。

缓凝剂多用于高温季节施工、大体积混凝土施工、泵送与滑模方法施工以及较长时间停放或远距离运送的预拌混凝土等。

(五) 速凝剂

速凝剂是指能使混凝土迅速凝结硬化的外加剂。常用品种有红星一型、711型等。

速凝剂主要用于隧道、涵洞及地下工程的喷射混凝土。

(六) 防冻剂

防冻剂是指能使混凝土在负温下硬化,并在规定时间内达到足够防冻、强度的外加剂。防冻剂可使混凝土中的水分在0℃以下呈液体状态,并仍能水化使混凝土增长强度。常用于各种混凝土工程的冬期施工。

二、混凝土矿物掺合料

在混凝土搅拌过程中,为了改善混凝土的性能,节约水泥而加入的矿物质粉料,称为混凝土矿物掺合料。常用的有粉煤灰、磨细粉煤灰、高钙粉煤灰、粒化高炉矿渣粉、磨细矿渣、磨细天然沸石粉及硅灰等。

(一) 粉煤灰

粉煤灰是从煤粉炉排除的烟气中搜集的细粉末。粉煤灰是一种火山灰质混合材料。其活性主要决定于玻璃体的含量,以及无定形的氧化铝和氧化硅的含量。

水泥及混凝土中掺入粉煤灰可有以下几个效果:

1. 粉煤灰的活性成分与水泥水化生成的$Ca(OH)_2$反应生成水化硅酸钙和水化铝酸钙,成为胶凝材料的一部分;
2. 粉煤灰中的微珠球形颗粒具有减少流动阻力,提高流动性的作用,同时减少泌水,改善和易性;若保持流动性不变,则可起到减水作用;
3. 微细颗粒分布在水泥浆中,填充孔隙提高混凝土的密实度,从而使混凝土的耐久性得到提高;
4. 可起到降低水化热的作用,对大体积混凝土施工非常有利。

(二) 硅灰 (亦称硅粉)

硅灰是从生产硅铁合金所排放的烟气中收集的颗粒极细的粉尘。成分为无定形的二氧化硅,具有很高的活性。其比表面积为$18500 \sim 20000 m^2/kg$。因为比表面积极大,则其需水量也很大,使用时应配以高效减水剂共同使用。

硅灰掺入混凝土中可取得以下效果:

1. 提高混凝土强度

硅灰与水泥水化生成的 Ca(OH)$_2$ 反应生成水化硅酸钙凝胶，充实结构，可以显著提高混凝土的强度；常用来配制抗压强度高达 100MPa 的高强混凝土。一般硅灰掺量为 5%~10%。

2. 改善拌合物的黏聚性和保水性

由于硅灰能改善拌合物的黏聚性和保水性，适宜配制高流态混凝土、泵送混凝土及水下灌注混凝土。

3. 改善混凝土的孔结构，提高耐久性

硅灰的超细颗粒在混凝土中起到改善微级配的作用，从而改善了混凝土的孔结构，提高了混凝土的耐久性。

此外，硅灰及粉煤灰均具有抑制碱-骨料反应的作用。

第六节　普通混凝土配合比设计

一、目的

配合比设计的目的是在满足工程对混凝土的基本要求的情况下，找出混凝土组成材料间最合理的比例关系，以便生产出优质而经济的混凝土，即：满足和易性、强度、耐久性等技术要求的前提下尽量节约水泥、降低造价。

二、混凝土配合比设计的基本方法

混凝土配合比设计的基本方法是"计算—试验"法。即采用经验公式和经验数据通过初步计算后，得到初步的计算配合比数据，再经过试验的方法来调整和修正这些数据，最后得到既满足各种性能要求，又经济的配合比。

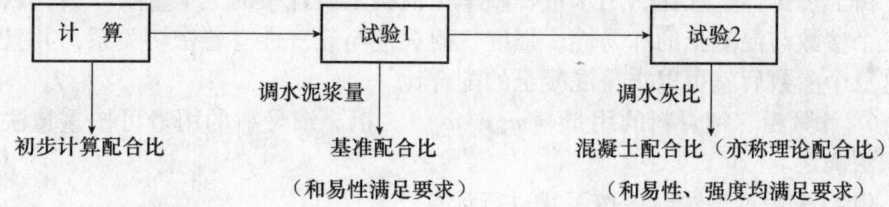

三、混凝土的配制强度

根据混凝土强度等级的规定，为达到 95% 以上的强度保证率，配制强度应比设计要求的强度等级提高一定的数量。这个数量的大小，取决于生产单位混凝土质量管理水平。混凝土配制强度可按下式确定。

$$f_{cu,o} = f_{cu,k} + 1.645\sigma$$

式中 $f_{cu,o}$——混凝土配制强度（MPa）；

$f_{cu,k}$——混凝土立方体抗压强度标准值（即设计强度等级值）（MPa）；

1.645——使混凝土强度保证率达到95%时的系数；

σ——混凝土强度标准差（MPa），σ 反映了生产单位的质量管理水平。

标准差 σ 值越大，配制强度值就越高，水泥用量就越多。因此，混凝土生产单位只有加强质量管理和生产管理，努力控制并降低混凝土强度的离散性，才能降低标准差 σ，达到降低成本的目的。

对重要工程的混凝土，为了提高强度保证率，也可以适当提高配制强度。

四、配合比设计步骤

（一）计算初步配合比

1. 确定混凝土配制强度
2. 确定水灰比

$$W/C = \frac{\alpha_a f_{ce}}{f_{cu,o} + \alpha_a \alpha_b f_{ce}}$$

式中 $f_{cu,o}$——混凝土配制强度（MPa）；

α_a、α_b——回归系数。

计算所得水灰比应满足表4-10规定（即满足耐久性要求）。

3. 确定用水量（m_{wo}）查表4-6选定。
4. 确定水泥用量（m_{co}）

$$m_{co} = \frac{m_{wo}}{W/C}$$

计算所得水泥用量应满足表4-10规定（即满足耐久性要求）。

5. 确定砂率（β_s），查表选取。

由上可见，水灰比、用水量、砂率是混凝土设计中的三个重要参数，因为这三个参数与混凝土的和易性、强度、耐久性与经济性有着密切关系，并且有了这三个参数后就可以求得混凝土的配合比。

6. 计算粗、细骨料的用量（m_{so}、m_{go}）。粗、细骨料的用量可按重量法或体积法确定。

（1）采用重量法时，按下式进行计算：

$$m_{co} + m_{so} + m_{go} + m_{wo} = m_{cp}$$

与下式联立，解方程组得到砂、石用量。

$$\beta_s = \frac{m_{so}}{m_{so} + m_{go}} \times 100\%$$

式中 m_{co}、m_{so}、m_{go}、m_{wo}——分别为每立方米混凝土水泥、砂、石、水的用

量（kg）；

β_s——砂率（%）；

m_{cp}——每立方米混凝土拌合物的假定重量（kg），其值可取 2350~2540kg。

(2) 采用体积法时，按下式进行计算：

$$\frac{m_{co}}{\rho_c} + \frac{m_{so}}{\rho_s} + \frac{m_{go}}{\rho_g} + \frac{m_{wo}}{\rho_w} + 0.01\alpha = 1$$

与下式联立，解方程组得到砂、石用量。

$$\beta_s = \frac{m_{so}}{m_{so} + m_{go}} \times 100\%$$

式中 ρ_c、ρ_s、ρ_g——分别为水泥、砂、石子的表观密度（kg/m³）；

ρ_w——水的密度（取 1000kg/m³）；

α——混凝土的含气量百分数，在不使用引气型外加剂时，α可取为 1。

7. 混凝土的初步配合比

混凝土的初步配合比为（如下两种表达方式）：

(1) 以 1m³ 混凝土拌合物中各材料的实际用量（kg）表示，即：

$$m_{co} : m_{so} : m_{go} : m_{wo}$$

(2) 以 1m³ 混凝土中，各材料实际用量的比例关系（其中以水泥的质量为一份）表示，即：

$$1 : \frac{m_{so}}{m_{co}} : \frac{m_{go}}{m_{co}} : \frac{m_{wo}}{m_{co}}$$

其中：m_{wo}/m_{co} 即为计算的水灰比（W/C）。

例如：1m³ 混凝土拌合物中各材料的实际用量为水泥 300kg、砂 715kg、石子 1205kg、水 180kg，则可表示为：

$$m_{co} : m_{so} : m_{go} : m_{wo} = 300 : 715 : 1205 : 180$$

或表示为：

$$m_{co} : m_{so} : m_{go} = 1 : 2.83 : 4.02, \quad 水灰比 W/C = 0.60$$

注：(1) 上述得到的配合比，采用重量法与体积法时，其数值稍有差别。待试验调整时取得一致；混凝土配合比系采用各项材料的质量比。

(2) 配合比中，各种材料的排列顺序是不可改变的。

（二）混凝土配合比的试配、调整与确定

将计算所得的初步配合比，经试配、调整与确定，才能得到完全符合设计要求的混凝土，即混凝土的配合比（或称试验室配合比、理论配合比）。

五、混凝土施工配合比的换算

试验室配合比的得出，是以干燥材料为依据的。因此，所得的配合比只适用于干燥材料。而施工时，工地的砂石均含有一些水分。为了保证混凝土配合比的准确性，必须加以调整。施工配合比每立方米混凝土中，各种材料用量应与试验室配合比一致，即：

$$m'_c = m_c$$
$$m'_s = m_s(1 + a\%)$$
$$m'_g = m_g(1 + b\%)$$
$$m'_w = m_w - m_s \times a\% - m_g \times b\%$$

式中　$a\%$、$b\%$ 分别为工地中砂与石子的含水率。

施工配合比只能用每立方米混凝土施工时所用各种材料实用量表示。

第七节　预拌混凝土

根据国家标准《预拌混凝土》（GB/T 14902—2003）规定，水泥、集料、水以及根据需要掺入的外加剂、矿物掺合料等组分按一定比例，在搅拌站经计量、拌制后出售并采用运输车，在规定的时间内运至使用地点的混凝土拌合物称为预拌混凝土（旧称商品混凝土）。

一、分类

预拌混凝土根据其组成和性能要求分为通用品和特制品两类。

（一）通用品

通用品是指强度等级不大于 C50、坍落度（原称"塌落度"）不大于 180mm、粗集料最大公称粒径为 20mm、25mm、31.5mm、40mm，无其他特殊要求的预拌混凝土。根据其定义，通用品应在下列范围内规定混凝土强度等级、坍落度及粗集料最大公称粒径。

强度等级：不大于 C50；

坍落度（mm）：25、50、80、100、120、150、180；

粗集料最大公称粒径（mm）：20、25、31.5、40。

（二）特制品

特制品是指任一项指标超出通用品规定范围或有特殊要求的预拌混凝土。根据其定义特制品应规定混凝土强度等级、坍落度、粗集料最大公称粒径或其他特殊要求。混凝土强度等级、坍落度和粗集料最大公称粒径除通用品规定的范围外，还可在下列范围内选取。

强度等级：C55、C60、C65、C70、C75、C80；

坍落度：大于 180mm；

粗集料最大公称粒径：小于20mm、大于40mm。

二、标记

（一）用于预拌混凝土标记的符号，应根据其分类及使用材料不同按下列规定选用：

1. 通用品用A表示，特制品用B表示；
2. 混凝土强度等级用C和强度等级值表示；
3. 坍落度用所选定以毫米为单位的混凝土坍落度值表示；
4. 粗集料最大公称粒径用GD和粗集料最大公称粒径值表示；
5. 水泥品种用其代号表示；
6. 当有抗冻、抗渗及抗折强度要求时，应分别用F及抗冻强度值、P及抗渗强度值、Z及抗折强度等级值表示。抗冻、抗渗及抗折强度直接标记在强度等级之后。

（二）预拌混凝土标记如下：

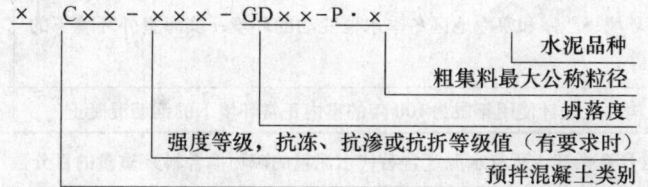

示例1：预拌混凝土强度等级为C20，坍落度为120mm，粗集料最大公称粒径为31.5mm，采用矿渣硅酸盐水泥，无其他特殊要求，其标记为：

A　C20－120－GD31.5－P·S

示例2：预拌混凝土强度等级为C30，坍落度为180mm，粗集料最大公称粒径为20mm，采用普通硅酸盐水泥，抗渗等级为P8，其标记为：

B　C30P8－180－GD20－P·O

三、预拌混凝土的质量要求

（一）强度

预拌混凝土强度要求与普通混凝土相同，应满足结构设计要求。

（二）坍落度

预拌混凝土坍落度要求与普通混凝土相同，应满足施工条件的需要。

（三）含气量

含气量应满足使用单位的要求，且与购销合同规定值之差不应超过±1.5%。

（四）氯离子总含量

预拌混凝土的氯离子总含量应满足表4-13要求。

（五）放射性核素放射性比活度

预拌混凝土放射性核素放射性比活度应满足《建筑材料放射性核素限量》（GB 6566—2010）标准的规定。其内照射指数（I_{Ra}）及外照射指数（I_r）的限量均应≤1.0。

表4-13 氯离子总含量的最高限值（GB/T 14902—2003）（%）

混凝土类别及其所处环境类别	最大氯离子含量
素混凝土	2.0
室内正常环境下的钢筋混凝土	1.0
室内潮湿环境；非严寒和非寒冷地区的露天环境、与无侵蚀性的水或土壤直接接触下的钢筋混凝土	0.3
严寒和寒冷地区的露天环境、与无侵蚀性的水或土壤直接接触下的钢筋混凝土	0.2
使用除冰盐的环境；严寒和寒冷地区冬季水位变动的环境；滨海室外环境下的钢筋混凝土	0.1
预应力混凝土构件及设计使用年限为100年的室内正常环境下的钢筋混凝土	0.06

注：氯离子含量系指其占所有水泥（含替代水泥量的矿物掺合料）重量的百分数。

第八节 轻混凝土

轻混凝土的表观密度小于1950kg/m³，包括轻骨料混凝土、多孔混凝土及大孔混凝土。常用作保温隔热或结构兼保温材料。

一、轻骨料混凝土

（一）定义

按《轻骨料混凝土技术规程》（JGJ 51—2002）规定，用轻粗骨料、轻细骨料（或普通砂）、水泥和水配制干表观密度不大于1950kg/m³的混凝土，称为轻骨料混凝土。

（二）分类

1. 按组成分类

全轻混凝土：粗、细骨料均为轻骨料；

砂轻混凝土：粗骨料为轻骨料，细骨料全部或部分为普通砂。

2. 按用途分类

保温轻骨料混凝土：强度等级 LC5.0，密度等级≤800kg/m³；

结构保温轻骨料混凝土：强度等级 LC5.0～LC15，密度等级 800～1400kg/m³；

结构轻骨料混凝土：强度等级 LC15～LC60，密度等级 1400～1900kg/m³。

（三）轻骨料

轻骨料分为轻粗骨料（粒径>5mm，堆积密度<1000kg/m³）和轻细骨料（粒径<5mm，堆积密度<1200kg/m³）。

1. 分类

（1）按原材料来源分类

天然轻骨料：浮石、火山渣；

人造轻骨料：黏土陶粒、膨胀珍珠岩、页岩陶粒；

工业废料轻骨料：粉煤灰陶粒、膨胀矿渣珠。

（2）轻粗骨料按粒型分类

圆球型：黏土陶粒、粉煤灰陶粒、磨细成球的页岩陶粒；

普通型：膨胀珍珠岩、页岩陶粒；

碎石型：浮石、火山渣、自然煤矸石。

2. 技术性质

（1）堆积密度。轻粗骨料分为 200、300、400、500、600、700、800、900、1000、1100 十个等级；轻细骨料分为 500、600、700、800、900、1000、1100、1200 八个等级。

（2）粗细程度与颗粒级配。结构保温轻骨料混凝土用的轻粗骨料，其最大粒径不宜大于 40mm；结构轻骨料混凝土用的轻粗骨料，其最大粒径不宜大于 20mm。

（3）强度。采用"筒压法"测定粗骨料的相对强度；粗骨料的强度还采用强度等级来评定。但两者都不能直接反映骨料的真实强度。

（4）吸水率。国家规定，1h 吸水率粉煤灰陶粒不大于 22%，黏土及页岩陶粒不大于 10%。

（四）轻骨料混凝土的性质

1. 轻骨料混凝土的和易性。拌合物的和易性与普通混凝土有明显不同。其黏聚性和保水性好，但流动性较差，是因为骨料轻，且吸水性强。因此，拌合物的用水量由两部分组成，即净用水量（为拌合物获取流动性的水量）和附加水量（供骨料在 1h 的吸水量）。

2. 轻骨料混凝土的强度。按立方体抗压强度标准值划分为 LC5.0、LC10…LC60 十三个强度等级。轻骨料混凝土的强度受轻粗骨料强度的限制，选择适当强度等级的轻骨料来配制轻骨料混凝土是最经济的。

3. 轻骨料混凝土的热工性能。轻骨料混凝土具有良好的保温隔热性能，随体积密度增大，导热系数提高。轻骨料混凝土按干体积密度分为600、700…1900十四个密度等级。其导热系数约在 0.23~1.01W/(m·K)。

4. 轻骨料混凝土的变形性。轻骨料混凝土的弹性模量小，比普通混凝土低25%~50%。因此受力变形较大，具有良好的抗震性能。

（五）轻骨料混凝土的施工

1. 骨料轻，易上浮，不易搅拌均匀。应采用强制式搅拌机，且搅拌时间比普通混凝土略长些；

2. 振捣时，应防止骨料上浮，造成分层现象。因此应控制振捣时间，不宜过长；

3. 轻骨料混凝土硬化初期易于干缩，必须加强早期养护。

二、多孔混凝土

多孔混凝土是一种不用骨料，内部充满大量细小封闭气孔的混凝土。常有加气混凝土和泡沫混凝土两种。

（一）加气混凝土

加气混凝土是以硅质材料和钙质材料为主要原材料，掺加发气剂（铝粉等），经加水搅拌，由化学反应形成孔隙，经浇筑成型、预养切割、蒸汽养护等工序制成的多孔材料。

硅质材料常有石英砂、粉煤灰、矿渣等；

钙质材料常用水泥、石灰等。

发气剂（铝粉）在料浆中发生反应，放出氢气，形成气泡使料浆成为多孔结构；在高压蒸汽养护下含钙材料与含硅材料发生反应生成水化硅酸钙，使坯体具有强度。

加气混凝土的质量指标包括体积密度和强度。体积密度越大，孔隙率越小，强度越高，但保温性能越差。目前我国生产的加气混凝土体积密度范围在 $500 \sim 700 kg/m^3$，相应的抗压强度为 3.0~6.0MPa。

加气混凝土制品主要有砌块和条板两种。砌块可用作三层或三层以下房屋的承重墙；也可用作工业厂房、多层、高层框架结构的非承重填充墙以及外墙保温。配有钢筋的加气混凝土条板可用作承重、保温合一的屋面板。

（二）泡沫混凝土

泡沫混凝土是用水泥浆与泡沫拌和后硬化而成的一种多孔轻质材料。

泡沫剂是形成泡沫混凝土的主要材料，通常采用松香胶泡沫剂或水解牲血泡沫剂。

泡沫混凝土强度较低，故一般常用作屋面保温层、保温块及管道保温罩。

三、大孔混凝土

大孔混凝土是以粗骨料、水泥和水配制而成。可分为无砂大孔混凝土和少砂大孔混凝土。

大孔混凝土具有强度低（3.5~10MPa）、保温性能好、水泥用量小（每立方米混凝土的水泥用量 150~200kg）等特点。

大孔混凝土可用于墙体用小型空心砌块、现浇墙体以及市政工程用的滤水板、滤水管等。

第九节 特种混凝土

一、防水混凝土

防水混凝土是通过各种方法提高混凝土的抗渗性能，以达到防水要求的混凝土。防水混凝土的抗渗等级是根据其最大作用水头（即该处在自由水面以下的垂直深度）与建筑物最小壁厚的比值来确定。一般说，P6级的抗渗混凝土已能满足防水要求。目前配制防水混凝土的方法大致有四种：即富水泥浆法、骨料级配法、外加剂法、特种水泥法。

（一）普通防水混凝土

普通防水混凝土基本要求是：

1. 合理选择水泥品种，如普通水泥、火山灰水泥及粉煤灰水泥等；

2. 用于抗渗混凝土的水泥，其强度等级应在42.5级以上；

3. 足够的水泥数量，国标《普通混凝土配合比设计规程》（JGJ 55—2011）中规定，每立方米抗渗混凝土中的水泥和矿物掺合料总量不宜小于320kg（常称为富水泥浆法）。

4. 较小的水灰比，应符合表4-14的规定。

5. 良好的骨料及其良好的级配，粗骨料最大粒径不宜大于40mm；含泥量不得大于1.0%，泥块含量不得大于0.5%；细骨料含泥量不得大于3.0%，泥块含量不得大于1.0%。有良好的骨料级配，使骨料有一个最密集的堆积（常称骨料级配法）；砂率宜为35%~45%。

6. 精心施工，加强养护，浇筑后应尽早保湿覆盖，浇水养护不应少于14d。

表 4-14 抗渗混凝土最大水胶比（JGJ 55—2011）

设计抗渗等级	最大水胶比	
	C20 ~ C30	C30 以上
P6	0.60	0.55
P8 ~ P12	0.55	0.50
> P12	0.50	0.45

（二）外加剂防水混凝土

常有：引气剂法、减水剂法、三乙醇胺法、氯化铁法、密实剂法及膨胀剂法等。

（三）特种水泥膨胀混凝土

常采用无收缩不透水水泥、膨胀水泥等配制混凝土。

二、耐热混凝土（又称耐火混凝土）

耐火混凝土是一种能长期经受900℃以上的高温作用并在高温下保持所需要的物理力学性能的混凝土。它由胶结料、耐火粗细骨料（有时掺入磨细的矿物粉）和水配制而成。

（一）硅酸盐水泥耐热混凝土

硅酸盐水泥耐热混凝土由普通硅酸盐水泥、耐热粗细骨料和水配制而成。其极限使用温度在1200℃以下，若采用矿渣水泥则在900℃以下。

（二）铝酸盐水泥耐热混凝土

铝酸盐水泥耐热混凝土由铝酸盐硅酸盐水泥（矾土水泥等）、耐热粗细骨料和水配制而成。其极限使用温度在1300℃以下。矾土水泥耐热混凝土的养护温度不得超过35℃。

（三）水玻璃耐热混凝土

水玻璃耐热混凝土是以水玻璃为胶结料，氟硅酸钠作促硬剂，与耐热粗细骨料和水配制而成。其极限使用温度在1200℃。水玻璃耐热混凝土应在不低于15℃的干燥空气条件下硬化。

（四）磷酸盐耐热混凝土

磷酸盐耐热混凝土是以工业磷酸或磷酸铝为胶结料，与耐热粗细骨料和水配制而成。其极限使用温度在1500 ~ 1700℃。磷酸盐耐热混凝土需在150℃以上烘干，总的干燥时间不少于24h，在硬化时不允许浇水。

三、水玻璃耐酸混凝土

水玻璃耐酸混凝土是以水玻璃为胶结材料，氟硅酸钠为固化剂，与耐酸粉料、耐酸粗细骨料和水配制而成。其强度一般为 15～20MPa，最高可达 40MPa；对一般无机酸（氢氟酸及 300℃ 以上的热磷酸除外）、有机酸（高级脂肪酸、油酸除外）有较好的抵抗能力。

水玻璃耐酸混凝土在成型及养护期间应注意防潮湿、防冻和防烈日暴晒。施工的环境温度应在 10℃ 以上；采用干热养护，适宜养护温度为 15～30℃。经养护后，应进行酸化处理。由于水玻璃不耐碱，因此严禁直接铺设在水泥砂浆或普通混凝土的基层上。

四、喷射混凝土

喷射混凝土是将预先配好的水泥、骨料和一定数量的速凝剂，装入喷射机，利用压缩空气将其送至喷头与水混合后，以高速度喷向工程表面，所形成的混凝土。主要用于地下建筑、隧道、涵洞等工程。

喷射混凝土要求凝结硬化快，早期强度高的水泥，常采用硅酸盐水泥及普通硅酸盐水泥；强度等级应在 42.5 级以上。不宜采用矿渣水泥等掺混合材料的水泥。常用的速凝剂有红星一型速凝剂和 711 型速凝剂；掺量为水泥重量的 3%～4%。

五、纤维增强混凝土

纤维增强混凝土是一种用短纤维掺入混凝土（或砂浆）中的一种复合材料。掺入短纤维能有效地提高混凝土的抗拉强度与韧性。

常用的纤维材料有钢纤维、玻璃纤维、石棉纤维、碳纤维及合成纤维（聚丙烯纤维）。所用的纤维必须具有良好的耐碱性。

纤维增强混凝土主要用于对抗冲击性要求高的工程，如：飞机跑道、高速公路、桥面面层、管道、构件接头等。

六、聚合物混凝土

聚合物混凝土是一种有机、无机复合材料。

通常，具有强度高、抗冲击、抗渗性好、耐腐蚀等特性。常用于高强度、高耐久的特殊构件，路面、桥面地面的修补工程，特殊的耐腐蚀工程等。

聚合物混凝土可分为：聚合物浸渍混凝土（PIC）、聚合物水泥混凝土（PCC）和聚合物胶结混凝土（PC）三种。

七、防射线混凝土（又称防护混凝土）

射线一般包括 α 射线、β 射线、γ 射线、X 射线、中子射线等。其中 α 射线、β 射线穿透能力较弱，一般材料对它们均有防御能力。

γ射线、X射线具有极大的穿透能力，当它们穿过防护材料时可以被逐渐吸收，高密度的材料吸收能力强，但也必须超过某一厚度时才能被完全吸收。

若采用普通混凝土，则须用硅酸盐水泥作胶凝材料。

若采用重混凝土（褐铁矿混凝土、赤铁矿混凝土、磁铁矿混凝土、重晶石混凝土），则须采用42.5级以上的普通硅酸盐水泥。重混凝土的表观密度可达 $3200\sim3800kg/m^3$。

对于中子射线的防御则以含有轻质原子的材料，特别是含有氢原子的水为最有效。但由于中子和水作用产生强烈的γ射线，因此，对于防御中子的材料要求更为严格，不仅要含有大量的轻质原子，以吸收中子，而且还要用较高的密度，以防中子和轻质原子作用后所产生的第二次γ射线。

若采用普通混凝土，则须用硅酸盐水泥作胶凝材料。可用于一般抗中子辐射的防护结构。

若采用重混凝土（褐铁矿混凝土、硼矿、铁块混凝土，硼矿、重晶石混凝土），则须采用42.5级以上的普通硅酸盐水泥；若采用矾土水泥或石膏矾土水泥效果更佳。

本章历年试题及模拟题解析

1. 关于混凝土的叙述，哪一条是错误的？
　　[1995-012，1997-010，1998-015，1999-013，2000-021，2001-005]
　　A. 气温越高，硬化速度越快　　　　B. 抗剪强度比抗压强度低
　　C. 与钢筋的热膨胀系数大致相同　　D. 水灰比越大，强度越高

【解析】　混凝土的硬化是水泥水化凝结硬化的结果，水泥的水化是一种化学反应，气温越高，水泥的水化速度越快，因此混凝土的硬化速度也就越快；在混凝土的各种强度中，由于混凝土是一种典型的脆性材料，因此其抗压强度值最大；混凝土与钢筋的热膨胀系数大致相同，因此它们能够很好地共同工作；混凝土的强度与水灰比呈反比关系，即水灰比越小，混凝土强度越高。

答案：D

2. 关于钢筋混凝土的叙述，哪一条不正确？
　　A. 在混凝土中，水泥用量约占混凝土总质量的10%~15%，因此价廉。
　　B. 普通混凝土的表观密度在 $2000\sim2800kg/m^3$，这是混凝土结构的缺点。
　　C. 为了充分地发挥材料的强度特点，在钢筋混凝土结构中，利用混凝土承受压力，钢筋承受拉力。

D. 混凝土与钢筋的热膨胀系数不同,因此钢筋混凝土结构在发生火灾时损坏严重。

【解析】 见上题

答案:D

3. 在普通混凝土中,水泥用量约占混凝土总量的多少? [2006-020]

A. 5% ~ 10% B. 10% ~ 15%
C. 20% ~ 35% D. 30% ~ 35%

【解析】 在普通混凝土中,按《普通混凝土配合比设计规程》(JGJ 55—2000)规定,对于钢筋混凝土来说,每立方米混凝土中水泥最小用量不得少于260kg,而在配制高强混凝土时,其水泥最大用量不宜超过550kg。可见,在普通混凝土中水泥用量约占混凝土总量的10% ~ 22%。

答案:B

4. 根据经验,配制混凝土时水泥标号(以 MPa 为单位)一般是混凝土强度等级的多少倍为宜? [2009-018]

A. 0.5 ~ 1.0 倍 B. 1.5 ~ 2.0 倍
C. 2.5 ~ 3.0 倍 D. 3.5 ~ 4.0 倍

【解析】 配制混凝土时,水泥标号(应称为:强度等级)的选择并无规定;一般原则是两者强度等级相应,即高强度等级的混凝土,宜选用较高强度等级的水泥;水泥强度等级的选择既要满足混凝土配制强度的要求,又要使水泥数量适中,使混凝土拌合物有良好的和易性便于施工;通常选 1 ~ 2.5 倍均可,根据情况而定。

答案:B

5. 骨料在混凝土中的作用,何者不正确? [2000-027]

A. 起化学作用 B. 构成混凝土骨架
C. 减少水泥用量 D. 减少混凝土体积收缩

【解析】 在混凝土中,当水泥浆能足够包裹骨料颗粒表面和填充骨料间空隙时,骨料用量越多,越省水泥;当混凝土硬化以后,混凝土的化学减缩、干缩都是由水泥石所引起,因此骨料数量越多,混凝土的体积收缩越小;在受力作用是混凝土中的骨料中则起到骨架作用;而水泥石与骨料间只是一种物理结合,并不发生化学作用。

答案:A

6. 天然砂是由岩石风化等长期自然条件作用而形成，如要求砂粒与水泥间胶结力强，最佳选用下列哪一种砂子？ [2003-012]

  A. 河砂   B. 湖砂   C. 海砂   D. 山砂

【解析】 由上题可知，水泥石与骨料间只是一种物理结合，并不发生化学作用。因此，水泥石与骨料之间的粘结力大小，主要取决于骨料表面的粗糙程度和胶结面积的大小，表面越粗糙，胶结面积越大，胶结的越牢固。而河砂、湖砂和海砂在水的长期反复冲刷下，表面光滑，且近于球形，因此胶结力不及表面粗糙而又有棱角的山砂。但由于山砂资源较少，且难以收集，故工程中很少使用。

答案：D

7. 混凝土中的骨料石子按下列什么分类？ [1997-002，2001-008]

  A. 石子的质量   B. 石子的产地
  C. 石子的形状   D. 石子的粒径

【解析】 石子按产地，卵石可有山卵石、河卵石、海卵石之分；按形状可有卵石与碎石之分；按粒径大小分为不同的粒级；按石子质量，《建筑用卵石、碎石》（GB/T 14685—2001）将石子分为Ⅰ类、Ⅱ类、Ⅲ类；Ⅰ类石子宜用于强度等级大于C60的混凝土，Ⅱ类石子宜用于强度等级C30~C60及抗冻、抗渗及其他要求的混凝土，Ⅲ类石子宜用于小于C30的混凝土。

答案：A

8. 碎石的颗粒形状对混凝土的质量影响甚为重要，下列何者的颗粒形状最好？ [2004-011]

  A. 片状   B. 针状
  C. 小立方体状   D. 棱锥状

【解析】 碎石中的针状、片状石无论是对混凝土拌合物的流动性，还是对混凝土的强度及耐久性都是不利的。因此，《建筑用卵石、碎石》（GB/T 14685—2001）规定了针状、片状石子的限量；碎石表面粗糙与水泥间的胶结力强，因此用碎石拌制的混凝土比卵石的强度高，并且粒形以接近球形或立方体者为好，因为接近球形或立方体者既能保证强度，又对流动性有利。

答案：C

9. 配制混凝土的细骨料一般采用天然砂，以下哪种砂与水泥粘结较好，用它拌制的混凝土强度较高？ [2008-014]

  A. 河砂   B. 海砂   C. 湖砂   D. 山砂

【解析】 山砂表面粗糙，多棱角与水泥石粘结牢固，因而用它拌制的混凝土强度较高；但其缺点是：①对混凝土拌合物的和易性不利；②不易搜集。河砂、海砂、湖砂长期受水的冲刷，表面光滑，与水泥石的粘结较弱，混凝土强度较低。

答案：D

10. 配制高强、超高强混凝土，须采用以下哪种混凝土掺合料？

[2008-19, 2009-008]

A. 粉煤灰　　　　　B. 硅灰　　　　　C. 煤矸石　　　　　D. 火山渣

【解析】 配制高强、超高强混凝土时，要求①水泥强度等级不低于42.5级，水泥用量应在500～550kg/m³；②骨料应选用Ⅰ类砂石，C60混凝土其粗骨料最大粒径不应大于31.5mm，C60以上的混凝土其粗骨料最大粒径不应大于25mm；③配制高强混凝土时，应掺用高效减水剂；④配制高强混凝土时，应掺入活性较好的矿物掺合料。在配制高强、超高强混凝土时，一般掺入一定数量的微细活性矿物掺合料，这些超细粒子可起到微级配效应、活性效应等，提高混凝土的密实度，从而提高混凝土的强度，其中常采用硅灰和优质粉煤灰。

答案：B

11. 混凝土拌合及养护用水，哪种不可用？　　　　[1995-051, 2001-040]

A. 市政自来水　　　　　　　　　　B. 一般饮用水
C. 洁净天然水　　　　　　　　　　D. 海水、沼泽水

【解析】 拌合用水及养护用水应符合《混凝土用水标准》（JGJ 63—2006）的规定，凡符合国家标准的生活饮用水，均可拌制各种混凝土。海水可拌制素混凝土，但不宜拌制有饰面要求的素混凝土，并且不得用于拌制钢筋混凝土和预应力混凝土。

答案：D

12. 当前我国许多地区缺乏粗、中砂，而采用特细砂配制混凝土时，以下哪项措施不可取？

[1995-014, 1997-009, 1998-017, 1999-010, 2000-022, 2001-029]

A. 采用较小砂率　　　　　　　　　B. 增加水泥用量
C. 采用较小的坍落度　　　　　　　D. 掺减水剂

【解析】 若采用特细砂配制混凝土时，因特细砂颗粒细小，比表面积大，则应采用较低砂率，较小的流动性，富水泥浆等措施。否则，会造成离析现

象。若掺入减水剂会使离析现象加剧。

答案：D

13. 干硬性混凝土的坍落度是： [1999-016]
   A. 小于10cm   B. 2~8cm
   C. 近于零   D. 小于20cm

【解析】 坍落度是混凝土流动性的指标，其单位是"毫米"。坍落度越大，表示混凝土拌合物的流动性越好。坍落度大于10mm的混凝土拌合物称为塑性混凝土，其中100mm以上的混凝土拌合物称为流动性混凝土。坍落度小于10mm的混凝土称为干硬性混凝土。

答案：C

14. 通常用维勃稠度仪测试以下哪种混凝土拌合物？ [2010-019]
   A. 液态的   B. 流动性的
   C. 低流动性的   D. 干硬性的

【解析】 根据混凝土拌合物的稠度不同可分为塑性混凝土和干硬性混凝土两类，根据《普通混凝土拌合物性能试验方法标准》（GB/T 50080—2002）规定，干硬性混凝土拌合物的稠度采用维勃稠度仪测定。

答案：D

15. 常用坍落度作为混凝土拌合物稠度的指标，下列几种结构种类哪种需要混凝土的坍落度值最大？ [2006-021]
   A. 基础   B. 梁板   C. 筒仓   D. 挡土墙

【解析】 坍落度的选择原则应是在允许的施工条件下，能保证混凝土拌合物振捣密实时，尽可能采用较小的坍落度，以节约水泥并能确保混凝土的质量。因此，当结构截面尺寸窄小或钢筋密集或采用人工插捣时，坍落度应选择大些。上述四种结构中，基础与挡土墙尺寸宽大操作方便，坍落度可选得小些。梁板虽然尺寸较小但操作方便，坍落度也可选得小些。而筒仓壁薄，不易浇筑与振捣，为了保证混凝土的浇筑质量，则需要混凝土的坍落度大些。

答案：C

16. 测定混凝土强度的标准试件是：
   A. 40mm×40mm×160mm   B. 100mm×100mm×100mm
   C. 150mm×150mm×150mm   D. 200mm×200mm×200mm

【解析】 按《普通混凝土力学性能试验方法标准》（GB/T 50081—2002）规定，混凝土强度的标准试件是边长为150mm的立方体；而对于边长为

100mm 和 200mm 的立方体试件为非标准试件，当采用非标准试件时，其试验结果应乘以相应的系数予以调整。对于边长为 100mm 的试件乘上 0.95，对于边长为 200mm 的试件乘上 1.05。而上面的 40mm×40mm×160mm 则是水泥强度试验的标准试件尺寸。

答案：C

17. 混凝土试件的标准养护条件是下面哪一组？
 A. 温度 15℃±2℃，相对湿度 80%
 B. 温度 25℃±2℃，相对湿度 80%
 C. 温度 20℃±3℃，相对湿度 >90%
 D. 温度 20℃±2℃，相对湿度 ≥95%

【解析】 按《普通混凝土力学性能试验方法标准》（GB/T 50081—2002）规定，将拌合物制成边长为 150mm 的立方体标准试件，应在 20℃±5℃ 的环境中静置一昼夜至二昼夜，拆模后，置于温度为 20℃±2℃，相对湿度为 95% 以上的标准养护室养护，或在 20℃±2℃ 的不流动的 $Ca(OH)_2$ 饱和溶液中养护。

答案：D

18. 混凝土抗压强度是以哪个尺寸（mm）的立方体试件的抗压强度值为标准的？ [2010-005]
 A. 100×100×100   B. 150×150×150
 C. 200×200×200   D. 250×250×250

【解析】 按《普通混凝土力学性能试验方法标准》（GB/T 50081—2002）规定，将拌合物制成边长为 150mm 的立方体标准试件，应在 20℃±5℃ 的环境中静置一昼夜至二昼夜，拆模后，置于温度为 20℃±2℃，相对湿度为 95% 以上的标准养护室养护，或在 20℃±2℃ 的不流动的 $Ca(OH)_2$ 饱和溶液中养护 28d，测得其抗压强度，所测得的抗压强度值称为立方体抗压强度，以 f_{cu} 表示。

答案：B

19. 混凝土的受力破坏过程实际上是下列哪种情况？ [2001-038]
 A. 内部裂缝的发展   B. 内部水泥的变质
 C. 内部骨料的游离   D. 内部应力的分解

【解析】 由于水泥水化后，水泥石中形成毛细孔；水泥水化时产生化学收缩，可是骨料是刚性的，这就使骨料与水泥石的界面上出现拉应力，或产生微细裂缝；硬化后的干缩也会造成水泥石中产生拉应力或裂纹；泌水时形成的通道；施工时残留在混凝土内的气泡都构成混凝土在受力前其内部存在的拉应力、裂纹及缺陷。实际上,混凝土受力破坏就是从这些裂缝与缺陷开始的。当混凝土受荷载作用时,内部存在的应力、裂纹及缺陷就会不断地发展,裂纹不断增长、连接、贯穿,最后使混凝土丧失抵抗能力而破坏。

答案:A

20. 影响混凝土强度的因素,以下哪个不正确? [1995-053,1998-16]
A. 水泥的强度和水灰比 B. 骨料的粒径
C. 养护温度和湿度 D. 混凝土的龄期

【解析】 影响混凝土强度的主要因素是水泥的强度、水灰比以及骨料的种类,并构成了混凝土强度经验公式;为了使混凝土能够达到预期强度,还必须为其提供适当的温度和湿度,并且将其养护达到规定的龄期;而且混凝土的强度随龄期不断增长而提高。严格地说,按上题混凝土破坏机理,骨料的粒径越大,在骨料与水泥石的界面上形成的拉应力越大,产生的裂纹也越严重,对混凝土的强度越不利。所以,在配制高强度混凝土时,对粗骨料的最大粒径有所限制。

答案:B

21. 以下提高混凝土密实度和强度的措施哪个不正确?
[2000-028,2004-017]
A. 采用高强度等级水泥 B. 采用高水灰比
C. 强制搅拌 D. 加压振捣

【解析】 采用高强度等级水泥可以配制较高强度的混凝土;强制搅拌合加压振捣等施工方法,可以使混凝土拌合物更均匀,更密实,因此对提高混凝土密实度和强度是有利的。然而,水灰比越高,混凝土的强度将越低。

答案:B

22. 配制高强、超高强混凝土,须采用以下哪种混凝土掺合料?
[2008-019,2009-008,2010-018]
A. 粉煤灰 B. 硅灰 C. 煤矸石 D. 火山灰

【解析】 配制高强、超高强混凝土时,一个关键措施就是要掺入超细的活性掺合料,上述四种混凝土掺合料中,硅灰是在冶炼硅铁时产生的硅蒸气,冷却后成分为非晶态的二氧化硅(SiO_2)超细粉末,其比表面积为20000m^2/kg,常用来配制高强、超高强混凝土。

答案:B

23. 无损检验中的回弹法可以检验混凝土的哪种性质？ [2009-010]

A. 和易性　　　　B. 流动性　　　　C. 保水性　　　　D. 强度

【解析】 和易性、流动性、保水性均属混凝土拌合物的性质；无损检验中的回弹法是通过对硬化后混凝土表面硬度的测试，来推算该龄期混凝土的强度的一种测试方法。

答案：D

24. 混凝土浇水养护时间，对采用硅酸盐水泥、普通硅酸盐水泥或矿渣硅酸盐水泥拌制的混凝土不得少于下列何时间？ [2004-018]

A. 5d　　　　B. 6d　　　　C. 7d　　　　D. 8d

【解析】 《混凝土结构工程施工质量验收规范（2011版）》（GB 50204—2002）规定，在混凝土浇筑完毕后的12h以内应对混凝土加以覆盖和浇水，其浇水养护时间，对硅酸盐水泥、普通水泥以及矿渣水泥拌制的混凝土不得少于7d，对火山灰水泥、粉煤灰水泥或掺用缓凝型外加剂或有抗渗性要求的混凝土不得少于14d。

答案：C

25. 关于抗渗混凝土（防水混凝土）的叙述，哪一项是不正确的？

A. 抗渗等级等于或大于P6级的混凝土称为抗渗混凝土
B. 抗渗等级是根据其最大作用水头与混凝土最小壁厚之比确定的
C. 混凝土抗渗等级的检验龄期是28d
D. 抗渗混凝土施工时，浇水养护至少要7d

【解析】 见上题，《混凝土结构工程施工质量验收规范（2011版）》（GB 50204—2002）规定，有抗渗性要求的混凝土不得少于14d。

答案：D

26. 下列哪些措施会降低混凝土的抗渗性？ [2007-019]

A. 增加水灰比　　　　　　　　　　B. 提高水泥强度
C. 掺入减水剂　　　　　　　　　　D. 掺入优质粉煤灰

【解析】 对于提高混凝土抗渗性能的措施，可以采用"骨料级配法"及"富水泥浆法"来提高混凝土的密实度，"富水泥浆法"要求水泥用量不小于320kg/m³，且水灰比不应大于0.60（>C30时，不应大于0.55）；可以采用"外加剂法"，隔断或堵塞混凝土各种渗水通道来达到抗渗的目的，如采用引气剂法、减水剂法、三乙醇胺法、氯化铁法、密实剂法及膨胀剂法等。可以采用"膨胀水泥法"，在水化时产生大量的水化硫铝酸钙，产生一定的膨胀，改善混凝土的孔结构，降低孔隙率以提高混凝土的抗渗性，常采用无收缩不透水水泥、膨胀水泥等配制混凝土。但是增加水灰比，会使混凝土硬化后孔隙率增加，抗渗性能降低。

答案：A

27. 在混凝土中掺入优质粉煤灰，可提高混凝土的什么性能？［2008-013］
A. 抗冻性　　　　　　　　　　　　B. 抗渗性
C. 抗侵蚀性　　　　　　　　　　　D. 抗碳化性

【解析】　在混凝土中掺入优质粉煤灰，可发挥其形态效应、活性效应及微集料效应等作用，从而提高混凝土的密实度，细化孔隙，改善孔结构及水泥界面状态，提高混凝土不透水性，同时对混凝土的抗冻性、抗侵蚀性、抗碳化性等均有所提高。

答案：B

28. 根据产生腐蚀的原因，硅酸盐水泥可采用下列防腐蚀措施，其中不正确的是：　　　　　　　　　　　　　　　　　　　　　　　［1998-046］
A. 提高水泥的强度等级
B. 在混凝土或砂浆表面设置耐腐蚀性强且不透水的保护层
C. 根据侵蚀环境的特点，选择适当品种的水泥
D. 提高混凝土的密实度

【解析】　由于侵蚀介质对混凝土的侵蚀，主要是对混凝土中水泥石的侵蚀，因此，防止侵蚀的措施即：根据工程所处环境，合理选择水泥品种；采取适当措施，提高混凝土的密实度；在混凝土或砂浆表面设置耐腐蚀性强且不透水的保护层，常采用耐酸石料（花岗石、石英岩、辉绿岩、玄武岩、安山岩等）、耐酸陶瓷、铸石、沥青等材料；而与拌制混凝土所用的水泥强度大小无关。

答案：A

29. 为了提高混凝土的抗碳化性，采用以下哪种措施是错误的？
［2000-030，2004-016］
A. 使用火山灰质硅酸盐水泥　　　　B. 使用硅酸盐水泥
C. 采用较小水灰比　　　　　　　　D. 增加保护层

【解析】　由于混凝土的碳化实际上是空气中的 CO_2 与水泥石所发生的化学作用，因此提高混凝土的抗碳化性应采取的措施是：选择抗碳化性能好的水泥品种，如硅酸盐水泥或普通硅酸盐水泥，而火山灰质硅酸盐水泥抗碳化性能较差；采用较小的水灰比和水泥用量；掺入外加剂，改善混凝土内部的孔结

构；精心施工、加强养护确保混凝土结构的密实。当然增加一个不透水、气的保护层是有作用的。

答案：A

30. 下列常用建材在常温下对硫酸的耐腐蚀能力最差的是：

[2008-012，2009-003，2010-012]

A. 混凝土 B. 花岗岩
C. 沥青卷材 D. 铸石制品

【解析】 花岗岩由长石、石英、暗色矿物、云母等矿物组成，石英为酸性氧化物，具有良好的耐酸性，故花岗岩的耐酸性极好；沥青卷材、铸石也都是耐酸性好的材料，见表4-15；混凝土中的水泥水化后，产物中含有约20%的氢氧化钙，使得混凝土呈碱性，故混凝土不耐酸。

答案：A

表4-15 常用非金属材料耐侵蚀性能

材料名称	酸性介质									碱性介质	
	硫酸	盐酸	硝酸	磷酸	铬酸	醋酸	硼酸	草酸	氢氟酸	氢氧化钠	碳酸钠
花岗石及铸石	耐	耐	耐	不耐	耐	耐	耐	耐	不耐	耐	耐
陶瓷砖板	<96	任意浓度	耐	稀溶液	任意浓度	任意浓度	任意浓度	任意浓度	不耐	<20	稀溶液
辉绿岩铸板	<96	任意浓度	任意浓度	不耐	—	耐	任意浓度	任意浓度	不耐	耐	过饱和溶液
聚氯乙烯板	<90	耐	<35	100	<35	<80	过饱和溶液	任意浓度	≥32	<50	任意浓度
木材	10	稀溶液	不耐	耐	不耐	<90	过饱和溶液	耐	<12	稀溶液	任意浓度
水泥砂浆混凝土	不耐	不耐	不耐	耐	—	不耐	不耐	耐	—	耐	耐
沥青及沥青制品	<50	<21	<10	<55	不耐	稀溶液	任意浓度	耐	<10	稀溶液	稀溶液
水玻璃胶结的材料	>50	浓溶液	>30	耐	浓溶液	较耐	浓溶液	浓溶液	不耐	不耐	不耐

31. 按照容重大小，混凝土通常分为普通混凝土、轻混凝土、重混凝土等，我国生产的特重混凝土比特轻混凝土可以大多少倍？　　　[2003-017]

  A. 2 倍　　　　　　　　　　　　B. 3 倍
  C. 4 倍　　　　　　　　　　　　D. 超过 5 倍

【解析】　我国生产的特重混凝土，如重晶石混凝土其表观密度可达 3200～3800kg/m³；而我国生产的特轻混凝土，如加气混凝土的表观密度为 500～700kg/m³；可见，我国生产的特重混凝土比特轻混凝土可以大 7～8 倍。

  答案：D

32. 陶粒是一种人造轻骨料，根据材料的不同，有不同的类型，以下哪项不存在？　　　　　　　　　　　　　　[1997-004，2001-057]

  A. 粉煤灰陶粒　　　　　　　　　　B. 膨胀珍珠岩陶粒
  C. 页岩陶粒　　　　　　　　　　　D. 黏土陶粒

【解析】　粉煤灰、页岩与黏土的化学组成相同，都可以用来烧制陶粒，只有粉煤灰因其无黏性，成型时应加入黏土方可成型。而膨胀珍珠岩系由珍珠岩等岩石经熔胀而成，并非陶粒。

  答案：B

33. 以轻骨料作为粗骨料，表观密度不大于 1950kg/m³ 的混凝土，称为轻骨料混凝土。与普通混凝土相比，下列哪条不是轻骨料混凝土的特点？

 [2006-022]

  A. 弹性模量较大　　　　　　　　　B. 构件刚度较差
  C. 变形性较大　　　　　　　　　　D. 对建筑物抗震有利

【解析】　轻骨料混凝土的弹性模量小，比普通混凝土低 25%～50%。因此构件刚度较差、受力变形较大，采用轻骨料混凝土的建筑物具有良好的抗震性能。

  答案：A

34. 位于水中及水位升降范围内的普通混凝土，其最大水灰比为：

 [2000-031]

  A. 0.60　　　　B. 0.65　　　　C. 0.70　　　　D. 0.75

【解析】　根据表 4-9 "混凝土的最大水灰比和最小水泥用量"（JGJ 55—2000）中规定，位于水中及水位升降范围内的普通混凝土，其最大水灰比为 0.70。

  答案：C

35. 预拌混凝土（旧称商品混凝土）按其性能可分为通用品和特制品两类，下列哪组属于特制品？

A. 强度等级 C30，坍落度 T=200mm，粗骨料最大粒径 D_{max}=31.5mm；
B. 强度等级 C35，坍落度 T=180mm，粗骨料最大粒径 D_{max}=25mm；
C. 强度等级 C40，坍落度 T=180mm，粗骨料最大粒径 D_{max}=20mm；
D. 强度等级 C50，坍落度 T=150mm，粗骨料最大粒径 D_{max}=20mm。

【解析】 按国家标准《预拌混凝土》（GB/T 14902—2003）规定，预拌混凝土根据其组成和性能要求分为通用品和特制品两类。

通用品是指强度等级不大于 C50、坍落度不大于 180mm、粗集料最大公称粒径为 20mm、25mm、31.5mm、40mm，无其他特殊要求的预拌混凝土。即通用品应符合下列的范围：

强度等级：不大于 C50；
坍落度（mm）：25、50、80、100、120、150、180；
粗集料最大公称粒径（mm）：20、25、31.5、4。

特制品是指任一项指标超出通用品规定范围或有特殊要求的预拌混凝土。即特制品应符合下列范围：

强度等级：C55、C60、C65、C70、C75、C80；
坍落度：大于 180mm；
粗集料最大公称粒径：小于 20mm、大于 40mm。

答案：A

36. 钢筋混凝土构件的混凝土，为提高早期强度在掺入外加剂时，下列哪一种不能作为早强剂？　　　　　　　　　　　　　　　[1995-025]

A. 氯化钠　　　　　　　　　　B. 硫酸钠
C. 三乙醇胺　　　　　　　　　D. 复合早强剂

【解析】 上述四种外加剂均为混凝土的早强剂，氯盐类、硫酸盐类和有机胺类早强剂的早强机理各不相同，因此在单独使用时均有一定的效果。若复合使用效果更佳，即复合早强剂有更好的早期效果。氯盐类早强剂如氯化钙、氯化钠是一种效果显著的早强剂，但是因其含有 Cl^-，有促进钢筋锈蚀的作用，因此在钢筋混凝土构件的混凝土中，不宜单独使用；若采用，其掺量不得超过 1%，且应与阻锈剂 $NaNO_2$ 合用。

答案：A

37. 在混凝土中合理使用外加剂具有良好的技术经济效果,在冬期施工或抢修工程中常用哪种外加剂? [2006-019]

A. 减水剂　　　　B. 早强剂　　　　C. 速凝剂　　　　D. 防水剂

【解析】 在冬期施工或抢修工程中,都希望混凝土尽早硬化,并且使其强度达到预定的强度值,以便缩短养护时间,尽早拆模提高模板的周转率,加快施工进度。因此,在冬期施工或抢修工程中常采用混凝土早强剂。

答案: B

38. 混凝土在搅拌过程中加入引气剂(松香皂),对混凝土的性能影响很大,以下哪种影响是不存在的? [2005-017]

A. 改善混凝土拌合物的和易性　　　　B. 降低混凝土的强度
C. 提高混凝土的抗冻性　　　　　　　D. 降低混凝土的抗渗性

【解析】 引气剂可在拌合物形成大量均匀分布、稳定而封闭的微小气泡(直径为 $20\sim1000\mu m$),可使混凝土很多性能得到改善。首先改善了拌合物和易性,因为稳定而封闭的微小气泡减少拌合物流动阻力,使流动性提高,且有较好的保水性和黏聚性;可提高混凝土耐久性,由于微小气泡隔断毛细管及渗水通道,改善混凝土内孔隙特征,从而可显著地提高混凝土的抗渗性、抗冻性及耐侵蚀性等耐久性能;但是对强度及变形有一定的影响,这是因为气泡的存在使混凝土的弹性模量有所下降,使混凝土强度及耐磨性降低。一般含气量每增加1%,混凝土强度下降3%~5%。

答案: D

39. 在混凝土中,掺入优质粉煤灰,可提高混凝土的什么性能? [2008-013]

A. 抗冻性　　　　　　　　B. 抗渗性
C. 抗侵蚀性　　　　　　　D. 抗碳化性

【解析】 混凝土中掺入优质粉煤灰可有以下几个效果:粉煤灰的活性成分与水泥水化生成的 $Ca(OH)_2$ 反应生成水化硅酸钙和水化铝酸钙,成为胶凝材料的一部分有利于强度;粉煤灰中的微珠球形颗粒具有减少流动阻力,提高流动性的作用,同时减少泌水,改善和易性;微细颗粒分布在水泥浆中,填充孔隙提高混凝土的密实度,从而使混凝土的耐久性得到提高尤其是混凝土的抗渗性,同时对混凝土的抗冻性、抗侵蚀性、抗碳化性均有利;可起到降低水化热的作用,对大体积混凝土施工非常有利。

答案: B

40. 以下哪种掺合料能降低混凝土的水化热，是大体积混凝土的主要掺合料？ [2009-014]

A. 粉煤灰　　　　B. 硅灰　　　　C. 火山灰　　　　D. 沸石粉

【解析】 以上四种材料都可以作为混凝土的掺合料，并能降低混凝土的水化热，用作大体积混凝土的掺合料；但是，在大体积混凝土中常用粉煤灰作为掺合料，它可以提高混凝土拌合物的和易性，便于施工；能降低混凝土的水化热，以便降低大体积混凝土的内外温差，确保大体积混凝土的质量；且造价低。

答案：A

41. 加气混凝土常用何种材料作为发气剂？ [1998-049，2005-032]

A. 镁粉　　　　B. 锌粉　　　　C. 铝粉　　　　D. 铅粉

【解析】 加气混凝土一般采用铝粉作为发气剂，铝粉在料浆中脱脂后，与 $Ca(OH)_2$ 和 H_2O 发生化学反应放出氢气，被稳定在料浆中使其形成多孔结构。有时也可以采用双氧水、碳化钙等作为发气剂。

答案：C

42. 以下哪种材料可以作为泡沫混凝土的泡沫剂？ [2007-031]

A. 铝粉　　　　B. 松香　　　　C. 双氧水　　　　D. 漂白粉

【解析】 泡沫混凝土的泡沫剂常用松香胶泡沫剂，或者水解牲血泡沫剂；松香胶泡沫剂由松香、烧碱和动物胶配制而成；使用时先将泡沫剂用水稀释，进行机械搅拌，形成大量稳定的气泡，然后将泡沫与水泥浆拌合均匀，浇筑成型，养护硬化即得到泡沫混凝土。

答案：B

43. 以下哪种混凝土是以粗集料、水泥和水配制而成的？ [2008-018]

A. 多孔混凝土　　　　　　　　B. 加气混凝土
C. 泡沫混凝土　　　　　　　　D. 无砂混凝土

【解析】 多孔混凝土是一种不用骨料，其内部充满大量细小封闭气孔的混凝土。常有加气混凝土和泡沫混凝土两种；无砂混凝土亦称大孔混凝土，是以粗集料、水泥和水配制而成。大孔混凝土可分为无砂大孔混凝土和少砂大孔混凝土。

答案：D

44. 防水混凝土是依靠本身的密实性来达到防水目的的，为提高其抗渗能力常用哪组措施？ [1999-032]

　　Ⅰ．骨料级配法　　　　　　　　Ⅱ．加气剂法
　　Ⅲ．密实剂法　　　　　　　　　Ⅳ．精选水泥法
　　A．Ⅰ、Ⅱ、Ⅲ　　　　　　　　　B．Ⅰ、Ⅲ、Ⅳ
　　C．Ⅰ、Ⅱ、Ⅳ　　　　　　　　　D．Ⅱ、Ⅲ、Ⅳ

【解析】 防水混凝土的配制方法有：富水泥浆法、骨料级配法、外加剂法（常有：引气剂法、减水剂法、三乙醇胺法、氯化铁法、密实剂法及膨胀剂法等）、特种水泥法（亦称精选水泥法，常采用无收缩不透水水泥、膨胀水泥等）。

答案：B

45. 配制耐酸混凝土，是用以下哪种材料作为胶凝材料？ [2005-048，2007-013]

　　A．有机聚合物　　　　　　　　B．硅酸盐水泥
　　C．水玻璃　　　　　　　　　　D．菱苦土

【解析】 耐酸混凝土是以水玻璃为胶结材料、氟硅酸钠为固化剂、耐酸粉料、耐酸粗细骨料和水配制而成。故常称为水玻璃耐酸混凝土，其强度一般为15～20MPa，最高可达40MPa；对一般无机酸（氢氟酸及300℃以上的热磷酸除外）、有机酸（高级脂肪酸、油酸除外）有较好的抵抗能力；以有机聚合物为胶凝材料的聚合物混凝土，也具有良好的耐化学腐蚀性。

答案：C

46. 水泥混凝土（包括水泥砂浆）在常温下尚耐以下腐蚀介质中的哪一种？ [1997-039，2008-012]

　　A．硫酸　　　　B．磷酸　　　　C．盐酸　　　　D．醋酸

【解析】 水泥混凝土（包括水泥砂浆）耐碱，不耐酸；但在常温下尚能耐磷酸。详见表4-15。

答案：B

47. 以下哪种混凝土特别适用于铺设无缝地面和修补机场跑道面层？ [2010-020]

　　A．纤维混凝土　　　　　　　　B．特细混凝土
　　C．聚合物水泥混凝土　　　　　D．高强混凝土

【解析】 铺设无缝地面和机场跑道面层可采用纤维混凝土或聚合物水泥混凝土；但若用于修补机场跑道面层，则应采用聚合物水泥混凝土。因为，聚

合物水泥混凝土具有强度高、无缝、抗冲击、耐磨性好等特点,且硬化快,适应于抢修,不影响正常使用。

答案: C

48. 耐火混凝土是一种比较新型的耐火材料,但同耐火砖相比,以下哪项优点不存在? [1997-034]

    A. 工艺简单   B. 使用方便
    C. 成本低廉   D. 耐火温度高

【解析】 耐火混凝土是一种能长期经受900℃以上的高温作用并在高温下保持所需要的物理力学性能的混凝土。它是由胶结料、耐火粗细骨料(有时掺入磨细的矿物粉)和水配制而成。它具有普通混凝土的一些优点,如工艺简单、使用方便、成本低廉。其最高使用温度在900~1700℃范围,耐火砖的最高使用温度在1200~1700℃范围。可见,同耐火砖相比,耐火混凝土并不存在耐火温度高的优点。

答案: D

49. 钢纤维混凝土能有效改善混凝土脆性性质,主要适应于哪种工程? [1995-030]

    A. 防射线工程   B. 石油化工工程
    C. 飞机跑道、高速公路   D. 特殊承重工程

【解析】 钢纤维混凝土主要用于对抗冲击性要求高的工程,如:飞机跑道、高速公路、桥面面层、管道、构件接头等。

答案: C

50. 喷射混凝土主要用于地下建筑、隧道、涵洞等工程,也可用于加固、抢建、修补建筑结构体,所用原材料中的水泥,哪种不宜采用? [1995-042]

    A. 矿渣水泥   B. 普通水泥
    C. 高强水泥   D. 硅酸盐水泥

【解析】 喷射混凝土要求凝结硬化快,早期强度高的水泥,常采用硅酸盐水泥及普通硅酸盐水泥;强度等级应在42.5级以上,当然选用高强水泥效果会更好。但不宜采用矿渣水泥等掺混合材料的水泥。

答案: A

51. 关于高性能混凝土的叙述中,哪个不妥?

    A. 应具有高耐久性(尤其要有高抗渗性)

B. 高体积稳定性（低干缩、低徐变、低温度变形和高弹性模量）
C. 高抗压强度
D. 良好的施工性（高流动性、高黏聚性、高密实性）。

【解析】 高性能混凝土应具有高耐久性（尤其要有高抗渗性）；高体积稳定性（低干缩、低徐变、低温度变形和高弹性模量）；良好的施工性（高流动性、高黏聚性、高密实性）；要求的抗压强度。

答案：C

52. 配置抗 X、γ 辐射普通混凝土，须用以下哪种水泥？ [2005-052]
A. 石灰矿渣水泥　　　　　　　B. 高铝水泥
C. 硅酸盐水泥　　　　　　　　D. 硫铝酸盐水泥

【解析】 γ射线、X射线具有极大的穿透能力，当它们穿过防护材料时可以被逐渐吸收，高密度的材料吸收能力强，但也必须超过某一厚度时才能被完全吸收。若采用普通混凝土，则须用硅酸盐水泥作胶凝材料。

答案：C

53. 抗辐射的重混凝土（骨料含铁矿石等）其表观密度一般为： [2009-054]
A. $>2.5t/m^3$　　　　　　　　B. $\approx 2.3t/m^3$
C. $\approx 2.1t/m^3$　　　　　　　　D. $<1.9t/m^3$

【解析】 抗辐射的重混凝土其表观密度，按现行国家标准应为 $>2800kg/m^3$。

答案：A

54. 以下哪种材料常用于配制抗辐射混凝土和制造锌钡白？ [2010-016]
A. 石英石　　　B. 白云石　　　C. 重晶石　　　D. 方解石

【解析】 重晶石（化学名称：硫酸钡），将重晶石粉掺入混凝土中制得重混凝土，具有防γ射线和X射线的防护作用；锌钡白（又名立德粉）是以重晶石为原料制得，它是一种白色颜料，不耐酸、耐光性欠佳、遮盖力不如钛白粉，但价格较低廉。

答案：C

第五章 建筑砂浆

第一节 概述及组成材料

一、概述

砂浆是以胶结料、细骨料、掺加料（可以是矿物掺合料、石灰膏、电石膏、黏土膏等一种或多种）和水等为主要原材料进行拌合，硬化后具有强度的工程材料。与混凝土相比，由于没有粗骨料，可认为砂浆是一种细骨料混凝土。

砂浆在建筑中主要用来砌筑砖、石、砌块组成砌体；用作墙面、柱面、地面、顶棚的抹面及装饰抹面；用来镶贴装饰石板或陶瓷；用来作为砖、石及墙板的勾缝。

可见，砂浆使用时的特点是：铺设层薄；多与多孔吸水的基面材料相接触；强度要求不高（仅有砌筑砂浆有强度要求），但和易性必须好。

二、组成材料

（一）胶结材料

1. 选择。应根据使用环境、用途等合理选择。对潮湿或水中使用的砂浆，应选用水硬性胶凝材料，如各种水泥；对于干燥条件下使用的砂浆既可选择水硬性的也可选择气硬性的胶凝材料。

2. 要求。用于砌筑砂浆应首选砌筑水泥；若采用通用水泥，则应尽量选用中、低等级的，一般水泥强度应为砂浆强度的 4~5 倍为宜；对水泥砂浆不宜大于 32.5 级；对于混合砂浆不宜大于 42.5 级。

（二）砂

1. 选择。因其铺设层薄，应对砂的最大粒径加以限制。
如：毛石砌体宜选用粗砂，其最大粒径应小于砂浆层厚度的 1/5~1/4；
砖砌体宜选用中砂，其最大粒径不应大于 2.5mm；
抹面用砂浆、镶贴装饰石板或陶瓷用砂浆宜选用中砂；
光滑抹面及勾缝用砂浆宜选用细砂。

2. 要求。因砂浆对和易性要求较高，因此对砂的含泥量与混凝土相比有所放宽。

对砂浆强度等级为 M2.5 以上的砂浆，其含泥量应小于 5%；对砂浆强度等级为 M2.5 的砂浆，其含泥量应小于 10%。

（三）掺合料

为了改善砂浆的和易性，应在砂浆中加入无机的微细颗粒的掺合料，如石灰膏、消石灰粉、磨细粉煤灰等。如用生石灰必须给以充分的熟化。

（四）水

对水质要求与混凝土相同。

第二节 砂浆拌合物的和易性

同混凝土一样，为了保证施工质量，砂浆拌合物具有良好的和易性是非常重要的。由于砂浆中没有粗骨料，所以砂浆拌合物的和易性只包括流动性和保水性两个方面的含义。

一、流动性

砂浆的流动性（亦称稠度），用砂浆稠度测定仪测定，以测定仪圆锥体沉入砂浆内的深度，即沉入度（mm）表示。沉入度越大，砂浆的流动性越大。若流动性过小，不易操作；过大砂浆易分层、析水。

二、稳定性（亦称保水性）

砂浆的稳定性是指砂浆拌合物保持各组分均匀稳定的能力，用分层度测定仪测定，分层度以 mm 表示。分层度不得大于 30mm，过大砂浆易于泌水、分层或水分流失过快，不便于施工；过小，则不易操作。

稳定性好的砂浆可在较长时间内保持其流动性，使之易于操作；能保证胶凝材料正常水化，确保操作质量及工程质量。

有效地改善砂浆稳定性的措施是：保持砂浆中有足够的水泥量；或在砂浆中掺入适量的掺合料如石灰膏、黏土膏及磨细粉煤灰等，或加入增塑剂（又称微沫剂），如松香皂或松香热聚物。

国标《砌体结构设计规范》（GB 50003—2001）中规定，在水泥砂浆中，水泥用量不宜小于 $200kg/m^3$；在混合砂浆中，水泥和掺料总量应在 $300\sim350kg/m^3$ 之间。

第三节　砌筑砂浆

一、强度等级

以边长为 70.7mm 的立方体试件，用标准方法测得 28d 龄期的抗压强度平均值（MPa）来确定。根据《砌体结构设计规范》（GB 50003—2001）规定，砌筑砂浆强度等级宜采用 M20、M15、M10、M7.5、M5、M2.5 等六个等级。

二、砌筑砂浆的标准养护条件

1. 水泥砂浆或微沫砂浆。温度 20℃±3℃，相对湿度 60%~80% 条件下养护。
2. 水泥混合砂浆。温度 20℃±3℃，相对湿度为 90% 以上条件下养护。

三、砌筑砂浆的配合比

通常，砌筑砂浆的配合比可直接查阅有关手册或资料来选择相应的配合比，再经试配、调整后，确定出施工用的配合比。也可以进行配合比设计得出。

由于砌筑砂浆中有相当数量的水会被砌体材料所吸走，所以砌砖用砂浆的强度与水泥数量有关，而与加水量无关。因此工人在操作时可随意加水调整砂浆稠度。

四、砌筑砂浆的选用

水泥砂浆常用于基础、地下室以及建筑特殊部位，如水塔、烟囱、筒拱、平拱、钢筋砖过梁等；水泥混合砂浆有要求的强度和良好的和易性，常用于地面以上的承重或非承重的各种砖石砌体；石灰砂浆因其强度低，不耐水，因此多用于砌筑平房或临时性建筑。

第四节　抹面砂浆

抹面砂浆分为普通抹面砂浆、防水砂浆、装饰砂浆及特殊功能抹面砂浆。

一、普通抹面砂浆

通常，抹面砂浆分为两层或三层进行施工。

底层抹灰的作用是使砂浆与底面能牢固地粘接，砂浆应具有良好的和易性和粘接力，尤其是保水性。有时为了提高砂浆与基面的粘接强度，在砂浆中掺入高分子聚合物。

中层抹灰主要起找平作用，有时也可省去不做。

面层抹灰要得到平整美观的效果，因此要求砂浆要细腻，要有抗裂性能。

1. 一般，抹灰层的设置方法如表 5-1。

表 5-1 抹灰层的设置

建筑部位	底层	中层	面层
普通砖墙（无防水、防潮要求）	石灰砂浆	混合砂浆或石灰砂浆	混合砂浆；麻刀石灰灰浆、纸筋石灰灰浆
混凝土墙面、柱面、梁面、顶棚	混合砂浆	同上	同上
板条墙及顶棚	麻刀石灰灰浆、纸筋石灰灰浆	—	麻刀石灰灰浆、纸筋石灰灰浆

2. 地面、墙裙、踢脚线、雨篷、窗台以及水池、水井、地沟、厕所等易碰撞或潮湿的建筑部位，应具有较好的强度和耐水性。一般多采用 1:2.5 的水泥砂浆。

3. 加气混凝土墙面抹灰，应采用特殊的抹灰施工方法。如在基面上刮抹树脂胶或挂钢丝网抹灰。

二、防水砂浆

防水砂浆是一种制作防水层的抗渗性高的砂浆。砂浆防水层又称刚性防水层，适用于不受震动的和具有一定刚度的混凝土或砌体工程如地下室、水塔、水池、储液罐等的防水。

防水砂浆可用水泥砂浆，一般采用 1:(1.5~3)，水灰比控制在 0.50~0.55，应采用 32.5 级以上的普通硅酸盐水泥及级配良好的中砂配制。

为了提高防水效果，可在水泥砂浆中掺入防水剂。常用的防水剂有氯盐类防水剂（在钢筋混凝土内慎用）、非氯盐类防水剂如水玻璃类防水剂，金属皂类防水剂等。

防水砂浆的防水效果，在很大程度上取决于施工质量。一般采用五层做法，每层厚度约为 5mm，每层在初凝前压实一次，最后一遍要压光，并要精心养护。

三、装饰砂浆

装饰砂浆是用于室内外装饰,以增加建筑物美观为主的砂浆。根据组成材料不同分为砂浆类与石渣类。

1. 砂浆类

砂浆类饰面是以水泥砂浆、石灰砂浆、混合砂浆作为装饰材料,通过各种工艺手段直接形成饰面层。饰面层做法除普通砂浆抹面外,还有搓毛面、拉毛、甩毛、扒拉灰、拉条、假面砖等。

2. 石渣类

石渣是由天然的大理石、花岗石以及其他天然石材经破碎而成,俗称米石。常用的规格有大八厘(粒径为8mm)、中八厘(粒径为6mm)、小八厘(粒径为4mm)。

用水泥(普通水泥、白水泥、彩色水泥)、石渣(也有时用玻璃碎粒)、耐碱的矿质颜料、水等制成石渣浆,以不同的做法,造成石渣不同的外露形式以及水泥浆与石渣的色泽对比,构成不同的装饰效果。常有水磨石、水刷石、斩假石、干粘石等。

四、特殊功能抹面砂浆

主要指具有特殊功能要求的抹面所用的砂浆。常有绝热砂浆、吸声砂浆、耐酸砂浆、膨胀砂浆、防辐射砂浆等。

本章历年试题及模拟题解析

1. 在实验室中测定砂浆的沉入量,其沉入量是表示砂浆的什么性质?

[1998-025,2005-004]

A. 保水性   B. 流动性   C. 粘结力   D. 变形

【解析】 新拌砂浆的流动性又称稠度,用砂浆稠度测定仪测定,以圆锥体沉入砂浆内的深度表示(亦称沉入度、沉入量)。

答案:B

2. 测定砂浆的分层度,表示砂浆的下列哪种性质?　　[2007-004]

A. 流动性   B. 保水性
C. 砂浆强度   D. 砂浆粘结力

【解析】 新拌砂浆的保水性用分层度测定仪测定,以分层度表示。

答案:B

3. 用于砖砌体的砂浆,采用以下哪种规格的砂为宜? 　　　　　　[2005-016]

A. 粗砂　　　　　B. 中砂　　　　　C. 细砂　　　　　D. 特细砂

【解析】 因在砌筑时砂浆铺设层薄,因此应对砂的最大粒径加以限制。

如:毛石砌体宜选用粗砂,其最大粒径应小于砂浆层厚度的 1/5~1/4;

　　砖砌体宜选用中砂,其最大粒径不应大于 2.5mm;

　　抹面用砂浆、镶贴装饰石板或陶瓷用砂浆宜选用中砂;

　　光滑抹面及勾缝用砂浆宜选用细砂。

答案:B

4. 在砂浆中加入石灰膏可改善砂浆的以下哪种性质? 　　　　　　[2008-010]

A. 保水性　　　　B. 流动性　　　　C. 粘结性　　　　D. 和易性

【解析】 石灰膏具有良好的保水性能,在砂浆中加入石灰膏可改善砂浆的保水性。

答案:A

5. 砂浆强度等级以边长 7.07cm 立方体试件按标准条件养护多少天的抗压强度确定? 　　　　　　[2000-023]

A. 7d　　　　　　B. 10d　　　　　C. 15d　　　　　D. 28d

【解析】 砂浆强度等级是以边长为 70.7mm 的立方体试件,用标准方法测得 28d 龄期的抗压强度平均值(MPa)来确定。根据《砌体结构设计规范》(GB 50003—2001)规定,砌筑砂浆强度等级宜采用 M20、M15、M10、M7.5、M5、M2.5 等六个等级。

答案:D

6. 石灰砂浆适于砌筑下列哪种工程或部位? 　　　　　　[1995-031]

A. 片石基础、地下管沟　　　　　　　B. 砖石砌体

C. 砖砌水塔或烟囱　　　　　　　　　D. 普通平房

【解析】 砌筑砂浆的选用通常是:水泥砂浆常用于基础、地下室、地下管道以及建筑特殊部位如水塔、烟囱、筒拱、平拱、钢筋砖过梁等;水泥混合砂浆有要求的强度和良好的和易性,常用于地面以上的承重或非承重的各种砖石砌体;石灰砂浆因其强度低,不耐水,因此多用于砌筑平房或临时性建筑。

答案:D

7. 与砌筑砂浆相比，抹面砂浆（除外墙檐墙、勒脚及温度高的内墙外）常采用石灰砂浆，以下原因何者不正确？　　　　　　　　　　［2000-025］

　　A. 和易性好，易施工

　　B. 抹面砂浆与空气接触面大，石灰易硬化

　　C. 抹面砂浆与底面接触面大，失水快，水泥不易硬化

　　D. 节约水泥

【解析】　在选用抹面砂浆时，底层抹灰的作用是使砂浆与底面能牢固地粘结，则砂浆应具有良好的和易性和粘结力，尤其是保水性。而石灰砂浆中，氢氧化钙颗粒极其细小，比表面积大，表面对水有很好的吸附能力，因此石灰砂浆与水泥砂浆相比具有优异的可塑性和保水性。采用石灰砂浆易于施工，且与基面粘结牢固。在这一点上，是水泥砂浆不如石灰砂浆的，因此采用石灰砂浆并非为了节约水泥。

　　答案：D

8. 抹面砂浆通常分二层或三层进行施工，各层抹灰要求不同，所以每层所选用的砂浆也不一样，以下哪种选用不当？　　　　　　　　　　［1997-038］

　　A. 多用石灰砂浆

　　B. 用于混凝土墙底层抹灰，多用混合砂浆

　　C. 用于面层抹灰，多用纸筋灰灰浆

　　D. 用于易碰撞或潮湿的地方，应采用混合砂浆

【解析】　用于砖墙底层抹灰时，由于砖砌体吸水性能极强，要求砂浆与底面能牢固地粘结，则砂浆应具有良好的和易性和粘结力，尤其是保水性，因此多用石灰砂浆；用于混凝土墙底层抹灰时，因混凝土墙底层吸水性能不及砖砌体，为了达到与底面能牢固地粘结的目的，采用混合砂浆是合适的；用于面层抹灰时，面层抹灰要得到平整美观的效果，要求砂浆要细腻，要有抗裂性能，因此多用纸筋灰灰浆；用于易碰撞或潮湿的地方抹灰时，则应选用有良好的强度和耐水性的水泥砂浆。

　　答案：D

9. 下列何种材料不可用于石灰砂浆的基层？　　　　　　　　　　［2007-020］

　　A. 麻刀石灰　　　　　　　　　　B. 纸筋灰

　　C. 石膏灰　　　　　　　　　　　D. 水泥砂浆

【解析】　在石灰砂浆抹灰的基层上，往往是采用麻刀石灰，或纸筋灰，或石膏灰罩面；而不采用水泥砂浆；在水泥砂浆抹灰的基层上，不得采用石膏灰罩面。

答案：D

10. 普通室内抹面砂浆工程中，建筑物砖墙地底层抹灰多用以下哪种砂浆？　　　　　　　　　　　　　　　　　　　　　[2009-016]
　　A. 混合砂浆　　　　　　　　B. 纯石灰砂浆
　　C. 高标号水泥砂浆　　　　　D. 纸筋石灰灰浆
【解析】　底层抹灰的作用是使砂浆与底面牢固地粘结，这就要求砂浆应具有良好的和易性（尤其是保水性）及较高的粘接力，因此用于砖墙底层抹灰多用纯石灰砂浆，见表5-1。
答案：B

11. 抹灰采用砂浆品种各不相同，在板条或金属网顶棚抹灰，应选用哪种砂浆？　　　　　　　　　　　　　　　　　　　　　　[1995-046]
　　A. 水泥砂浆　　　　　　　　B. 水泥混合砂浆
　　C. 麻刀灰（或纸筋灰）石灰砂浆　　D. 防水水泥砂浆
【解析】　在板条或金属网顶棚抹灰时，灰浆必须能够牢固地粘结在板条或金属网上，不脱落，不开裂，因此必须选用麻刀灰（或纸筋灰）石灰砂浆。
答案：C

12. 抹灰用水泥砂浆中掺入高分子聚合物有何作用？　　[1997-111]
　　A. 提高砂浆强度　　　　　　B. 改善砂浆的和易性
　　C. 增加砂浆的粘结强度　　　D. 增加砂浆的保水性能
【解析】　水泥砂浆中掺入高分子聚合物能提高砂浆的抗裂性，改善砂浆的和易性和保水性，但主要目的还是为了增加砂浆的粘结强度，一般说水泥砂浆的粘结力不如石灰砂浆与混合砂浆那么好，在施工时易于脱落。为保证施工及工程质量，常在水泥砂浆中掺入高分子聚合物。
答案：C

13. 以下哪个部位不适合采用聚合物水泥防水砂浆？　　[2007-006]
　　A. 厕浴间　　　　B. 外墙　　　　C. 屋顶　　　　D. 地下室
【解析】　聚合物水泥混凝土（砂浆）是指聚合物和水泥共同作为胶结材料粘结骨料的混凝土（砂浆）。它与普通混凝土（砂浆）比较，具有下列特点：和易性能好，能克服分层、离析、泌水等现象；强度高，粘结力强，延性好；水密性（抗渗性）及耐冻融性良好；耐腐蚀、耐冲击、耐磨性能良好；因此它可作为地面材料、铺路材料、防水材料、粘接材料、防腐衬里材料、面层覆盖材料。聚合物水泥防水砂浆的防水抗渗效果显著,适宜用于厕浴间、屋顶、地下室等部位的防水抹灰。但用于外墙抹灰似乎没有必要。

答案：B

14. 在抹面砂浆中,用水玻璃与氟硅酸钠拌制成的砂浆是什么砂浆？

[2009-056]

A. 放射线砂浆　　　　　　　　B. 防水砂浆
C. 耐酸砂浆　　　　　　　　　D. 自流平砂浆

【解析】 水玻璃硬化后,具有良好的耐酸性,因此用水玻璃与氟硅酸钠拌制成的砂浆是耐酸砂浆；水玻璃在自然状态下硬化极慢,为了加快水玻璃的硬化速度,须加入硬化促进剂,即氟硅酸钠。

答案：C

15. 下列哪种材料不是用来制作防水砂浆的防水剂？　　[2000-024]

A. 氯化物金属盐　　　　　　　B. 胶凝材料
C. 四矾水玻璃　　　　　　　　D. 金属皂类

【解析】 防水砂浆常用的防水剂有氯盐类防水剂（在钢筋混凝土内慎用）、非氯盐类防水剂如水玻璃类防水剂,金属皂类防水剂等。

答案：B

16. 冬期施工时,砂浆的使用温度不得低于下列哪个温度,且硬化前应采取防冻措施？

[2000-033]

A. 0℃　　　　B. 3℃　　　　C. 5℃　　　　D. 9℃

【解析】 冬期施工时,对砌体工程常有掺盐砂浆法和冻结法,掺盐砂浆法要求砌筑时,砂浆温度不应低于5℃；冻结法要求砌筑时,砂浆温度不应低于10℃。

对抹灰工程,要求涂抹时,砂浆温度不应低于5℃,且硬化前应采取防冻措施。

答案：C

第六章　砌筑材料

砌筑材料是建筑工程中一类重要的材料。主要有各种砖、砌块和石材三类。砖按其生产方法分为烧结类和非烧结类两类；砌块按其原材料不同分为混凝土砌块和硅酸盐砌块。

第一节　烧结类砌筑材料

烧结类砌筑材料包括烧结普通砖（黏土砖、粉煤灰砖、页岩砖、煤矸石砖）、烧结多孔砖、烧结空心砖和空心砌块四类；这类墙体材料是在成型后经过高温焙烧而制得。

一、烧结普通砖

烧结普通砖是以黏土、页岩、煤矸石、粉煤灰为主要原料，经焙烧而成的普通实心砖。其标准尺寸为 240mm×115mm×53mm，若加上灰缝厚度（8~12mm），则 4 个砖长、8 个砖宽、16 个砖厚都恰好是 1m。因此每立方米砌体的理论用砖数量是 512 块。

根据所用原料不同，烧结普通砖分为烧结黏土砖（符号为 N）、烧结页岩砖（Y）、烧结煤矸石砖（M）和烧结粉煤灰砖（F）。

（一）生产

1. 原料。黏土、页岩、煤矸石、粉煤灰；其中在页岩、煤矸石、粉煤灰原料中含有可燃成分，焙烧时可在砖内燃烧，节约燃料，提高砖质量，烧成的砖称为内燃砖。

烧结黏土砖主要采用砂质黏土，矿物成分是高岭土（$Al_2O_3 \cdot 2SiO_2 \cdot H_2O$）及少量的 Fe_2O_3、CaO 等。

2. 焙烧。砖的焙烧温度控制在 950~1050℃。当焙烧程度不均时，会出现欠火砖或过火砖，欠火砖色浅、黑心、敲击声哑、孔隙率大、强度低、耐久性差；过火砖则相反，但易出现变形砖（酥砖或螺纹砖）。

3. 关于青砖的焙烧。青砖与红砖原料相同，生产工艺不同。红砖是在氧化气氛中制得，若烧至 900℃ 以上，再在还原气氛中焙烧，使砖中高价铁还原成青灰色的低价铁，即得青砖。一般说，青砖比红砖更结实、更耐久。

（二）技术要求

根据《烧结普通砖》（GB 5101—2003）规定，烧结普通砖的技术要求包括尺寸偏差、外观质量、强度等级、抗风化性、泛霜、石灰爆裂和放射性物质等项。并规定强度等级、抗风化性及放射性物质合格的砖，根据其尺寸偏差、外观质量、泛霜和石灰爆裂分为优等品（A）、一等品（B）和合格品（C）三个质量等级。优等品可用于清水墙和装饰墙，一等品和合格品用于混水墙。

1. 强度等级。根据抗压强度将烧结普通砖分为 MU30、MU25、MU20、MU15、MU10 五个等级。见表6-1。

表6-1 烧结普通砖强度等级指标（GB 5101—2003）（MPa）

强度等级	平均值（MPa）≥	变异系数 $\delta \leq 0.21$ 强度标准值 f_k ≥	变异系数 $\delta > 0.21$ 单块最小抗压强度值 f_{min} ≥
MU30	30.0	22.0	25.0
MU25	25.0	18.0	22.0
MU20	20.0	14.0	16.0
MU15	15.0	10.0	12.0
MU10	10.0	6.5	7.5

2. 抗风化性能。是指能抵抗干湿变化、温度变化、冻融变化等气候作用的能力。国家标准规定，东北、内蒙古及新疆等严重风化地区的砖必须进行抗冻性试验；其他风化地区的砖的吸水率和饱和系数指标若达到标准规定，可认为抗风化性能合格，不再进行冻融试验；当有一项指标达不到标准规定时，仍须进行冻融试验，判别抗风化性能是否合格。

冻融试验是将吸水饱和的砖样在 -15℃ 冻融 5h，再在 10~20℃ 水中融化，经 15 次冻融循环，其质量损失不超过 2%，裂纹长度不超过标准中规定，则为抗冻性合格。

3. 放射性物质。其放射性指标内照射指数（I_{Ra}）及外照射指数（I_r）的限量均应≤1.0。

4. 砖的尺寸偏差、外观质量、泛霜、石灰爆裂应符合 GB 5101—2003 规定；并且产品中不允许有欠火砖、酥砖和螺纹砖。

5. 烧结普通砖的表观密度 1600~1800kg/m³；孔隙率 30%~35%；吸水率 8%~16%；导热系数 0.80W/(m·K)。

（三）烧结普通砖的应用

烧结普通砖既具有一定的强度和耐久性，又有良好的保温隔热性能，是传统的墙体材料。常用于建筑物的内、外墙体，柱、拱、烟囱、沟道及基础等。由于普通黏土砖有毁田制砖、耗能大等缺点，因此实心砖将逐渐被淘汰，正在被多孔砖、空心砖及空心砌块所取代。

砖吸水能力强,若干砖上墙,会使砂浆大量失水,导致砌体强度下降,因此在砌筑砖砌体时,必须预先将砖润湿,方可使用。

二、烧结多孔砖、空心砖和空心砌块

烧结多孔砖、空心砖和空心砌块与烧结普通砖相比,具有一系列优点,使用这种砖可使墙体自重减轻30%~35%;提高工效可达40%;节约砂浆降低造价约20%;并能改善墙体的热工性能。此外,在生产上可节约黏土20%~30%;节约燃料10%~20%;且能提高质量和产量,降低成本。

(一)烧结多孔砖

1. 定义。以黏土、页岩、煤矸石或粉煤灰为主要原料,经成型、干燥和焙烧而成,孔洞率不小于25%,孔的尺寸小而数量多,主要用于承重部位的砖,简称多孔砖。

2. 型号。根据《烧结多孔砖》(GB 13544—2000)规定,多孔砖分为 P 型砖(240mm×115mm×90mm)和 M 型砖(190mm×190mm×90mm)两种型号。

3. 强度等级。根据抗压强度将烧结多孔砖分为 MU30、MU25、MU20、MU15、MU10 五个强度等级,见表6-2。

表6-2 烧结多孔砖强度等级指标(MPa)

强度等级	平均值(MPa)≥	变异系数 $\delta \leq 0.21$ 强度标准值 f_k ≥	变异系数 $\delta > 0.21$ 单块最小抗压强度值 f_{min} ≥
MU30	30.0	22.0	25.0
MU25	25.0	18.0	22.0
MU20	20.0	14.0	16.0
MU15	15.0	10.0	12.0
MU10	10.0	6.5	7.5

4. 产品等级。根据尺寸偏差、外观质量、强度等级及物理性能分为优等品(A)、一等品(B)和合格品(C)三个产品等级。

5. 应用。主要用于建筑物承重部位,如五层及五层以上房屋的墙,以及受振动或层高大于6m的墙、柱的砌筑。

(二)烧结空心砖和空心砌块

1. 定义。以黏土、页岩、煤矸石或粉煤灰为主要原料,经焙烧而成,孔洞率等于或大于35%,孔的尺寸大而数量少,主要用于非承重部位的砖,简称空心砖。

2. 规格尺寸。主要有290mm×190mm×90mm 和 240mm×180mm×115mm

两种。

3. 强度等级。根据抗压强度将烧结空心砖分为 MU2.5、MU3.5、MU5.0、MU7.5 和 MU10 五个强度等级，除 MU10 可用于承重部位外，其余均应用于非承重部位。

4. 密度级别。根据体积密度分级为 800、900、1000、1100 四个密度级别。

5. 产品等级。每个密度级别根据孔洞及其排数、尺寸偏差、外观质量和物理性能分为优等品（A）、一等品（B）和合格品（C）三个等级。

第二节 非烧结类砌筑材料

非烧结类砌筑材料包括蒸养（蒸压）砖、砌块两类。

一、蒸养（蒸压）砖

以石灰和含硅材料（砂、粉煤灰、炉渣和页岩等）加水搅拌，经压制成型、蒸汽（或蒸压）养护而成，如灰砂砖、粉煤灰砖、炉渣砖（或称煤渣砖）等。由于在蒸汽（或蒸压）养护过程中石灰与含硅材料发生化学反应生成具有胶凝能力的水化硅酸钙使制品具有坚强的结构，故将其称为硅酸盐制品。其性能与应用见表 6-3。

表 6-3 灰砂砖、粉煤灰砖、炉渣砖的性能与应用

制品种类	灰砂砖	粉煤灰砖	炉渣砖
生产用原料	石灰+天然砂	石灰+粉煤灰+石膏	石灰+炉渣+石膏
制品规格	与烧结普通砖相同 240mm×115mm×53mm		
强度等级	MU25、MU20、MU15、MU10 四个等级	MU30、MU25、MU20、MU15、MU10 五个等级	MU20、MU15、MU10 三个等级
产品名称标记与产品等级	LSB 产品分为：优等品（A）、一等品（B）、合格品（C）	FAB 产品分为：优等品（A）、一等品（B）、合格品（C）	—
应用范围	MU15 以上可用于基础及其他建筑部位	MU15 以上可用于基础或易受冻融和干湿交替作用的部位	用于一般建筑物的内墙及非承重外墙
应用限制条件	1. 长期受热 200℃以上的建筑部位； 2. 受急冷急热交替作用的建筑部位； 3. 受酸性介质侵蚀的建筑部位； 4. 灰砂砖不宜用于流水冲刷之处		

二、砌块

通常砌块分为实心砌块与空心砌块（空心率为35%~50%）；混凝土砌块与硅酸盐砌块；按尺寸大小分为：小型砌块（115mm<主规格高度<380mm）、中型砌块（主规格高度380~980mm）、大型砌块（主规格高度>980mm）。目前，常用的有普通混凝土小型空心砌块和蒸压加气混凝土砌块。

（一）普通混凝土小型空心砌块

根据《普通混凝土小型空心砌块》（GB 8239—1997）规定，普通混凝土小型空心砌块性能要求包括尺寸偏差、外观质量、强度等级、相对含水率、抗渗和抗冻性能等。相对含水率、抗渗和抗冻性能合格的砌块按尺寸偏差、外观质量分为优等品（A）、一等品（B）、合格品（C）三级。

普通混凝土小型空心砌块的主规格尺寸为390mm×190mm×190mm；砌块的空心率应不小于25%。

普通混凝土小型空心砌块的强度以试验的极限荷载除以砌块的毛截面积计算。以抗压强度将其分为 MU3.5、MU5.0、MU7.5、MU10.0、MU15.0、MU20.0 六个强度等级。

（二）蒸压加气混凝土砌块

根据《蒸压加气混凝土砌块》（GB 11968—2006）规定，其技术要求包括尺寸偏差、外观质量、密度及抗压强度、抗冻性能等。并按密度及抗压强度分为优等品（A）、一等品（B）、合格品（C）三级。

1. 蒸压加气混凝土砌块的规格尺寸为（mm×mm×mm）：

长度 600

宽度 100、125、150、200、250、300 及 120、180、240

高度 200、250、300

2. 体积密度等级。分为 300、400、500、600、700、800kg/m³ 六个级别。分别记为 B03、B04、B05、B06、B07、B08。

3. 强度等级。按抗压强度分为 1.0、2.0、2.5、3.5、5.0、7.5、10.0MPa 七个级别。分别记为 A1.0、A2.0、A2.5、A3.5、A5.0、A7.5、A10.0。

4. 优点。质轻，可减轻结构自重；绝热性能好；抗震性能好；可减薄墙体厚度，增加房屋使用面积。且可锯、刨、钻、钉，施工方便。可砌筑保温墙体，或制作复合墙板、保温屋面等。

5. 应用。可用作承重墙、非承重外墙和内隔墙。并且，宜采用横墙承重的结构方案。B05级、A3.5级的砌块用于横墙承重的房屋时，其层数不得超过三层，总高度不超过10m；B07级、A5.0级的砌块用于横墙承重的房屋时，其层数不宜超过五层，总高度不超过16m。

6. 限用。不得用于建筑物基础和处于浸水、高湿（相对湿度80%以上）和有化学侵蚀的环境；不能用于表面温度高于80℃的建筑部位。

第三节 砌筑用石材

砌筑用石材主要是采用天然石材，因为天然石材具有相当高的强度、良好的耐磨性和耐久性，加之天然石材蕴藏丰富，便于就地取材，故在工程中仍有较广泛的应用。

一、矿物与岩石

天然岩石是矿物的集合体，组成岩石的矿物称为造岩矿物。造岩矿物的性质及含量决定着岩石的性质。

例如石英是结晶态的 SiO_2，密度 $2.65g/cm^3$，莫氏硬度7，坚硬，强度高，耐酸性与耐久性好。但受热时（573℃）发生晶型转化产生体积膨胀。

由石英组成的岩石如花岗岩的性质就很大程度上受石英性能的影响，具有强度高，硬度大，耐酸性与耐久性好，但耐热性差。

再如方解石是 $CaCO_3$ 的晶体，密度 $2.7g/cm^3$，莫氏硬度3，强度较高，耐酸性差，遇酸分解，耐久性不及石英。

由方解石组成的岩石如石灰岩（或大理石）的性质决定于方解石，强度较高，硬度较低，耐酸性差，遇酸分解，耐久性不及花岗岩。

二、岩石按地质形成条件分类

岩石按地质形成条件分为岩浆岩、沉积岩和变质岩三大类。

（一）岩浆岩（又称火成岩）

是由地下岩浆上升冷却而成的岩石。根据冷却条件不同分为深成岩、喷出岩和火山岩。

1. 深成岩。在地壳深处缓慢冷却，并受上部覆盖层的压力作用，因此深成岩密度大，强度高，吸水率小，抗冻性好，且易取得大材。工程上常用的有花岗岩、正长岩、闪长岩、辉长岩。

2. 喷出岩。岩浆喷出地壳表面，迅速冷却而形成的岩石。工程上常用的有玄武岩、安山岩、辉绿岩。

3. 火山岩。岩浆喷到空中，急速冷却而形成的岩石。如火山灰、浮石、凝灰岩。

（二）沉积岩（又称水成岩）

地表岩石经长期风化成为细小颗粒，经风、水的搬运，通过沉积和再造作用而形成的岩石。通常呈层状结构，密度小，孔隙率大，强度低，耐久性差。

1. 机械沉积岩。常有页岩、砂岩、砾岩。
2. 化学沉积岩。常有石膏、菱镁矿、白云岩。
3. 生物沉积岩。常有石灰岩、硅藻土。

（三）变质岩

岩石由于强烈的地质活动，在高温高压下，重新形成一种新的岩石，称为变质岩。与深成岩一样，易取得大材。

沉积岩形成变质岩后，建筑性能有所提高，如石灰岩变质后成为大理岩，砂岩变质后成为石英岩，都比原岩更坚固耐久；岩浆岩形成变质岩后，成为片状结构，建筑性能不及原岩。如花岗岩变质后成为片麻岩，其耐久性变差。

三、石材的性质

（一）体积密度

石材的体积密度与矿物组成及孔隙率有关。工程上常用致密岩石的体积密度为 $2500 \sim 2850 kg/m^3$；

根据体积密度天然石材可分为轻质石材和重质石材，轻质石材体积密度小于 $1800kg/m^3$，一般用作墙体材料；重质石材体积密度大于 $1800kg/m^3$ 可用作建筑物基础，贴面，地面，外墙，桥梁及水工构筑物等。

（二）强度

砌筑用石材的抗压强度以饱水状态下边长为 70mm 的立方体试件进行测试，并以三个试件的平均值表示。其强度等级按抗压强度分为 MU100、MU80、MU60、MU50、MU40、MU30、MU20、MU15、MU10 九个等级。

（三）其他要求

除上述性质要求外，对石材还有吸水率、耐水性、抗折强度、硬度、耐磨、抗冻性、抗风化性、耐火性、耐酸性等要求。

四、建筑石材的常用规格

（一）毛石与平毛石

形状不规则，中部厚度不小于150mm的石材称毛石；形状不规则，但大致有两个平面的石材称平毛石。毛石主要用于毛石基础、勒脚、墙身、堤坝、护坡、挡土墙以及浇筑毛石混凝土。平毛石主要用于毛石基础、勒脚、墙身外，还可用于桥墩、涵洞等的砌筑。

（二）料石

按加工程度可分为毛料石、粗料石、半细料石、细料石。主要用于较高要求建筑物的基础、勒脚、墙身、台阶、踏步、地坪等。

附：砌筑材料的选用，按国家标准《砌体结构设计规范》（GB 50003—2001）中规定。

3.1 材料强度等级

第3.1.1条 块体和砂浆的强度等级应按下列规定采用：

1. 烧结普通砖、烧结多孔砖等的强度等级：MU30、MU25、MU20、MU15和MU10；
2. 蒸压灰砂砖、蒸压粉煤灰砖的强度等级：MU25、MU20、MU15和MU10；
3. 砌块的强度等级：MU20、MU15、MU10、MU7.5和MU5；
4. 石材的强度等级：MU100、MU80、MU60、MU50、MU40、MU30和MU20；
5. 砂浆的强度等级：M15、M10、M7.5、M5和M2.5。

6.2 一般构造要求

第6.2.1条 五层及五层以上房屋的墙以及受振动或层高大于6m的墙、柱所用材料的最低强度等级，应符合下列要求：

1. 砖采用MU10；
2. 砌块采用MU7.5；
3. 石材采用MU30；
4. 砂浆采用M5。

第6.2.2条 地面以下或防潮层以下的砌体、潮湿房间的墙所用材料的最低强度等级：

表6-4

基本的潮湿程度	烧结普通砖、蒸压灰砂砖		混凝土砌块	石材	水泥砂浆
	严寒地区	一般地区			
稍潮湿的	MU10	MU10	MU7.5	MU30	M5
很潮湿的	MU15	MU10	MU7.5	MU30	M7.5
含水饱和的	MU20	MU15	MU10	MU40	M10

本章历年试题及模拟题解析

1. 下列哪种砖是烧结材料砖？ [2007-014]

　　A. 煤渣砖　　　　　　　　　　　　B. 实心灰砂砖

C. 碳化灰砂砖　　　　　　　　　　D. 耐火砖

【解析】 煤渣砖（又称炉渣砖）、实心灰砂砖为蒸压硅酸盐制品；碳化灰砂砖为碳化制品；实心灰砂砖与碳化灰砂砖原材料组成相同，但两者生产工艺不同。唯有耐火砖是用耐火黏土经成型、烧结而成。

答案：D

2. 烧结普通砖按其主要原料分为黏土砖、页岩砖、煤矸石砖、粉煤灰砖等，我国目前实际所生产的主要是下列哪一种？ [2001-032]

A. 页岩砖　　　B. 煤矸石砖　　　C. 粉煤灰砖　　　D. 黏土砖

【解析】 烧结普通砖按其主要原料分为黏土砖、页岩砖、煤矸石砖、粉煤灰砖，但我国目前实际所生产的主要还是黏土砖。

答案：D

3. 普通黏土砖的容重（kg/m³）是： [1998-035，1999-025]

A. 1400　　　B. 1600　　　C. 1800　　　D. 2000

【解析】 本题应将"容重"改称为表观密度，普通黏土砖的表观密度约为1800~1900kg/m³。

答案：C

4. 黏土砖的致命缺点是： [1999-049]

A. 隔声、绝热差　　　　　　　　B. 烧制耗能大，取土占农田
C. 自重大，强度低　　　　　　　D. 砌筑不够快

【解析】 烧结黏土砖隔声、绝热效果比较好，而自重大、强度低、砌筑不够快确实是它的缺点，然而烧制耗能大，取土占农田却是它的致命缺点，使它成为被限制使用的材料。

答案：B

5. 普通一等黏土砖外观尺寸偏差不超过（mm）： [1999-029]

A. 长度±6，宽度±4，厚度±2
B. 长度±5，宽度±4，厚度±3
C. 长度±4，宽度±3，厚度±2
D. 长度±3，宽度±3，厚度±3

【解析】 根据国家标准《烧结普通砖》（GB 5101—2003）规定，
　　　　优等品外观尺寸偏差不超过：长度±2，宽度±1.5，厚度±1.5；
　　　　一等品外观尺寸偏差不超过：长度±2.5，宽度±2.0，厚度±1.6；
　　　　合格品外观尺寸偏差不超过：长度±3.0，宽度±2.5，厚度±2.0。

本题中所提供的数据为《烧结普通砖》（GB 5101—85）标准中的规定。

答案：B

6. 《烧结普通砖》（GB/T 5101—1998）将砖分为若干等级，当建筑物外墙面为清水墙时，下列哪种等级可作为清水砖墙的选用标准？ [2006-015]

A. 优等砖 B. 一等砖
C. 强度等级 MU7.5 D. 合格品

【解析】 目前，采用标准为《烧结普通砖》（GB 5101—2003），标准规定强度、抗风化性能和放射性物质合格的砖，根据尺寸偏差、外观质量、泛霜和石灰爆裂分为优等品（A）、一等品（B）和合格品（C）三个质量等级。优等品可用于清水墙和装饰墙，一等品和合格品用于混水墙。

答案：A

7. 烧结多孔砖的强度等级主要依据其抗压强度平均值判定，强度等级为 MU15 的多孔砖，抗压强度平均值为下列何值？ [2006-016]

A. $15t/m^2$ B. $15kg/cm^2$
C. $15kN/cm^2$ D. $15MN/m^2$

【解析】 本题实为单位换算题。抗压强度平均值的单位是 MPa。$1MPa = 1N/mm^2$，由于 $1MN/m^2 = 1N/mm^2$，所以 $1MPa = 1MN/m^2$，即 $15MN/m^2 = 15MPa$。

答案：D

8. 砌一立方米的砖砌体需用普通黏土砖的数量是： [1998-38，2001-013]

A. 488 块 B. 512 块 C. 546 块 D. 684 块

【解析】 普通黏土砖的标准尺寸为 240mm×115mm×53mm，若加上灰缝厚度（8~12mm），则 4 个砖长、8 个砖宽、16 个砖厚都恰好是 1m。因此每立方米砖砌体的理论用砖数量是 512 块。

答案：B

9. 烧结多孔砖具有较高强度，可用于砌筑下列多少层以下建筑物的承重墙？ [2001-033]

A. 三层 B. 四层 C. 五层 D. 六层

【解析】 按国家标准《砌体结构设计规范》（GB 50003—2001）规定：
3.1 材料强度等级
第 3.1.1 条 块体和砂浆的强度等级应按下列规定采用：

1. 烧结普通砖、烧结多孔砖等的强度等级：MU30、MU25、MU20、MU15 和 MU10。

6.2 一般构造要求

第 6.2.1 条　五层及五层以上房屋的墙以及受振动或层高大于 6m 的墙、柱所用材料的最低强度等级，应符合下列要求：

1. 砖采用 MU10。

由于烧结多孔砖最小强度等级为 MU10，因此可作为五层及五层以上房屋的承重墙。

答案：D

10. 砌体材料中的黏土空心砖与普通黏土砖相比所具备的特点，下列哪条是错误的？　　　　　　　　　　　　　　　　　　　　　［2003-018］

A. 少耗黏土、节省耕地

B. 缩短焙烧时间、节约燃料

C. 减轻自重、改善隔热吸声性能

D. 不能用来砌筑 5 层、6 层建筑物的承重墙

【解析】　黏土空心砖与普通黏土砖相比，具有一系列优点，采用黏土空心砖可减轻墙体自重、改善隔热吸声性能；可提高施工工效，少用砂浆降低造价；烧制黏土空心砖可比普通黏土砖少耗黏土、节省耕地；而且焙烧时间短、节约燃料。据上题若为 MU10 的黏土空心砖可用于五层及五层以上房屋的墙以及受振动或层高大于 6m 的墙、柱。

答案：D

11. 当前，国家严格限制毁田烧砖，黏土砖向高强空心化方向发展是墙体改革内容之一。试问采用水平孔承重空心砖时，其强度等级应为以下何者？

　　［1995-056，1997-026，1998-034，1999-023，2000-015，2001-004］

A. 不小于 MU5.0　　　　　　　　B. 不小于 MU7.5

C. 不小于 MU10.0　　　　　　　 D. 不小于 MU15.0

【解析】　这里所说的水平孔承重空心砖系指可以用来承重的烧结空心砖。烧结空心砖的强度等级分为 MU2.5、MU3.5、MU5.0、MU7.5 和 MU10 五个强度等级，按国家标准《砌体结构设计规范》（GB 50003—2001）规定，除 MU10 可用于承重部位外，其余均应用于非承重部位。

答案：C

12. 吸水饱和的砖在下列何种温度下,经多少次冻融循环,其质量损失不超过2%,裂纹长度不超过《烧结普通砖》(GB 50102—1985)中规定时,为抗冻性合格? [2000-009]

  A. -10℃,10次   B. -10℃,15次
  C. -15℃,10次   D. -15℃,15次

【解析】 烧结普通砖的冻融试验是将吸水饱和的砖样在-15℃冻结5h,再在10~20℃水中融化,经15次冻融循环,其质量损失不超过2%,裂纹长度不超过国家标准中规定,则为抗冻性合格。

答案: D

13. 综合利用工业生产中排除的废渣弃料作主要原料生产的砌体材料,下列哪一类不能以此原料生产? [2003-019]

  A. 煤矸石半内燃砖、蒸压灰砂砖   B. 花格砖、空心黏土砖
  C. 粉煤灰砖、碳化灰砂砖   D. 炉渣砖、煤渣砖

【解析】 粉煤灰、煤矸石、炉渣均为工业生产中排除的废渣弃料,以它们作主要原料生产的砌体材料是废物利用、变废为宝的措施。而花格砖、空心黏土砖则是以黏土为原料经焙烧而成的制品。

答案: B

14. 下列哪种砌块在生产过程中需要蒸汽养护? [2007-015]

  A. 页岩砖   B. 粉煤灰砖
  C. 煤矸石砖   D. 陶土砖

【解析】 蒸养(或蒸压)砖是以石灰和含硅材料(砂、粉煤灰、炉渣和页岩等)加水搅拌,经压制成型、蒸汽(或蒸压)养护而成,我国目前主要生产灰砂砖、粉煤灰砖、炉渣砖(或称煤渣砖)等。页岩砖、煤矸石砖、陶土砖均属烧结普通砖类。

答案: B

15. 下列哪种砌块在生产过程中不需要蒸汽养护? [2008-015]

  A. 加气混凝土砌块   B. 石膏砌块
  C. 粉煤灰小型空心砌块   D. 普通混凝土空心砌块

【解析】 生产加气混凝土砌块与粉煤灰小型空心砌块必须采用蒸养或蒸压养护,才能产生强度;普通混凝土空心砌块可以采用蒸养,也可以采用自然养护;但对于石膏砌块来说,不仅是不需要蒸汽养护,而且不得采用蒸汽养护。

答案: B

16. 在生产制作过程中，以下哪种砖需要直接耗煤？　　　　　［2008-060］
　　A. 粉煤灰砖　　　　B. 煤渣砖　　　　C. 灰砂砖　　　　D. 煤矸石砖

【解析】　煤矸石砖是一种烧结砖，它需要直接耗煤。而其余三种砖均可为蒸养（或蒸压）砖，是以石灰和含硅材料（砂、粉煤灰、炉渣和页岩等）加水搅拌，经压制成型、蒸汽（或蒸压）养护而成。

答案：D

17. 以下哪种砖是经蒸压养护而制成的？　　　　　　　　　　［2009-015］
　　A. 黏土砖　　　　B. 页岩砖　　　　C. 煤矸石砖　　　　D. 灰砂砖

【解析】　黏土砖、页岩砖、煤矸石砖均为成型后经焙烧而成，属烧结普通砖；灰砂砖是以石灰和含硅材料（砂）加水搅拌，经压制成型、蒸压养护而成。

答案：D

18. A5.0 用来表示蒸压加气混凝土的：　　　　　　　　　　　［2010-035］
　　A. 体积密度等级　　B. 保温级别　　C. 隔声级别　　D. 强度级别

【解析】　A5.0 用来表示蒸压加气混凝土的强度级别。其抗压强度不小于 5.0MPa。

答案：D

19. 蒸压加气混凝土砌块，在下列范围中，何者可以采用？　　［1998-048］
　　A. 在地震设防烈度 8 度及以上地区
　　B. 在建筑物基础及地下建筑物中
　　C. 经常处于室内相对湿度 80% 以上的建筑物
　　D. 表面温度高于 80℃ 的建筑物

【解析】　蒸压加气混凝土砌块不得用在建筑物基础及地下建筑物中；不宜用于经常处于室内相对湿度 80% 以上的建筑物；不得用于表面温度长期高于 80℃ 的建筑物。蒸压加气混凝土砌块体积密度小，有较大的变形性能，因此可用于地震设防烈度 8 度及以上地区。

答案：A

20. 蒸压加气混凝土砌块不得用于建筑物的哪个部位？　　　　［2009-013］
　　A. 屋面保温　　　　　　　　　　　B. 基础
　　C. 框架填充外墙　　　　　　　　　D. 内隔墙

【解析】　见上题。

答案：B

21. 人民防空地下室的掩蔽室与简易洗消间的密闭隔墙应采用以下哪种墙体？　　　　　　　　　　　　　　　　　　　　　　　[2008-017]

　　A．180mm 厚整体现浇钢筋混凝土墙

　　B．210mm 厚整体现浇钢筋混凝土墙

　　C．360mm 厚黏土砖墙

　　D．240mm 厚灰砂砖墙

【解析】　国家标准《人民防空地下室设计规范》（GB 50038—2005）3.2.13 防空掩蔽室应具有牢固性，清洁区与污染区的隔墙应为现浇钢筋混凝土，厚度≮200mm。

答案：B

22. 干容重 05 级，C3（30 号）的加气混凝土砌块用于横墙承重房屋时可建造下列哪种房屋？　　　　　　　　　　　　　　　　　[2003-006]

　　A．六层以下，高度＜17m　　　　B．五层以下，高度＜15m

　　C．四层以下，高度＜12m　　　　D．三层以下，高度＜10m

【解析】　加气混凝土可用作承重墙、非承重外墙和内隔墙，并且宜采用横墙承重的结构方案。B05 级、A3.5 级的砌块用于横墙承重的房屋时，其层数不得超过三层，总高度不超过 10m；B07 级、A5.0 级的砌块用于横墙承重的房屋时，其层数不宜超过五层，总高度不超过 16m。

答案：D

23. 加气混凝土砌块长度规格为 600mm，常用的高度规格尺寸有三种，下列哪种不是其常用高度尺寸？　　　　　　　　　　　　　[2006-035]

　　A．200mm　　　B．250mm　　　C．300mm　　　D．500mm

【解析】　蒸压加气混凝土砌块的规格尺寸为：

长度 600mm

宽度 100、125、150、200、250、300 及 120、180、240；

高度 200、250、300。

答案：D

24. 普通混凝土小型空心砌块中，主砌块的基本规格是下列哪种数值？　　　　　　　　　　　　　　　　　　　　　　　　　　　[2006-005]

　　A．390mm×190mm×190mm　　　　B．390mm×240mm×190mm

C. 190mm×190mm×190mm   D. 190mm×240mm×190mm

【解析】 普通混凝土小型空心砌块的主规格尺寸为390mm×190mm×190mm；砌块的空心率应不小于25%。

答案：A

25. 砌块作为墙体材料已广泛运用于各类建筑物，下列哪种砌块在生产过程中不需要蒸汽养护？　　　　　　　　　　　　　　　　[2006-036]

  A. 普通混凝土空心砌块　　　　B. 粉煤灰小型空心砌块
  C. 加气混凝土砌块　　　　　　D. 石膏砌块

【解析】 粉煤灰小型空心砌块与加气混凝土砌块在生产过程中都必须采用蒸汽养护，普通混凝土空心砌块在生产过程中可以采用蒸汽养护，加快生产速度；但也可以采用自然养护；而石膏砌块在生产过程中不需要蒸汽养护，只能在65℃以下的空气中硬化。

答案：D

26. 天然岩石根据其形成的地质条件可分为三大类，下列哪一组是正确的？　　　　　　　　　　　　　　　　　　　　　[1997-001，2001-002]

  A. 火成岩、辉绿岩、闪长岩　　　B. 水成岩、火成岩、变质岩
  C. 变质岩、深成岩、大理岩　　　D. 花岗岩、沉积岩、玄武岩

【解析】 天然岩石按地质形成条件分为岩浆岩、沉积岩和变质岩三大类。岩浆岩又称火成岩，沉积岩又称水成岩。

答案：B

27. 岩石主要是以地质形成条件来进行分类的，建筑中常用的花岗岩属于下列哪类岩石？　　　　　　　　　　　　　　　　　　[2006-002]

  A. 深成岩　　　B. 喷出岩　　　C. 水成岩　　　D. 沉积岩

【解析】 天然岩石按地质形成条件分为岩浆岩、沉积岩和变质岩三大类。岩浆岩（又称火成岩）是由地下岩浆上升冷却而成的岩石。根据冷却条件不同分为深成岩、喷出岩和火山岩。深成岩是在地壳深处缓慢冷却，并受上部覆盖层的压力作用，因此深成岩密度大，强度高，吸水率小，抗冻性好。工程上常用的有花岗岩、正长岩、闪长岩、辉长岩。

答案：A

28. 在建筑石材的性能评价中，下列哪项不正确？　　[1998-009，2000-003]

  A. 岩石中 SiO_2 含量越高，耐酸性越强

B. 岩石晶粒越粗，强度越高
C. 致密的岩石抗冻性好
D. 深成岩和变质岩易于取得大材，并可雕琢加工

【解析】 天然岩石是矿物的集合体，组成岩石的矿物称为造岩矿物。造岩矿物的性质、及含量决定着岩石的性质。由于 SiO_2 为酸性氧化物，有较强的耐酸能力，因此岩石中 SiO_2 含量越高，耐酸性越强；岩石的晶体粒子越细小，结合力越强，强度越高；致密的岩石，不吸水，故抗冻性好；深成岩和变质岩易于取得大材，并可雕琢加工。

答案：B

29. 以下四种建筑中常用岩石的主要造岩矿物，何者既坚固、耐久又韧性大，开光性好？　　　　　　　　　　　　　　　　　[2000-004]

A. 石英　　　B. 长石　　　C. 辉石　　　D. 白云石

【解析】 石英是二氧化硅晶体的总称，无色透明至乳白色，坚硬，强度高，化学稳定性及耐久性好，但受热达 573℃ 以上时，因晶型转化会产生裂缝，甚至松散；长石是长石族矿物的总称，包括正长石、斜长石等，为钾、钠、钙等的铝硅酸盐晶体，坚硬、强度及耐久性好，但低于石英，具有白、灰、红、青等多种颜色是火成岩中最多的造岩矿物；辉石为铁、镁、钙等硅酸盐的晶体，强度高、韧性好、坚硬耐久，且具有良好的开光性，具有多种颜色，但均为暗色，故称暗色矿物；白云石为碳酸钙与碳酸镁的复盐晶体，与方解石类似，强度耐酸性及耐久性略高于方解石。

答案：C

30. 下列建筑常用的天然石材，按其耐久使用年限由短到长的正确排序应该是哪一项？　　　　　　[2003-013，2004-009，2005-014]

A. 板石→石灰石→大理石→花岗岩
B. 石灰石→板石→大理石→花岗岩
C. 大理石→石灰石→板石→花岗岩
D. 石灰石→大理石→花岗岩→板石

【解析】 深成岩在地壳深处缓慢冷却，并受上部覆盖层的压力作用，因此深成岩密度大，强度高，吸水率小，耐久性好，且易取得大材，工程上常用的有花岗岩、正长岩、闪长岩、辉长岩，其中花岗岩的耐用年限为 75～200 年。

沉积岩是地表岩石经长期风化成为细小颗粒，经风、水的搬运，通过沉积和再造作用而形成的岩石。通常呈层状结构，密度小，孔隙率大，强度低，耐

久性差，工程上常用的有砂岩、白云岩、石灰岩等，其中石灰岩的耐用年限只有20~40年；在砂岩中硅质砂岩具有较高的强度、耐酸性和耐久性，最高耐用年限可达200年。

变质岩是岩石由于强烈的地质活动，在高温高压下，重新形成一种新的岩石，称为变质岩，沉积岩形成变质岩后，建筑性能有所提高，如石灰岩变质后成为大理岩，砂岩变质后成为石英岩，都比原岩更坚固耐久，例如大理岩的耐用年限可达40~100年。

答案：B

31. 为提高沥青混凝土的耐酸性能，采用以下岩石作骨料，何者不正确？
[1997-011，1998-050，1999-058，2001-018]
A. 玄武岩　　　B. 白云岩　　　C. 花岗岩　　　D. 石英岩

【解析】 玄武岩、花岗岩、石英岩均具有良好的耐酸性，可作为提高沥青混凝土的耐酸性能的骨料；但白云岩系碳酸钙与碳酸镁的复盐，耐碱但不耐酸性，不能作为提高沥青混凝土的耐酸性能的骨料。

答案：B

32. 石材的二氧化硅含量越高越耐酸，以下哪种岩石的二氧化硅含量最高？
[2009-020]
A. 安山岩　　　B. 玄武岩　　　C. 花岗岩　　　D. 石英岩

【解析】 上述四种岩石都具有一定的耐酸性，但二氧化硅含量最高的岩石当属石英岩，石英岩是由砂岩经变质而成的一种沉积岩变质岩，主要组成为石英（SiO_2），岩石密实坚硬、耐酸、耐久、强度高（250~400MPa），但不耐火，且加工困难。

答案：D

33. 下列天然石材中，何者耐碱而不耐酸？　　　　　　　　[2004-057]
A. 花岗岩　　　B. 石灰岩　　　C. 石英岩　　　D. 文石

【解析】 石灰岩的矿物组成是方解石，化学成分是碳酸钙（$CaCO_3$），耐碱而不耐酸；花岗岩、石英岩和文石的主要成分是二氧化硅（SiO_2），均具有良好的耐酸性。

答案：B

34. 有关铸石的叙述中，哪条不正确？
A. 天然石材中辉绿岩、玄武岩等是制造人造石材——铸石的原料。

B. 天然石材中，石灰岩、大理岩不能用来制造铸石。
C. 铸石制品具有高度耐磨、耐酸耐碱等优良品质。
D. 铸石制品成型方便，且导电导磁。

【解析】 工业建筑上采用的铸石制品是以天然岩石（辉绿岩、玄武岩和页岩等）或工业废渣为原料，加入一定的附加剂等加工制成的一种非金属耐腐蚀材料。它具有高度耐磨、耐酸耐碱等优良品质，且制品成型方便。

答案：D

第七章 建筑钢材

钢是一种铁碳合金,当铁碳合金中含碳量小于 0.04% 时称为熟铁;大于 2.06% 时称为生铁;在 0.04%~2.06% 之间的称为钢。

钢材是在严格的技术控制下生产的材料,因此其品质均匀,性能可靠,强度高,有一定的塑性与韧性,具有承受冲击和振动荷载的能力;可以焊接、铆接或螺栓连接便于装配;其缺点是:易锈蚀,维修费用大,且耐火性差。

第一节 钢的分类

一、按化学成分分类

钢按其化学成分分为:

1. 非合金钢。即碳素钢,合金元素含量极少。
2. 低合金钢。合金元素含量较低。
3. 合金钢。为了改善钢的某些性能,加入较多的合金元素。

二、按质量等级分类

按质量等级分类,将钢分为:普通质量钢、优质钢和特殊质量钢。

三、按脱氧方法分类

炼钢的过程是将熔融的生铁进行氧化,消除杂质降低含碳量,使其达到预定范围。因此在出钢前应进行脱氧处理,按脱氧方法分为:

1. 沸腾钢(代号 F)。脱氧不完全的钢,常含有气泡杂质,质量较差。
2. 镇静钢(代号 Z)。脱氧充分,组织致密,性能稳定,质量较好。适用于承受振动、冲击荷载或重要的焊接钢结构工程中。

此外,还可以一些其他分类方法如按加工方式、按用途等进行分类。

第二节 钢的性质

钢的性质包括强度、弹性、塑性、韧性及硬度等内容。

一、拉伸试验

钢的强度较高，使得承载的面积往往不大，由于钢的抗拉与抗压强度几乎相等，所以钢的杆件在受压时多因失稳而被破坏，因此钢材在工程中主要用于抗拉，其抗拉强度则成为钢的主要性能指标。通过拉伸试验既可测得其抗拉强度，同时也可测得其弹性和塑性。

通过拉伸试验得到钢的应力－应变图，如图7-1、图7-2所示。

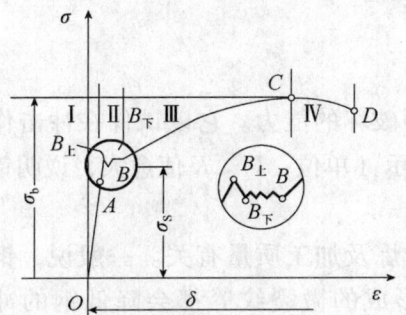 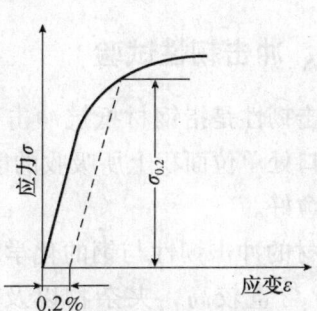

图7-1　低碳钢拉伸 $\sigma - \varepsilon$ 图　　　　图7-2　硬钢的条件屈服点

低碳钢拉伸应力－应变图（图7-1），可分为四个阶段：

1. 弹性阶段（$O \sim A$）可得到反映钢材弹性性能的弹性模量，$E = \sigma/\varepsilon$，单位 MPa。它反映了钢材的刚度，是计算结构变形的重要指标。工程中常用的碳素结构钢 Q235 的 $E = (2.0 \sim 2.1) \times 10^5$ MPa。

2. 屈服阶段（$A \sim B$）得到钢的屈服强度 σ_S（亦称屈服点，取下屈服点 $B_下$ 为准），它是确定钢材容许应力的主要依据。

对于中、高碳钢等硬钢，其拉伸图中无明显的屈服点，则以残余变形为 0.2% 时的应力作为屈服强度，称条件屈服点（或名义屈服点），用 $\sigma_{0.2}$ 表示，如图7-2所示。

3. 强化阶段（$B \sim C$）得到钢材能承受的最大拉应力值，称极限抗拉强度（简称抗拉强度）σ_b。抗拉强度不能作为结构计算的依据，但抗拉强度与屈服强度的比值即强屈比，在工程中有一定的意义。强屈比反映了钢材的强度利用率及安全度，强屈比愈大，说明钢材的强度利用率低，安全度愈高。钢材的强屈比一般应大于1.2。

4. 颈缩阶段（$C \sim D$）得到钢材断裂时产生的变形，即反映塑性能力的指标——伸长率 $\delta(\%)$。若 $L_1 - L_0$ 表示拉断后标距长度的增量，L_0 表示原标距长度，则 $\delta = (L_1 - L_0)/L_0$；试验时，常采用5倍或10倍直径作为标距，则其伸长率表示为 δ_5 或 δ_{10}，显然，对同一钢材 $\delta_5 > \delta_{10}$。

二、冷弯试验

冷弯是检验钢材在常温下承受弯曲变形的能力，也是检验钢材塑性的一种方法，并且比拉伸试验对钢材塑性的检验更严格。冷弯试验能揭示钢材内部是否存在组织不均匀、内应力和夹杂物等缺陷。以冷弯后的弯曲处外缘有无破坏迹象作为评定，以弯曲角度（90°，180°）及弯心直径 d 与钢材的厚度（或直径）a 之比表示。冷弯也用于评定焊接的质量。

三、冲击韧性试验

冲击韧性是指钢材抵抗冲击荷载而不破坏的能力。它以试件在冲击作用下，断口处单位面积上所吸收的能量 K 表示（单位：J）。K 值愈大，说明钢材的韧性愈好。

钢材的冲击韧性与钢的化学成分、冶炼及加工质量有关。一般说，钢中的 S、P 含量较高，夹杂物以及加工中形成的微裂纹等都会降低钢的冲击韧性。

冲击韧性还受温度与时间的影响，随温度降低，K 值降低，当温度降至某一温度范围时，K 值急剧下降而呈现脆性破坏，这种性质称为冷脆性。发生冷脆时的温度称为脆性临界温度，脆性临界温度越低，说明钢材的低温冷脆性越好。另外，钢材发生时效后钢的冲击韧性会降低。

对于承受动荷载，在负温下工作的重要结构，必须检验钢材的冲击韧性值。

四、疲劳强度

钢材在承受交变荷载作用时，在远低于屈服强度时突然发生破坏，称疲劳破坏。疲劳强度则是试件在交变应力作用下，在规定的周期基数内，不发生疲劳破坏的最大应力值。

五、硬度

硬度是表面局部体积内，抵抗其他较硬物体压入产生塑性变形的能力，通常与抗拉强度有一定的关系。目前测定钢材硬度方法很多，最常用的有布氏硬度，以 HB 表示。

建筑钢材常以屈服强度、抗拉强度、伸长率、冷弯、冲击韧性等性质作为评定牌号的依据。

第三节 钢材的化学成分与晶体组织对钢性能的影响

一、钢材的化学成分与晶体组织

（一）钢材的化学成分

钢是铁碳合金，在非合金钢中除铁、碳外，还含有少量其他元素，如：硅、锰、硫、磷等。

在合金钢中，为了改善钢的性能还有意加入一些合金元素，如：锰、硅、钒、钛、铬、铌、镍等。

（二）钢的晶体组织

钢中铁和碳原子的结合有三种基本形式：固溶体、化合物和机械混合物，在常温下形成三种基本组织即铁素体、渗碳体和珠光体。

1. 铁素体。是极少量碳（<0.02%）固溶于铁的晶格之中而形成的固溶体。它赋予钢材以良好的延展性、塑性和韧性；但强度和硬度较低。

2. 渗碳体。是铁与碳化合而成的化合物，即 Fe_3C，含碳量 6.67%，性质硬而脆，无塑性。

3. 珠光体。为铁素体与渗碳体的机械混合物，含碳量为 0.8%，塑性、韧性较好，强度和硬度较高。

建筑钢材的含碳量一般在 0.6% 以下，因此在常温下，只含有铁素体和珠光体。随含碳量的增加，珠光体相对含量增加，钢的强度、硬度提高，而塑性与韧性降低。

二、化学元素对钢材性能的影响

1. 碳（C）。图 7-3 为含碳量对热轧碳素钢性质的影响。当含碳量小于 0.6% 时，随含碳量增加，钢的抗拉强度 σ_b 和硬度 HB 提高；塑性（伸长率 δ）和韧性 K 降低。

当含碳量超过 0.3% 时，钢的可焊性显著降低，抗锈蚀性降低；增加冷脆性和时效敏感性。

2. 硅（Si）。是一种可在多方面改善钢的性能，是我国低合金钢的主加合金元素之一。

当含硅量 <1% 时，硅含量增加可显著提高钢材的强度和硬度，但对塑性和韧性无显著影响。

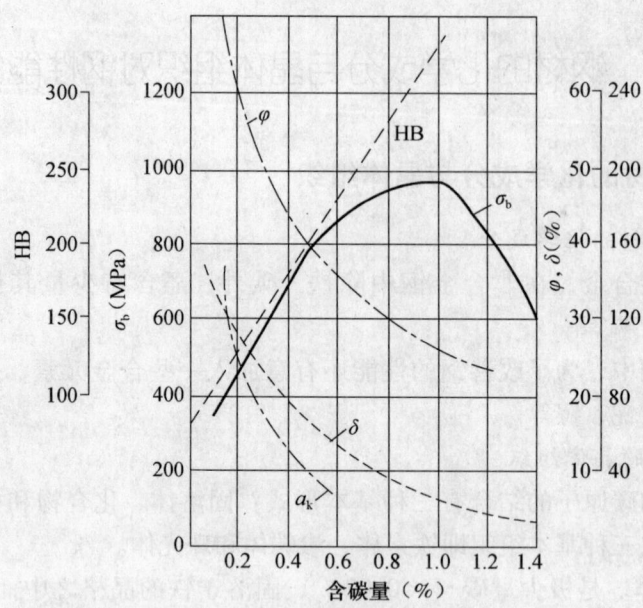

图 7-3 含碳量对热轧碳素钢性质的影响

σ_b—抗拉强度；α_k—冲击韧性；HB—硬度；δ—伸长率；φ—断面收缩率

3. 锰（Mn）。可消除氧和硫引起的热脆性，可提高钢材的强度和硬度，对塑性和韧性无显著影响。还可显著改善钢的耐腐及耐磨性；是我国低合金钢的主加合金元素之一。

4. 硫（S）。能降低钢材的力学性能，可使钢材产生热脆性，显著降低钢的热加工性和可焊性。为钢中有害而无利的元素。

5. 磷（P）。能提高钢的强度，但使塑性和韧性显著下降；能加剧钢的冷脆性，显著降低钢的可焊性，为钢中有害元素之一。但磷可提高钢的耐磨性和耐腐蚀性。

第四节 冷加工、热处理与焊接

一、冷加工

钢材在常温下进行的加工称为冷加工，加工时应使钢材产生塑性变形，因此会使强度和硬度提高，但塑性和韧性下降，把这种现象称为冷加工强化。冷加工的方式有：冷拉、冷拔、冷轧、冷扭、刻痕等。

二、时效

钢材随时间的延长，产生强度和硬度提高，塑性和韧性降低的现象称为时效。自然条件下时效过程发展极其缓慢，工程上常进行时效处理，如经冷加工后，搁置15~20d（称自然时效）或加热至100~200℃保持2h（称人工时效）。两种方法均能完成时效过程，钢材经时效后其屈服点及抗拉强度均有所提高，塑性和韧性将进一步降低。

一般说，强度较低的钢材采用自然时效，强度较高的钢材则采用人工时效。

因时效而导致钢材性能改变的程度称为时效敏感性。承受振动、冲击作用的重要结构（如吊车梁、桥梁等），应选用时效敏感性小的钢材。

工程中，常利用冷加工、时效处理来提高钢筋的强度，增加钢筋的品种和规格，节约钢材。

三、焊接

可焊性是指钢材对一定焊接工艺条件的适应能力。在焊缝及附近过热区不产生裂纹或硬脆倾向，焊后钢材强度不低于原钢材强度。

钢材的可焊性受下列因素影响：
1. 含碳量超过0.3%时，可焊性将下降；
2. 硫含量较大，产生热脆性，可焊性将下降；
3. 合金元素含量较高时，可焊性将下降；
4. 钢中杂质含量较高时，可焊性将下降。

四、热处理

热处理是将钢材按一定的规则加热、保温和冷却，以改变其组织，从而获得所需的性能的一种工艺措施。热处理的方法有退火、正火、淬火和回火。

（一）退火

退火是将钢制件加热至相变温度（723℃）以上30~50℃保持一定时间，使全部组织转变为奥氏体（钢在高温下的一种组织，特点是可塑性好）之后，在炉内缓慢冷却至常温的一种热处理工艺。

钢材经退火后，韧性提高，硬度降低，改善了加工性能，并消除内应力。

（二）正火

正火是将钢制件加热至相变温度（723℃）以上30~50℃保持一定时间，使全部组织转变为奥氏体之后，在空气中冷却至常温的一种热处理工艺。

钢材经正火处理后，强度、塑性、韧性均较好。

（三）淬火

淬火是将钢制件加热至相变温度（723℃）以上30~50℃保持一定时间，使全部组织转变为奥氏体之后，在水或油中进行急剧冷却的一种热处理工艺。

钢材经淬火处理后，能显著地提高钢的硬度和耐磨性，但塑性和韧性显著降低，且产生较大的内应力。因此淬火处理后还应进行回火处理。

（四）回火

回火是将淬火后的钢制件重新加热至相变温度（723℃）以下某温度，保持一定时间，然后再在空气中冷却至常温的一种热处理工艺。

回火的主要目的是消除淬火造成的内应力，同时降低硬度，提高韧性。

第五节　钢结构用钢及钢筋混凝土结构用钢

一、钢结构用钢

目前国内钢结构工程用钢的主要品种是普通碳素结构钢和普通低合金高强度结构钢，并制成各种型钢如角钢、槽钢、工字钢、扁钢、钢板、钢管等。

（一）碳素结构钢

根据国标《碳素结构钢》（GB/T 700—2006）规定，碳素结构钢共有四个牌号，见表7-1。牌号由屈服点字母、屈服点数值、质量等级与脱氧方法符号组成。如Q235-A·F，表示屈服点为235MPa的A级沸腾钢。各牌号的力学性质与工艺性质应符合表7-1、表7-2的规定。

在选用钢材时，应考虑工程结构的荷载类型、焊接情况及环境温度等条件，尤其是使用沸腾钢时，应注意在下列情况时限制使用：

1. 直接承受动荷载的焊接结构；
2. 非焊接结构而计算温度等于或低于 -20℃；
3. 受静荷载及间接动荷载作用，而计算温度等于或低于 -30℃时的焊接结构。

由于Q235的强度、塑性、韧性以及可加工性等综合性能好，且价格较低，故在工程中采用得最多。而Q235-D韧性好，抵抗冲击或振动荷载能力强，尤其是在负温条件下使用更为适宜。

表7-1　碳素结构钢的力学性能指标（GB/T 700—2006）

牌号	等级	屈服强度（N/mm²），不小于						抗拉强度（N/mm²）	断后伸长率（%）不小于					冲击试验（V形缺口）	
		厚度（或直径）(mm)							厚度（或直径）(mm)					温度（℃）	冲击吸收功（纵向）J不小于
		≤16	>16~40	>40~60	>60~100	>100~150	>150~200		≤40	>40~60	>60~100	>100~150	>150~200		
Q195	—	195	185	—	—	—	—	315~430	33	—	—	—	—	—	—
Q215	A	215	205	195	185	175	165	335~450	31	30	29	27	26		
	B													20	27

续表

牌号	等级	屈服强度（N/mm²），不小于						抗拉强度（N/mm²）	断后伸长率（%）不小于					冲击试验（V形缺口）	
		厚度（或直径）(mm)							厚度（或直径）(mm)					温度(℃)	冲击吸收功（纵向）J不小于
		≤16	>16~40	>40~60	>60~100	>100~150	>150~200		≤40	>40~60	>60~100	>100~150	>150~200		
Q235	A	235	225	215	215	195	185	370~500	26	25	24	22	21	—	—
	B													20	27
	C													0	
	D													-20	
Q275	A	275	265	255	245	225	215	410~540	22	21	20	18	17	—	—
	B													20	27
	C													0	
	D													-20	

表7-2 碳素结构钢的冷弯试验指标（GB/T 700—2006）

牌号	试样方向	冷弯试验180° $B=2a$（B为试样宽度，a厚度或直径）	
		钢材的厚度（或直径）(mm)	
		<60	>60~100
		弯心直径 d	
Q195	纵	0	—
	横	0.5a	
Q215	纵	0.5a	1.5a
	横	a	2a
Q235	纵	a	2a
	横	1.5a	2.5a
Q275	纵	1.5a	2.5a
	横	2a	3a

表 7-3 低合金高强度结构钢的拉伸性能（GB/T 1591—2008）

牌号	质量等级	下屈服强度，MPa，≥ 以下公称厚度（直径，边长）								下抗拉强度，MPa 以下公称厚度（直径，边长）						断后伸长率，%，≥ 公称厚度（直径，边长）				
		≤16 mm	>16~40mm	>40~63mm	>63~80mm	>80~100mm	>100~150mm	>150~200mm	>200~250mm	>250~400mm	≤40 mm	>40~63mm	>63~80mm	>80~100mm	>100~150mm	>150~250mm	>250~400mm	≤40 mm	>40~63mm	>63~100mm	>100~150mm	>150~250mm	>250~400mm
Q345	A	345	335	325	315	305	285	275	265	—	470~630	470~630	470~630	470~630	450~600	—	—	20	19	19	18	17	—
	B																	21	20	20	19	18	17
	C									265						450~600							
	D																						
	E																						
Q390	A	390	370	350	330	330	310	—	—	—	490~650	490~650	490~650	490~650	470~620	—	—	20	19	19	18	—	—
	B																						
	C																						
	D																						
	E																						
Q420	A	420	400	380	360	360	340	—	—	—	520~680	520~680	520~680	520~680	500~650	—	—	19	18	18	18	—	—
	B																						
	C																						
	D																						
	E																						

续表

牌号	质量等级	下屈服强度（直径、边长），MPa，≥									抗拉强度（直径、边长），MPa							断后伸长率，%，≥ 公称厚度（直径、边长）					
		以下公称厚度									以下公称厚度												
		≤16 mm	>16~ 40mm	>40~ 63mm	>63~ 80mm	>80~ 100mm	>100~ 150mm	>150~ 200mm	>200~ 250mm	>250~ 400mm	≤40 mm	>40~ 63mm	>63~ 80mm	>80~ 100mm	>100~ 150mm	>150~ 250mm	>250~ 400mm	≤40 mm	>40~ 63mm	>63~ 100mm	>100~ 150mm	>150~ 250mm	>250~ 400mm
Q460	C	460	440	420	400	400	380	—	—	—	550~720	550~720	550~720	550~720	530~700	—	—	17	—	—	—	—	—
	D																		16	16	16	—	—
	E																	17					
Q500	C	500	480	470	450	440	—	—	—	—	610~770	600~760	590~750	590~540	530~730	—	—						
	D																	17	17	17	—	—	—
	E																						
Q550	C	550	530	520	500	490	—	—	—	—	670~830	620~810	600~790	590~780	—	—	—						
	D																	16	16	16	—	—	—
	E																						
Q620	C	620	600	590	570	—	—	—	—	—	710~880	690~880	670~860	—	—	—	—						
	D																	15	15	15	—	—	—
	E																						
Q690	C	690	670	660	640	—	—	—	—	—	770~940	750~920	730~900	—	—	—	—						
	D																	14	14	14	—	—	—
	E																						

注：1. 当屈服不明显时，可测 $\sigma_{0.2}$ 代替下屈服点强度。
2. 宽度不小于600mm的扁平材，拉伸试验取横向试样；宽度小于600mm的扁平材、型材及棒材取纵向试样，断后伸长率最小值相应提高1%（绝对值）。
3. 厚度>250~400mm的数值适用于扁平材。

表7-4 低合金高强度结构钢的冲击吸收能量（夏比V形缺口试件）（GB/T 1591—2008）

牌号		Q345				Q390				Q420				Q460			Q500、Q550、Q620、Q690		
质量等级		B	C	D	E	B	C	D	E	B	C	D	E	C	D	E	C	D	E
试验温度,℃		20	0	-20	-40	20	0	-20	-40	20	0	-20	-40	0	-20	-40	0	-20	-40
冲击吸收能力	公称厚度（直径,边长） 120～150	≥34				≥34				≥34				≥34			≥55	≥47	≥31
	>150～250	≥27				—				—				—			—		
	>250～400	—	27			—				—				—			—		

表7-5 低合金高强度结构钢的弯曲性能（GB/T 1591—2008）

牌号	试样方向	180°弯曲试验（d=弯心直径，a=试样厚度或直径）	
		钢材厚度（直径或边长）	
		≤16mm	>16～100mm
Q345、Q390、Q420、Q460	宽度不小于600mm的扁平材，拉伸试验取横向试样；宽度小于600mm的扁平材、型材及棒材取纵向试样	2a	3a

（二）低合金高强度结构钢

根据国标《低合金高强度结构钢》（GB/T 1591—2008）的规定，低合金高强度结构钢共有8个牌号，其牌号的表示方法与碳素结构钢相同。各牌号的力学性能见表7-3、表7-4、表7-5。

由于合金元素的强化作用，使低合金结构钢不但具有较高的强度，且具有较好的塑性、韧性和可焊性，且价格较低。尤其Q345钢的综合性能好，是钢结构工程中最常用的牌号。

与碳素结构钢相比，采用低合金高强度结构钢可节约钢材，减轻结构自重，加大结构跨度，只是价格稍高些。

二、钢筋混凝土结构用钢

目前，钢筋混凝土用钢主要有：热轧钢筋、热处理钢筋、冷轧带肋钢筋、冷轧扭钢筋及预应力混凝土用钢丝与钢绞线。

（一）热轧钢筋

1. 热轧光圆钢筋。系用Q235热轧而成，强度较低，塑性与韧性好，易于加工焊接。主要用作非预应力钢筋、箍筋及焊接网片等。热轧光圆钢筋用HPB表示。

热轧光圆钢筋按屈服点分为235级、300级，有盘条和直条两类。其力学性能见表7-6。

表7-6 热轧光圆钢筋力学性能（GB 1499.1—2008）

级别	屈服点 R_{el}	抗拉强度 R_m	断后伸长率 $A(\%)$	最大力总伸长率 $A_{gt}(\%)$	冷弯180°，d 弯心直径，a 公称直径
	不小于（MPa）				
HPB235	235	370	25.0	10.0	$d=a$
HPB300	300	420	25.0	10.0	$d=a$

注：根据供需双方协议，伸长率类型可从 A 或 A_{gt} 中选用，如伸长率类型未经协议选定，则伸长率采用 A，仲裁检验时采用 A_{gt}。

2. 热轧带肋钢筋。系用低合金高强度结构钢热轧而成，还包括热轧后带控制冷却并自回火处理的带肋钢筋。带肋钢筋强度高，塑性与韧性较好，有良好的冷弯及可焊性。主要用作预应力钢筋，也可用作非预应力钢筋。热轧带肋钢筋用HRB表示。

上述两类钢筋都有335、400、500三个等级。有盘条和直条两类。其力学性能见表7-7，弯曲性能见表7-8，经弯曲后，钢筋受弯曲部位表面不得产生裂纹。

表7-7 热轧带肋钢筋力学性能（GB 1449.2—2007）

牌号	屈服点 $R_{el}/(MPa)$	抗拉强度 $R_m/(MPa)$	断后伸长率 $A/(\%)$	最大力总伸长率 $A_{gt}/(\%)$
	不小于			
HRB335 HRBF335	335	455	17	
HRB400 HRBF400	400	540	16	7.5
HRB500 HRBF500	500	630	15	

表7-8 热轧带肋钢筋弯曲性能（GB 1449.2—2007）

牌号	公称直径 d（mm）	弯芯直径
HRB335 HRBF335	6～25	$3d$
	28～50	$4d$
	>40～50	$5d$

续表

牌号	公称直径 d（mm）	弯芯直径
HRB400 HRBF400	6～25	4d
	28～40	5d
	>40～50	6d
HRB500 HRBF500	6～25	6d
	28～40	7d
	>40～50	8d

（二）热处理钢筋

系由热轧带肋钢筋经淬火和高温回火调质处理而成，其特点是塑性降低不大，但强度提高很多，综合性能好。技术要求见国标《预应力混凝土用钢棒》（GB/T 5223.3—2005）。

热处理钢筋主要用于预应力混凝土轨枕，现在也用于预应力混凝土工程中。

（三）冷轧带肋钢筋

系由热轧圆盘条经冷轧而成，其特点是强度明显提高，塑性好，与混凝土的握裹力好。冷轧带肋钢筋按其抗拉强度分为CRB550、CRB650、CRB800、CRB970四个牌号，其中CRB550用于非预应力混凝土的受力主筋，其余牌号用于预应力混凝土结构。技术要求见国标《冷轧带肋钢筋》（GB 13788—2008）。

（四）冷轧扭钢筋

冷轧扭钢筋又称麻花钢筋，是将低碳钢热轧圆盘条（Q235）经调直、冷轧、冷扭一次成型具有规定截面形状和节距的连续螺旋状钢筋。冷轧扭钢筋具有强度高，握裹力好等特点。按抗拉强度划分有CTB550和CTB650两个级别，其技术要求见《冷轧扭钢筋》（JG 190—2006）。

冷轧扭钢筋主要适用于工业与民用房屋及一般构筑物和先张法的中、小型预应力混凝土构件；对抗震设防区的非抗侧力构件如现浇和预制楼板、次梁、楼梯、基础及其他构件均可采用冷轧扭钢筋制作。

（五）预应力混凝土用钢丝及钢绞线

系用优质碳素结构钢经冷加工、再回火、冷轧或绞捻等加工而成，又称优质碳素钢丝及钢绞线。

钢丝有3mm、4mm、5mm三种规格；其技术要求见国标《预应力混凝土用钢棒》（GB/T 5223.3—2005）。

钢绞线由7根钢丝经绞捻热处理等加工制成。其技术要求见国标《预应力混凝土用钢绞线》(GB/T 5224—2003)。

预应力混凝土用钢丝及钢绞线具有强度高，柔性好且使用时不需接头等优点，适用于曲线配筋的预应力混凝土结构以及大跨度、重荷载的屋架等。

第六节　钢材的防护

对钢材的防护主要有两个方面，即防锈蚀和防火。

一、钢材的锈蚀与防止

（一）钢结构的锈蚀与防止

1. 钢材的锈蚀。暴露于空气中的钢材往往会因表面潮湿并与一些气体（O_2、CO_2、SO_2、Cl_2 等）接触形成电解质溶液，而发生电化学锈蚀。

其结果造成受力面积减小，导致应力集中，降低承载能力；疲劳强度大为降低；显著降低冲击韧性使钢材脆裂。

2. 钢材锈蚀的防护。防止钢结构的锈蚀最常用的方法是采用保护膜法，即表面涂刷防锈漆。做法是：先涂防锈底漆如红丹、环氧富锌漆、铁红环氧底漆等，面漆采用灰铅油、醇酸磁漆、酚醛磁漆等。

（二）混凝土中钢筋的锈蚀与防止

1. 埋于混凝土中的钢筋是不易锈蚀的，因为混凝土为钢筋提供了一个弱碱性的环境，钢材在此环境下不锈蚀。若混凝土被碳化，使混凝土中性化后，其中的钢筋也会发生电化学锈蚀，结果不但损失受力截面，而且形成的铁锈因膨胀会导致混凝土顺筋开裂。

2. 钢筋锈蚀的防止措施。
①提高混凝土的密实程度；
②保证钢筋有足够的保护层厚度；
③施工时，限制氯盐的使用量。

二、钢材的防火保护

（一）钢结构的防火保护

1. 钢材是不燃材料，但钢材也是不耐火的材料，当钢结构受火烧 20min 左右，其杆件就会迅速变软，失去承载能力，造成结构破坏。

2. 防火保护。当前最多采用的方法是在钢材表面涂刷防火涂料，常有厚涂层型 LG 钢结构防火隔热涂料、LB 薄涂层型防火涂料、JC-276 钢结构防火涂料、ST1-A 型钢结构防火涂料等。

（二）钢筋的防火保护
1. 增厚钢筋保护层。
2. 若结构设计不允许增厚钢筋保护层，可在受拉区混凝土表面涂刷防火涂料，如 JC-276 钢结构防火涂料、ST1-A 型钢结构防火涂料等。

本章历年试题及模拟题解析

1. 建筑钢材是在严格的技术控制下生产的材料，下面哪一条不属于它的优点？　　　　　　　　　　　　　　　　　　　　　　　[1997-032]
　　A. 品质均匀，强度高
　　B. 防火性能好
　　C. 有一定的塑性和韧性，具有承受冲击和振动荷载的能力
　　D. 可以焊接和铆接，便于装配
　【解析】　钢材是在严格的技术控制下生产的材料，因此其品质均匀，性能可靠，强度高，有一定的塑性与韧性，具有承受冲击和振动荷载的能力；可以焊接、铆接或螺栓连接便于装配。其缺点是：易锈蚀，维修费用大；且耐火性差，当钢结构受火烧20min左右，其杆件就会迅速变软，失去承载能力，造成结构破坏。
　　答案：B

2. 钢与生铁的区别在于其中的含碳量应小于以下何者？
　　　　　　　　　　　　　　　　　　　　　　[1998-001，2003-003]
　　A. 4.0%　　　　B. 3.5%　　　　C. 2.5%　　　　D. 2.0%
　【解析】　钢、生铁和熟铁都属于铁碳合金，当铁碳合金中含碳量小于0.04%时称为熟铁；大于2.06%时称为生铁；在0.04%~2.06%之间的称为钢。
　　答案：D

3. 镇静钢、半镇静钢是按照以下哪种方式分类的？　　[2010-026]
　　A. 表观　　　　　　　　　　B. 用途
　　C. 品质　　　　　　　　　　D. 冶炼时脱氧程度
　【解析】　钢材冶炼结束出钢前，应进行脱氧处理，除去残存在钢中的氧，根据脱氧程度不同将钢分为镇静钢与沸腾钢。
　　答案：D

4. 在建筑工程中大量应用的钢材,其力学性能主要取决于何种化学成分的含量多少? [2004-025]

A. 锰   B. 磷   C. 硫   D. 碳

【解析】 上述四种元素在钢中的含量,对钢的力学性能都有较大的影响。

锰可提高钢材的强度和硬度,对塑性和韧性无显著影响。还可显著改善钢的耐腐及耐磨性;是我国低合金钢的主加合金元素之一。

磷能提高钢的强度,但使塑性和韧性显著下降;能加剧钢的冷脆性,显著降低钢的可焊性,为钢中有害元素之一。但磷可提高钢的耐磨性和耐腐蚀性。

硫能降低钢材的力学性能,还会使钢材产生热脆性,是钢中有害而无利的元素。

钢材的力学性能主要取决于碳含量多少,因为钢是一种铁碳合金,即钢的基本成分是铁和碳,碳的含量增加,钢的组织发生变化,其性能也显著变化。碳的含量增加,钢中珠光体随之增多,因而强度、硬度提高;塑性、韧性降低;可焊性降低;还会增加钢的冷脆性、时效敏感性,降低耐腐蚀性等。

答案:D

5. 在一定范围内施加以下哪种化学成分能提高钢的耐磨性与耐蚀性? [2010-029]

A. 磷   B. 氮   C. 硫   D. 锰

【解析】 见上题。

答案:D

6. 建筑钢材中含有以下哪种成分是有害无利的? [2008-026]

A. 碳   B. 锰   C. 硫   D. 磷

【解析】 见上题。

答案:C

7. 钢是含碳量小于2%的铁碳合金,其中碳元素对钢的性能起主要作用,提高钢的含碳量会对下列哪种性质有提高? [2006-029]

A. 屈服强度   B. 冲击韧性   C. 耐腐蚀性   D. 焊接能力

【解析】 由上题可知,碳的含量增加,钢中珠光体随之增多,因而强度、硬度提高;塑性、韧性降低;可焊性降低;还会增加钢的冷脆性、时效敏感性,降低耐腐蚀性等。

答案:A

8. 要提高建筑钢材的强度并消除脆性，改善其性能，一般应适量加入哪种化学元素成分？　　　　　　　　　　　　　　　　　　　　［1995-050］

A. 碳　　　　　B. 硅　　　　　C. 锰　　　　　D. 钾

【解析】　建筑钢材中不含钾；碳、硅、锰的加入均能提高钢的强度，并对塑性和韧性影响不大；此外，锰可消除氧和硫引起的热脆性，使钢材的热加工性能改善；还可显著改善钢的耐腐及耐磨性；是我国低合金钢的主加合金元素之一。

答案：C

9. 钢材的含锰量对钢材性质的影响，以下哪一条是不正确的？　［2005-028］

A. 提高热轧钢的屈服极限　　　　B. 提高热轧钢的强度极限
C. 降低冷脆性　　　　　　　　　D. 焊接性能变好

【解析】　锰可消除氧和硫引起的热脆性，使钢材的热加工性能得到改善；可提高钢材的强度和硬度，对塑性和韧性无显著影响。还可显著改善钢的耐腐及耐磨性；是我国低合金钢的主加合金元素之一。

答案：C

10. 碳素钢的主要成分是下列哪一组内的六种元素？　　　［2001-050］

A. 铁、碳、硅、锰、硫、磷　　　B. 铁、碳、钾、钨、硼、硫
C. 铁、碳、镍、锰、硫、磷　　　D. 铁、碳、硅、钒、钛、稀土

【解析】　在碳素钢中，除铁和碳以外还含有硅、锰、硫和磷；其中硅和锰属有利元素，对碳素钢无害，若含量达到一定数量时，即成为低合金或合金钢；硫和磷对碳素钢来说属有害元素，在碳素钢中应加以控制。

答案：A

11. 在碳素钢的成分中，以下哪种物质为有害杂质？　［2005-026，2007-027］

A. 锰　　　　　B. 碳　　　　　C. 硅　　　　　D. 磷

【解析】　在碳素钢中，硫、磷、氧、氮均属有害成分，磷虽然能使钢的强度和硬度提高，但塑性和韧性却有显著的降低，并且会使钢材的冷脆性加剧；硫是钢材的有害元素，可以说是有害而无利，尤其是使钢材产生热脆性降低焊接等热加工性能。

答案：D

12. 在钢的成分中，以下哪种元素能提高钢的韧性？　　　［2009-026］

A. 磷　　　　　B. 钛　　　　　C. 氧　　　　　D. 氮

【解析】 在钢的成分中，磷为有害元素，它溶于铁素体中起强化作用，提高钢的强度，但塑性、韧性显著下降，加剧冷脆性，并显著降低可焊性能；

氧是钢中有害元素，可使机械性能，特别是韧性下降，可焊性差；

氮也是钢中有害元素，虽然可使强度提高，但塑性、韧性显著下降，加剧冷脆性，降低可焊性能；

钛是钢中有益元素，是钢的常用合金元素，它能细化晶粒，显著提高强度，改善韧性、可焊性，但塑性有所降低。

答案：B

13. 以下哪种试验能揭示钢材内部是否存在组织不均匀、内应力和夹杂物等缺陷？ 　　　　　　　　　　　　　　　　　　　　[2010-013]

A. 拉力试验　　　　B. 冲击试验　　　C. 疲劳试验　　　D. 冷弯试验

【解析】 冷弯试验对于钢材来说，是一种较为严格的检验，它不仅反映钢材的塑性性能，也能揭示钢材内部是否存在组织不均匀、内应力和夹杂物等缺陷。

答案：D

14. 延伸率表示钢材的以下哪种性能？ 　　　　　　　[2010-014]

A. 弹性极限　　　　B. 屈服极限　　　C. 塑性　　　　D. 疲劳强度

【解析】 延伸率亦称伸长率，它是通过拉伸试验来获得的，它反映了钢材的可塑性。

答案：C

15. 钢材经冷拉、冷拔、冷轧等冷加工后，性能会发生显著改变。以下表现何者不正确？ 　　　　　　　[1998-008，2005-027，2007-026]

A. 强度提高　　　　B. 塑性增大　　　C. 变硬　　　　D. 变脆

【解析】 钢材经冷拉、冷拔、冷轧等冷加工后，可提高钢材的屈服强度，若再放置15～20天后其屈服强度及抗拉强度都将明显提高；但经冷加工会使塑性、韧性降低；使钢材变硬变脆。

答案：B

16. 钢材经冷加工后，以下哪种性能不会发生显著改变？
　　　　　　　　　　　　　　　　　[2007-010，2008-27，2009-28]

A. 屈服极限　　　　B. 强度极限　　　C. 疲劳极限　　　D. 伸长率

【解析】 钢材经冷加工后，能显著提高钢的屈服强度，并提高钢的疲劳强度，同时也会降低钢的塑性和韧性，若再经时效处理则屈服强度还会提高，其强度极限也会有所提高，但并不显著。

答案：B

17. 建筑钢材 Q235 级钢筋的设计受拉强度值 2100kg/mm² 是根据以下哪种强度确定的？ [2009-027]

A. 弹性极限强度　　B. 屈服强度　　C. 抗拉强度　　D. 破坏强度

【解析】 钢筋的设计受拉强度值＝标准强度值/材料分项系数，这里的标准强度值即屈服强度值。

答案：B

18. 低合金高强度结构钢是在碳素钢的基础上加入一定量的合金成分而成，其中合金成分占总量的最大百分比值为： [2010-006]

A. 1%　　B. 5%　　C. 10%　　D. 15%

【解析】 低合金高强度结构钢是在碳素钢的基础上加入一定量的合金成分而成，各种合金成分的含量应符合国家标准《低合金高强度结构钢》（GB/T 1591—2008）中规定；一般情况下，合金成分占总量的最大百分比值约为 3.5%。

答案：B

19. 对于承受交变荷载的结构（如工业厂房的吊车梁），在选择钢材时，必须考虑钢的哪一种力学性能？ [2006-026]

A. 屈服极限　　B. 强度极限　　C. 冲击韧性　　D. 疲劳极限

【解析】 在交变荷载反复多次作用下的结构构件，可在其最大应力远低于屈服极限的情况下发生突然破坏，即疲劳破坏；此最大交变应力即称疲劳极限；对于承受交变荷载的结构（如工业厂房的吊车梁），在选择钢材时，必须考虑钢的疲劳极限。

答案：D

20. 在以下常用的热处理方法中，经哪种方法处理后可以使钢材的硬度大大提高？ [1998-007, 2000-008, 2004-024]

A. 回火　　B. 退火　　C. 淬火　　D. 正火

【解析】 在上述常用的热处理方法中，通过淬火处理后可以使钢材的硬度和耐磨性大大提高；通过退火处理后可以使钢材的硬度降低，韧性提高；回火处理后可消除因淬火而产生的内应力，使经淬火处理的钢材硬度和韧性提高。

答案：C

21. 我国钢铁产品牌号的命名，采用以下哪个方法表示？
[1997-021，2001-048]

A. 采用汉语拼音字母
B. 采用化学元素符号
C. 采用阿拉伯数字、罗马数字
D. 采用汉语拼音字母、化学元素符号、阿拉伯数字相结合

【解析】 根据《钢铁产品牌号表示方法》（GB/T 211—2000）的规定，我国钢铁产品牌号的命名采用汉语拼音字母、化学元素符号及阿拉伯数字相结合的方法来表示。

答案：D

22. 下列四种钢筋哪一种的强度较高，可自行加工成材，成本较低，发展较快，适用于生产中小型预应力构件？ [1997-031，2001-046]

A. 热轧钢筋　　　　　　　　B. 冷拔低碳钢丝
C. 碳素钢丝　　　　　　　　D. 钢绞线

【解析】 冷拔低碳钢丝强度较高，可自行加工成材，成本较低，且适用于生产中小型预应力构件，但由混凝土构件厂自行加工的，应对钢丝的质量严格控制，凡伸长率不合格者，不准用于预应力混凝土构件中；碳素钢丝及钢绞线具有强度高，柔性好且使用时不需接头等优点，适用于曲线配筋的预应力混凝土结构以及大跨度、重荷载的屋架等。

答案：B

23. 下列哪些情况是冷轧扭钢筋的合理应用范围？
[1995-033，1997-033，1998-043，1999-041，2000-041，2001-042]

Ⅰ.各种现浇钢筋混凝土楼板；Ⅱ.各种预应力多孔板；Ⅲ.梁；Ⅳ.带振动荷载的房屋

A. Ⅰ、Ⅱ　　　B. Ⅲ、Ⅳ　　　C. Ⅰ、Ⅳ　　　D. Ⅰ、Ⅲ

【解析】 冷轧扭钢筋具有强度高、握裹力好等特点。主要适用于工业与民用房屋及一般构筑物和先张法的中、小型预应力混凝土构件；对抗震设防区的非抗侧力构件如现浇和预制楼板、次梁、楼梯、基础及其他构件均可采用冷轧扭钢筋制作。

答案：D

24. 钢铁表面锈蚀的原因,以下何者是主要的? ［2000-042,2004-027］
　　A. 钢铁本身含杂质多　　　　　　B. 表面不平,经冷加工存在内应力
　　C. 有外部电解作用　　　　　　　D. 电化学锈蚀

【解析】 钢铁本身含杂质多,表面不平,经冷加工存在内应力,有外部电解作用都是钢铁表面锈蚀的原因之一;但钢铁表面锈蚀的原因,主要是在钢中含杂质处,表面不平,经冷加工存在内应力等情况遇到潮湿条件并与一些气体(O_2、CO_2、SO_2、Cl_2 等)接触形成电解质溶液,而发生电化学锈蚀。

答案: D

25. 建筑钢材表面锈蚀的主要原因是由电解质作用引起的,下列钢筋混凝土中钢材不易生锈的原因何者不正确? ［2006-025］
　　A. 处于水泥的碱性介质中　　　　B. 混凝土一定的密实度
　　C. 混凝土一定厚度的保护层　　　D. 混凝土施工中掺加的氯盐

【解析】 因为钢在水泥的碱性环境中,钢筋表面会形成一层 $Fe(OH)_2$ 的钝化膜,起到保护作用,阻止钢的锈蚀;再加上混凝土具有一定的密实度和一定厚度的钢筋保护层,因此钢筋混凝土中钢材是不易发生锈蚀的。但若在混凝土施工中掺加氯盐,则会将 $Fe(OH)_2$ 钝化膜溶蚀掉,钢筋就会发生锈蚀。

答案: D

26. 钢材去锈除污后,应立即涂刷防腐涂料以防再受锈蚀,下列常用油漆涂料正确的做法是: ［1995-048］
　　A. 大漆打底、桐油罩面　　　　　B. 调和漆打底、清漆罩面
　　C. 红丹打底、铅油罩面　　　　　D. 沥青漆防腐、机油罩面

【解析】 钢去锈除污后,应立即涂刷防腐涂料以防再受锈蚀,最常用的做法是采用保护膜法,即表面涂刷防锈漆。具体做法是:先涂防锈底漆如红丹、环氧富锌漆、铁红环氧底漆等,面漆采用灰铅油、醇酸磁漆、酚醛磁漆等。

答案: C

第八章 木　材

木材是一种重要的建筑材料，是建筑工程三大材之一（钢材、木材、水泥），这是因为它具有质轻、高强，良好的弹性和韧性，耐冲击、振动，良好的绝热性、装饰性和易于加工且可以就地取材等优点。

木材的缺点是构造不均匀、有明显的各向异性、有天然的缺陷、随空气的温湿度变化其形状及强度易改变、易腐朽与虫害、易于燃烧等。

第一节　木材的分类

按所用树种不同，木材可分为针叶树类与阔叶树类两类，且具有不同的特点，见表8-1。

表8-1　木材的种类与特点

种类	特点	主要用途	树种	主要产地
针叶树	1. 树干通直高大，易出大材 2. 木质较软，易于加工 3. 强度较高，体积密度小 4. 湿胀干缩变形较小	结构构件、门、窗、地板、装饰结构龙骨等	红松（东北松） 白松（冷杉） 落叶松（黄花松） 云杉（鱼鳞松） 杉木	东北 四川、东北、甘肃 东北、内蒙古、新疆 东北、吉林 湖南、四川
阔叶树	1. 树干通直部分较短 2. 木质较硬，加工较困难 3. 体积密度较大 4. 湿胀干缩变形大，易翘曲、干裂 5. 木材纹理清晰、复杂且美观	尺寸较小的结构构件、室内装修工程、家具制作等	质地较软的有： 桦木 椴木 杨木 质地较硬的有： 榉木 水曲柳 柞木 用于高级家具： 花梨木 榆木 黄波萝 樟木 楠木	 东北、陕西、四川 湖北、东北、陕西 东北、陕西、湖南、青海 湖北 东北、河南 东北、湖南、安徽、陕西 江西 东北、安徽、浙江、河南 东北 湖南、安徽 四川、湖南、广东

第二节 木材的构造与性质

一、木材的构造

（一）组成与微观构造

1. 组成

木材的组成主要是一些天然高分子化合物，纤维素（约占50%）、半纤维素、木质素是木材细胞壁的主要组成；此外，还有少量的油脂、树脂、糖分、蛋白质等，这些组分决定了木材具有易腐朽、虫害、易燃烧等缺陷。

2. 微观构造

微观构造是指借助显微镜来观察的组织。木材是由无数管状细胞组成的，大多数是顺着树干方向排列，纵向间连接比横向间连接牢固，因此木材具有各向异性；细胞腔、细胞间隙形成大量的孔隙，使得木材具有多孔性与吸湿性。

（二）宏观构造

宏观构造是指用肉眼或借助放大镜来观察的组织。在树木的横断面上看到的颜色深浅相间的同心圆环称为年轮；其浅色圆环是春天生长的，称为春材，春材结构疏松；在夏秋两季生长的深色圆环称为夏材，夏材结构紧密，因此木材的夏材部分越多，年轮越密且均匀，木材质量越好。

树干的中心称为髓心，其质地松软、强度低、易腐朽和遭虫害。由髓心向外辐射的横向细胞称髓线，木材干燥时易由此开裂。

此外，还存在节子、锯材时形成的斜纹等，使得木材具有不均匀性。

在锯解时，由于方向和部位不同，还会产生横切面（垂直于树干方向的切面）、径切面（通过圆心的纵向切面）与弦切面（不通过圆心的纵向切面）。不同切面具有不同的性质。

二、木材的性质

（一）吸湿性

由于木材中含有大量的孔隙，而且木材是一种亲水性的材料，因此木材具有较强的吸湿性。

存在于木材细胞内的水可分为吸附水与自由水两类。吸附水存在于细胞壁内，受细胞壁内的木纤维所强力吸附，不易蒸发；自由水存在于细胞腔及细胞间隙之中，易于蒸发。

新伐木材的含水率常在35%以上。当自由水全部蒸发，细胞壁内被吸附水充满时的含水率称为纤维饱和点，一般在25%~35%。自由水的蒸发只能影响木材的重量和燃烧性,对木材的其他性能无何影响。若在纤维饱和点以内,吸附水的蒸发则会影响木材的物理力学性质,使得强度提高,并产生干缩,即纤维饱和点是木材物理力学性质发生改变的转折点。

当木材在某一环境中放置一段时间后,其含水率基本稳定,即在环境中吸入与放出的水分相等,木材的含水率与周围环境的湿度达到了平衡状态,此时的含水率称为平衡含水率。木材在使用前应干燥至当地的年平均平衡含水率,以免制品因干缩而产生变形、干裂。我国各地的年平均平衡含水率在10%~18%之间,见表8-2。

表8-2 我国主要城市木材的年平均平衡含水率

城市	北京	上海	沈阳	广州	武汉	西安	福州	成都	乌鲁木齐
年平均平衡含水率(%)	11.4	16.0	13.6	15.1	15.4	14.3	15.6	16.0	12.1

木材在使用前可进行人工干燥处理,一般窑干木材的含水率不应大于12%。若采用自然干燥时,要注意东北落叶松、云南松、马尾松和桦木因较易变形,不宜采用自然干燥(即风干)。

(二) 干湿变形

木材的含水率在纤维饱和点以内变化时,会引起湿胀干缩。其变形与树种及木材的构造不均有关。一般来说,体积密度较大的阔叶树木材变形较大。木材构造上的各向异性对变形的影响更为明显,在横断面上弦向最大,径向次之;而顺纹方向变形最小。当各方向变形大小不同时,则使木材发生翘曲、扭曲或产生裂纹,致使木结构的接合松弛或凸起。

(三) 强度

木材的强度受构造上的各向异性影响最大,同种木材其顺纹抗拉强度最大,但因节点难以处理,因此很少被利用。其次是顺纹抗压与抗弯强度,工程中常被作为木柱与木梁使用。各种强度的对比见表8-3。

表8-3 木材各项强度的相对比较

抗压		抗拉		抗弯	抗剪	
顺纹	横纹	顺纹	横纹		顺纹	横纹
1	1/10~1/3	2~3	1/20~1/3	3/2~2	1/7~1/3	1/2~1

木材的强度除取决于受力方向外,还与树种、缺陷、含水率、持荷时间、温度等有关。一般说,阔叶树木材的强度高于针叶树木材。

木材的缺陷如节子、斜纹、裂纹、虫害、腐朽等对木材的强度有着明显的影响,不同的缺陷其影响也不同,如木节能显著地降低顺纹抗拉强度,但对顺纹抗压强度的影响却很小;斜纹能降低顺纹抗压强度,但对顺纹抗拉和抗弯强度的影响更大。

当木材的含水率在纤维饱和点以内变化时,其强度将随含水率的增加而降低。其中,影响最大的是顺纹抗压强度,其次是抗弯强度,而对顺纹抗拉强度几乎没有影响。我国标准规定,以含水率在15%的强度值作为标准,其他含水率时的强度值可通过公式换算。并常将15%的含水率叫做标准含水率。若木材的含水率超过纤维饱和点变化时,则木材的强度不受影响。

木材在长期荷载作用下的强度仅为极限强度的50%~60%。并把在长期荷载作用下不致引起破坏的最大强度称为持久强度。

木材应在50℃以下使用,若长期在50℃以上使用,木材的强度会因缓慢碳化而明显下降。负温对强度无影响,但解冻后木材的各项强度均会有所下降。

第三节 常用木材及制品

一、常用木材

木材按加工程度不同,分为原条、原木、枕木、锯材和规格材。

1. 原条系指伐倒的树干经去皮、根、树梢的木料,但尚未按规定尺寸加工的材料。

2. 原木系指伐倒的树干经打枝和造材后,被截成长度适合于锯制商品材的木段。可直接用于桩木、电杆及坑木等。也可用于一般加工用材。原木的径级以原木的小头直径来衡量,并统按2cm进级。

3. 枕木系指铁道工程铺路用材。

4. 锯材是将原木锯割成各种规格、带或不带钝棱的木材。

5. 规格材是将经过干燥的木材加工到符合指定规格和等级要求的成材或坯料。通常,将宽度为厚度三倍或三倍以上的,称为板材(其中薄板厚度为12mm、15mm、18mm、21mm,中板厚度为25mm、30mm,厚板为40mm、50mm、60mm),不足三倍的称为枋材(其中厚度小于75mm为小枋,80~100mm为中枋,120~150mm为大枋,160mm为特大枋)。

二、木材制品

(一)结构用材

结构用材除实木外,还有结构用集成材、单板层积材、定向刨花板、大片刨花定向层积材等。

1. 结构用集成材。具有一定强度标准的锯材作为层板，按层板纹理方向相互平行层积胶合而成的结构用材。

2. 单板层积材。多层单板以顺纹方向为主，组坯胶合而成的结构用材。

3. 大片刨花定向层积材。用长约220mm、宽10mm以上、厚约1mm的大片刨花，经拌胶、定向铺装、热压而成的结构用（板）材。

（二）板材

常有人造板、装饰人造板、胶合板、单板、纤维板、刨花板、华夫板、细木工板、蜂窝细木工板、木材层积塑料、木塑复合材等。

1. 装饰人造板。表面经薄木、PVC、金属箔、装饰纸贴面或直接涂饰，具有美丽图案或色彩的人造板。

2. 单板。采用旋切、刨切或锯制方法生产的厚度为0.5~10mm的木质薄片状材料。

3. 华夫板。应用大片刨花，施加液状（或粉状）酚醛树脂和添加剂，铺装热压而成的板材。

4. 细木工板。以实木木条组成的拼板或木格结构板为板芯的胶合板。

5. 木材层积塑料。单板经酚醛树脂浸渍、干燥，按一定要求组坯后在高温高压下胶合而成的板材。

（三）地板

常有实木地板、实木复合地板、浸渍纸层压木质地板（亦称强化木地板）和竹地板等。

1. 实木复合地板。以实木拼板或单板为面层、实木条为芯层、单板为底层制成的企口地板，以及以单板为面层、胶合板为基材制成的企口地板。

2. 浸渍纸层压木质地板。以一层或多层专用纸浸渍热固性氨基树脂，铺装在刨花板、中密度纤维板、高密度纤维板等人造板基材表面，背面加平衡层，正面加耐磨层，经热压而成的地板。

第四节　木材的防腐与防火

一、木材的防腐

木材的腐朽多为真菌及昆虫所致，因此，应设法抑制或杀死菌类、虫类，达到防腐目的。

真菌最适宜生长繁殖的条件是：①温度25~30℃；②木材含水率30%~60%；③空气；④养料。因此，当温度在5℃以下或60℃以上时；木材含水率在20%以下或150%以上（即泡在水中）时；隔绝空气（涂以油漆或保持干燥状态）时都会使真菌的生长繁殖受到抑制或停止。

采用化学毒药剂对木材进行处理，杀死菌类、虫类也可以达到防腐目的。防腐剂有水溶性和油质两种，水溶性防腐剂有：铜铬合剂、氯化锌、氟化钠、氟硅酸钠、亚砷酸钠、硼铬合剂、硼酸合剂等。油质防腐剂有：杂酚油、煤焦油、杂酚油-煤焦油混合液、沥青浆膏等。

二、木材的防火

木材的防火是对木材进行防火阻焰处理，可采用：

①涂刷或覆盖防火涂料如无机涂料（硅酸盐类、石膏等）、有机涂料（四氟苯酐醇树脂防火涂料、膨胀型丙烯酸乳胶防火涂料等）。

②以防火剂浸注木材，常用磷-氮系列、硼化物系列、卤素系列及磷酸-氨基树脂系列等。

本章历年试题及模拟题解析

1. 下列关于我国木材资源的描述，哪条不对？　　　　　　［2003-020］

A. 我国森林储积量世界第五，乔木树种 2000 多种

B. 森林资源地理分布较为均匀

C. 全国用木材年均净增量 2.2 亿 m³ 而消耗 3.2 亿 m³

D. 森林资源及人工林质量下降

【解析】　我国森林资源地理分布严重不均匀，东北及东部沿海各省森林资源较为丰富，而西北地区森林覆盖率却很低。

答案：B

2. 木材之所以为重要建筑材料，是因为它具有很多特性，以下哪一条不是它的优点？　　　　　　［1997-013，2001-044］

A. 质轻而强度高，易于加工

B. 随空气的温湿度变化，形状及强度易改变

C. 分布广，可以就地取材

D. 有较高的弹性和韧性，能承受冲击和振动

【解析】　木材是建筑工程三大材之一（钢材、木材、水泥），这是因为它具有质轻、高强，良好的弹性和韧性，耐冲击、振动，良好的绝热性，装饰性和易于加工且可以就地取材等优点；其缺点是构造不均匀、有明显的各向异性和天然的缺陷，随空气的温湿度变化其形状及强度易改变，易腐朽与虫害，易于燃烧等。

答案：B

3. 木材的宏观构造的性质中何者不正确？　　　　　　　　　　[2000-036]
　　A. 髓心处在树干中心，质坚硬，强度高
　　B. 春材颜色较浅，组织疏松，材质较软
　　C. 年轮稠密均匀者，材质较好
　　D. 髓线与周围连结弱，干燥时易沿此开裂

【解析】　年轮由春材和夏材组成，春材颜色较浅，组织疏松，材质较软；夏材颜色较深，组织紧密，夏材部分越多，木材强度越高，质量越好；年轮稠密均匀者，材质较好；髓心处在树干中心，质松软，强度低，且易于腐朽；髓线以髓心为中心，横向分布与周围连结，连结弱者干燥时易沿此开裂。

答案：A

4. 由于木材构造的不均匀性，在不同方向的干缩值也不同，以下哪个方向的干缩值最小？　　　　　　　　　　　　　　　　　[1998-010，2000-039]
　　A. 顺纹方向　　　B. 径向　　　C. 弦向　　　D. 斜向

【解析】　木材构造上的各向异性对变形的影响更为明显，在横断面上弦向最大，径向次之；而顺纹方向变形最小。当各方向变形大小不同时，则使木材发生翘曲、扭曲或产生裂纹，致使木结构的接合松弛或凸起。

答案：A

5. 木材的种类很多，按树种分为针叶树和阔叶树两大类。以下四个树种哪一个不属于阔叶树？　　　　　　[1998-002，2004-001，2007-023]
　　A. 柏树　　　B. 桦树　　　C. 栎树　　　D. 椴树

【解析】　针叶树的特点是树干通直高大，易出大材；木质较软，易于加工；强度较高，体积密度小；湿胀干缩变形较小。因此在建筑工程中的主要承重结构常采用针叶树木材，如松、杉、柏等。

答案：A

6. 木材的种类很多，按树种分为针叶树和阔叶树两大类。针叶树树干通直高大，与阔叶树相比，下列哪项不是针叶树的特点？
　　A. 表观密度小　　　　　　　B. 纹理直
　　C. 易加工　　　　　　　　　D. 木材膨胀变形较大

【解析】　见上题。

答案：D

7. 原木的径级是检查原木的哪个部位（去掉皮厚）？ [1998-032]

  A. 大头   B. 小头   C. 大小头平均   D. 中间部位

【解析】 原木的径级以原木的小头直径来衡量，并统按2cm进级。

答案：B

8. 我国楠木的主要产地是： [2007-021]

  A. 黑龙江   B. 四川   C. 河北   D. 新疆

【解析】 我国楠木的主要产地是：四川、湖南、广东等地。

答案：B

9. 椴木具有易干燥、不变形、质轻、木纹细腻的特点，白椴的主要产地是以下哪个地方？ [2008-023]

  A. 陕西   B. 湖北   C. 福建   D. 西藏

【解析】 我国椴木的主要产地是湖北、陕西一带，而白椴的主要产地是陕西。

答案：A

10. 影响木材强度的下列诸多因素，哪一条并不主要？

[1995-013，2003-021]

  A. 含水率   B. 温度、负荷时间

  C. 容重   D. 疵点、节疤

【解析】 木材的强度除取决于受力方向外，还与树种、缺陷、含水率、持荷时间、温度等有关。一般说，阔叶树木材的强度高于针叶树木材。

  木材的缺陷如节子、斜纹、裂纹、虫害、腐朽等对木材的强度有着明显的影响。

  当木材的含水率在纤维饱和点以内变化时，其强度将随含水率的增加而降低。其中，影响最大的是顺纹抗压强度，其次是抗弯强度，而对顺纹抗拉强度几乎没有影响。

  木材在长期荷载作用下的强度仅为极限强度的50%~60%。

  木材应在50℃以下使用，若长期在50℃以上使用，木材的强度会因缓慢碳化而明显下降。负温对强度无影响，但解冻后木材的各项强度均会有所下降。

答案：C

**11. 由于木材纤维状结构及年轮的影响，木材的力学强度与木材纹理方向

有很大关系，以下四种情况中，哪种受力是最不好的？

[1997-012，2001-041，2006-010，2007-022]

A. 顺纹抗拉　　　B. 顺纹抗压　　　C. 横纹抗拉　　　D. 横纹抗压

【解析】 木材的强度受构造上的各向异性影响最大，同种木材其顺纹抗拉强度最大，但因节点难以处理，因此很少被利用。其次是顺纹抗压与抗弯强度，工程中常被作为木柱与木梁使用。在各种强度中，以横纹抗拉强度为最小。各种强度的对比见表8-3。

答案：C

12. 下列阔叶树的木材抗弯强度由小到大的正确排序是哪一组？[2003-023]

A. 白桦—麻栎—水曲柳—刺槐　　　B. 麻栎—白桦—刺槐—水曲柳

C. 刺槐—白桦—麻栎—水曲柳　　　D. 白桦—刺槐—水曲柳—麻栎

【解析】 根据《建筑材料手册》常用树种的木材物理力学性能中提供的数据（MPa）是：东北白桦的抗弯强度90.4，陕西白桦的抗弯强度95.8；安徽麻栎114.2，河南麻栎108.6，陕西麻栎107.3；东北水曲柳118.6，河南水曲柳99.6；北京刺槐126.3，安徽刺槐137.4。

答案：A

13. 常用木材的顺纹抗剪强度（径面）下列何者最低？[2000-040]

A. 东北水曲柳　　　B. 湖南杉木　　　C. 东北红松　　　D. 广东马尾松

【解析】 根据《建筑材料手册》常用树种的木材物理力学性能中提供的数据（MPa）是：东北水曲柳的顺纹抗剪强度15.6；湖南杉木4.2；东北红松6.3；广东马尾松9.0。

答案：B

14. 以下工程上常用木材的树种，哪种抗弯强度最高？

[2008-021，2009-021]

A. 杉木　　　B. 红松　　　C. 马尾松　　　D. 水曲柳

【解析】 根据《建筑材料手册》常用树种的木材物理力学性能中提供的数据（MPa）是：湖南杉木63.8；东北红松65.3；湖南马尾松91.0；东北水曲柳118.3。

答案：D

15. 以下常用木材中抗弯强度最小的是：[2010-025]

A. 杉木　　　B. 洋槐　　　C. 落叶松　　　D. 水曲柳

【解析】 根据《建筑材料手册》常用树种的木材物理力学性能中提供的数据（MPa）是：四川杉木68.4；东北落叶松109.4；洋槐126.8；东北水曲柳118.3。

答案：A

16. 含水率对木材强度的影响下列何者最低？　　　　　[2000-038，2004-021]
   A. 顺纹受拉　　　B. 弯曲　　　C. 顺纹受压　　　D. 顺纹受剪

【解析】 当木材的含水率在纤维饱和点以内变化时，其强度将随含水率的增加而降低。其中，影响最大的是顺纹抗压强度，其次是抗弯强度，而对顺纹抗拉强度几乎没有影响。

答案：A

17. 土建工程中的架空木地板，主要是利用木材的哪种力学性质？
[2008-022]
   A. 抗压强度　　　B. 抗弯强度　　　C. 抗剪强度　　　D. 抗拉强度

【解析】 土建工程中的架空木地板，其受力状态主要是受弯曲，即利用木材的抗弯强度。

答案：B

18. 木材的持久强度小于其极限强度，一般为极限强度的：　　　[2010-023]
   A. 10%～20%　　B. 30%～40%　　C. 50%～60%　　D. 70%～80%

【解析】 木材的持久强度小于其极限强度，一般为极限强度的50%～60%。

答案：C

19. 经过风干的木材含水率一般为下列何种数值？　　　　[2000-037]
   A. 25%～35%　　B. 15%～25%　　C. 8%～15%　　D. 小于8%

【解析】 新伐木材的含水率常在35%以上。木材在使用前应干燥至当地的年平均平衡含水率，以免制品因干缩而产生变形、干裂。我国各地的年平均平衡含水率在10%～18%之间。木材在使用前可进行人工干燥处理，一般窑干木材的含水率不应大于12%。

答案：B

20. 木材长期受热会引起缓慢碳化、色变暗褐、强度降低，所以温度长期超过多少度时，不应采用木结构？　　　　[1995-035，2001-043]
   A. 30℃　　　　B. 40℃　　　　C. 50℃　　　　D. 60℃

【解析】 木材应在50℃以下使用，若长期在50℃以上使用，木材的强度会因缓慢碳化而明显下降。《木结构设计规范》（GB 50005—2003）规定，受生产性高温影响，木材表面温度高于50℃的房屋和构筑物不应采用木结构。

答案：C

21. 环境温度可能长期超过50℃时，房屋建筑不应该采用：
A. 石结构　　　B. 砖结构　　　C. 混凝土结构　　D. 木结构

【解析】 由于木材长期处于40~60℃环境中，会发生缓慢碳化，强度明显下降，因此环境温度可能长期超过50℃时，房屋建筑不应该采用木结构；而其他三种结构均可采用。

答案：D

22. 接触砖石、混凝土的木搁栅和预埋木砖，应经过必要的处理，下列哪个最重要？　　　　　　　　　　　　　　　　　　　　　　[1995-023]
A. 平整　　　　B. 去污　　　　C. 干燥　　　　D. 防腐

【解析】 接触砖石、混凝土的木搁栅和预埋木砖应平整、干净、干燥外，为了保证木搁栅和预埋木砖长期使用，还必须进行防腐处理。

答案：D

23. 要使小材变大材、短材变长材、薄材变厚材，而再生产加工出来的大型木质结构件应该是指下列哪一类？　　　　　　　　　　　[2003-022]
　　A. 胶合板、纤维板　　　　　　B. 刨花板、木屑板
　　C. 胶合木　　　　　　　　　　D. 碎木板、木丝板

【解析】 胶合木亦称结构集成材，它与成材相比，强度大，许用弯曲应力可提高50%，而且结构均匀，内应力小，不易开裂与翘曲变形；大断面的结构集成材还有较高的耐火性能，此外，结构集成材不存在单板裂隙影响问题，因此结构集成材适合于做建筑梁材。而其他答案均为板材。

答案：C

24. 下列普通材质、规格的各类地板，哪个成本最高？　[2006-024]
A. 实木地板　　B. 实木复合地板　C. 强化木地板　D. 竹地板

【解析】 实木复合地板是以实木拼板或单板为面层、实木条为芯层、单板为底层制成的企口地板，以及以单板为面层、胶合板为基材制成的企口地板。强化木地板是一种以人造板（中、高密度纤维板，刨花板）为基材的新型地板。因此一般说几种地板的成本排序应是：实木地板 > 竹地板 > 实木复合

地板＞强化木地板。

答案：A

25. 我国古谚"不可居无竹"。精竹地板即为既传统又新潮的"绿色建材"产品，其下列性能描述哪条有误？　　　　　　　　　　[2003-056]
   A. 自然、清新、高雅的绿色建材　　B. 经久、耐用、防水的耐磨地板
   C. 脚感舒适、易维修清洗的新产品　D. 价格低廉大众化的地板材料

【解析】 精竹地板是一种既传统又新潮的"绿色建材"产品，这种地板具有自然、清新、高雅、经久、耐用、防水、不变形、脚感舒适、易维修清洗等优点。但价格较贵。

答案：D

26. 在木材防白蚁的水溶性制剂中，下列何者防白蚁效果较好？[2004-023]
   A. 铜铬合剂　　　B. 硼铬合剂　　　C. 硼酚合剂　　　D. 氟化钠

【解析】 四者都具有一定的防白蚁的效果，但铜铬合剂无臭味且对人畜毒性低，有较好的防白蚁效果。

答案：A

27. 进行防火处理可以提高木材的耐火性，以下哪种材料是木材的防火浸渍涂料？　　　　　　　　　　　　　　　　　　　　　　[2008-051]
   A. 氟化钠　　　　　　　　　　B. 硼铬合剂
   C. 沥青浆膏　　　　　　　　　D. 硫酸铵和磷酸铵的混合物

【解析】 氟化钠、硼铬合剂、沥青浆膏均为木材的杀虫防腐剂，硫酸铵和磷酸铵的混合物则是木材的防火浸渍涂料。

答案：D

28. 硫酸铵和磷酸铵的混合物用于木材的：　　　　　　[2009-022]
   A. 防腐处理　　B. 防虫处理　　C. 防火处理　　D. 防水处理

【解析】 见上题。

答案：C

29. 我国古代建筑各种木构件的用料尺寸，均用"斗口"及下列何种"直径模数"计算？　　　　　　　　　　　　　　　　　　　[2004-008]
   A. 金柱直径　　B. 中柱直径　　C. 童柱直径　　D. 檐柱直径

【解析】 古代建筑各种木构件的用料尺寸，均用"斗口"及檐柱直径

计算。

答案：D

30. 北京的古建筑中，以下哪一座大殿的木结构构件，如柱、梁、檩、椽和檐头全部由楠木制成？ [2005-023]

　　A. 故宫的太和殿　　　　　　　B. 长陵的棱恩殿
　　C. 劳动人民文化宫内的太庙　　D. 天坛的祈年殿

【解析】 明长陵棱恩殿所有木件全用金丝楠木为之，古色古香。一米多直径，十几米高的六十根金丝楠木大柱，承托着 2300m² 的重檐庑殿顶，雄伟壮观、举世无双。最粗的一根重檐金柱，高 12.58m，底径达到 1.124m，为世间罕见佳木。使其金丝楠木殿呈现出神秘的色彩，颇受专家学者及中外游人的欣赏。

答案：B

31. 我国传统古建筑中的斗拱属于： [2007-024]
　　A. 构架构件　　B. 屋顶构件　　C. 天花构件　　D. 装饰构件

【解析】 斗拱是我国建筑特有的一种结构。在立柱和横梁交接处，从柱顶上加的一层层探出成弓形的承重结构叫拱，拱与拱之间垫的方形木块叫斗。合称斗拱。斗拱是中华古代建筑中特有的形制，是较大建筑物的柱与屋顶间之过渡部分。其功用在于承受上部支出的屋檐，将其重量或直接集中到柱上，或间接地先纳至额枋上再传到柱上。斗是斗形木垫块，拱是弓形的短木。拱架在斗上，向外挑出，拱端之上再安斗，这样逐层纵横交错叠加，形成上大下小的托架。斗拱最初孤立地置于柱上或挑梁外端，分别起传递梁的荷载于柱身和支承屋檐重量以增加出檐深度的作用。唐宋时，它同梁、枋结合为一体，除上述功能外，还成为保持木构架整体性的结构层的一部分。明清以后，斗拱的结构作用蜕化，成了在柱网和屋顶构架间主要起装饰作用的构件。

答案：D

第九章 屋面材料与防水材料

第一节 瓦屋面材料

建筑上，坡屋面的防水材料多采用瓦屋面。瓦主要有以黏土烧制的瓦（黏土瓦、小青瓦、琉璃瓦等）、混凝土平瓦、石棉水泥瓦三大类。此外，还有钢丝网水泥大波瓦、木质纤维波形瓦、聚氯乙烯塑料波纹瓦（亦称塑料瓦楞板）、玻璃钢波形瓦、铝波形瓦、沥青油毡瓦等。

一、黏土瓦、小青瓦、琉璃瓦

（一）黏土瓦

黏土瓦是以黏土为主要原料，经成型、干燥、焙烧而成。是一种用于坡屋面的防水材料。按颜色有青瓦、红瓦之分。按使用部位有平瓦和脊瓦两种。

黏土平瓦的规格为：长（360~400）mm，宽（220~240）mm，厚度（14~16）mm；15 片平瓦的覆盖面积为 $1m^2$；吸水后的质量不应超过 $55kg/m^2$；单块瓦最小抗折荷载不得低于 0.6kN。

脊瓦标准尺寸为长度≥300mm，宽度≥180mm；单块瓦最小抗折荷载不得低于 0.7kN。

平瓦和脊瓦的抗冻性都必须合格。

（二）小青瓦（亦称土瓦、蝴蝶瓦、和合瓦、水青瓦）

小青瓦是用黏土制坯，在间歇窑中以还原气氛焙烧，成品呈青灰色。规格一般为：长（200~250）mm，宽（150~200）mm；习惯以每块重量作为规格和品质的标准。共分 18 两、20 两、22 两、24 两（旧秤：每市斤 16 两）四种。广泛应用于农村建筑。

（三）琉璃瓦（见第十三章，第三节）

二、混凝土瓦（水泥平瓦）

混凝土平瓦标准尺寸有 400mm×240mm，385mm×235mm 两种。与黏土平瓦一样，单块瓦最小抗折荷载不得低于 0.6kN。其优点是耐久性好，成本低，且可加入耐碱颜料制成彩瓦。缺点是自重大。

三、石棉水泥瓦

石棉水泥瓦是以石棉纤维与水泥为原料，经制板、压制而成。分为大波、中波、小波和脊瓦四种。具有单张面积大、防火、防潮、防腐、保温、耐热、耐寒、隔声、绝缘等优点。但石棉对人体健康有害。

第二节 防水材料

建筑工程防水技术按其构造做法分为构件自身防水和采用不同材料的防水层防水两种。防水层防水又分为刚性防水和柔性防水。

刚性防水是采用涂抹防水砂浆、浇筑掺有防水剂（或密实剂）的混凝土或预应力混凝土的做法。

柔性防水是采用铺设防水卷材、涂敷各种防水涂料等做法。

多年来，我国主要采用沥青类防水材料。随着科学技术的进步，一些功能差、寿命短及有损于环境质量的防水材料逐步被淘汰，如纸胎沥青油毡、焦油型聚氨酯防水涂料等；一些效果好、寿命长的新型防水材料如高聚物改性沥青防水卷材，涂料和合成高分子类防水卷材、涂料不断涌现并得到发展。

一、沥青材料

沥青分为地沥青（包括天然沥青和石油沥青）和焦油沥青（如煤沥青）两类，建筑上主要采用石油沥青，煤沥青有时也应用。

（一）石油沥青

1. 石油沥青的组分

石油沥青是原油经提炼出各种石油产品以后的残留物或再经加工而得到的产品。常温下呈褐色或黑褐色的固体、半固体或粘稠液体状态，能溶于二硫化碳、氯仿和苯等有机溶剂。

石油沥青是多种碳氢化合物及其衍生物的混合体。成分复杂且差异较大，因此从使用角度，按其化学成分及物理力学性质相近者划分为若干组，称为"组分"（或称组丛）。石油沥青的性能随各组分含量的变化而改变。

（1）油分。淡黄色液体，分子量最低的组分（密度小于1），赋予沥青以流动性。

（2）树脂。（或称脂胶）密度大于1的黄色至黑褐色的粘稠半固体，它赋予沥青以粘性和塑性，其含量增加，沥青塑性增大。

（3）地沥青质。密度大于1的黑色固体，它决定沥青的温度稳定性并影响粘性的大小。地沥青质含量增加，沥青粘性增大。

此外，沥青中还含有石蜡，它会降低沥青的粘性、塑性和温度稳定性，是沥青中的有害成分。

石油沥青可认为是以地沥青质固体颗粒为核心，周围吸附树脂形成胶团并分布于油分之中，构成胶体结构。按各组分相对比例不同分为溶胶型、溶凝胶型和凝胶型三种类型。

2. 石油沥青的主要技术性质

(1) 粘性（粘聚性）。是抵抗外力作用下变形的能力。

液态沥青用标准黏度计测定其黏度；

固态或半固态的粘稠沥青用针入度仪（旧称维卡仪）测定其黏度，以针入度表示（每0.1mm为1度），针入度反映了沥青抵抗剪切变形的能力，其值越小，表示粘性越大。由于粘性受温度影响，温度越高，粘性降低，因此针入度试验应在规定温度（25℃的水中）下进行。

(2) 塑性。是受外力作用产生变形的能力，它反映沥青开裂后的自愈能力。塑性也受温度影响，温度越高，塑性越大。

沥青的塑性用延度试验测定，以延度（cm）表示。由于塑性受温度影响，温度越高，塑性越大，因此针入度试验应在规定温度（25℃的水中）下进行。

(3) 温度稳定性。是指沥青的粘性和塑性随温度升降而改变的性能。温度稳定性好的沥青其粘性和塑性受温度变化的影响小。

沥青的温度稳定性用环球法测定，以软化点（℃）表示。软化点越高，温度稳定性越好。沥青的温度稳定性也有称温度敏感性或温度感应性，温度稳定性越好，温度敏感性越小。

(4) 大气稳定性。是指沥青在大气综合因素长期作用下，抵抗老化的性能。它反映了沥青的耐久性能（即使用寿命）。

沥青的老化是由于沥青在阳光、热、氧气及水分等因素的长期作用下，沥青中低分子组分向高分子组分转化，即油分、树脂向地沥青质的转化，组分的递变引起性能的变化，使得塑性降低，变硬变脆，失去使用功能，此过程称为沥青的老化。

以上四种性质是石油沥青的主要性质，针入度、延度、软化点是评价沥青质量的主要指标，是决定沥青牌号的主要依据。按针入度值的大小划分成不同的牌号，见表9-1。

由表9-1可见，对于同一品种，牌号越小，则针入度越小（粘性越大），延度越小（塑性越小），软化点越高（温度稳定性越好）。

闪点是指沥青加热在挥发出可燃气体，与火焰接触闪火时的最低温度。

燃点是表示若继续加热，一经引火，燃烧就将继续下去的最低温度。施工时，熬制沥青的温度不得超过闪点。

表 9-1 道路石油沥青、建筑石油沥青技术标准

质量指标	道路石油沥青（SH 0522—2000）					建筑石油沥青（GB/T 494—2010）		
	A-200	A-180	A-140	A-100甲 A-100乙	A-60甲 A-60乙	40号	30号	10号
（1）针入度（25℃，100g）1/10mm	201～300	161～200	121～160	91～110 81～120	51～80 41～80	36～50 不小于6*	26～35 不小于6*	10～25 不小于3*
（2）延度（25℃），cm，不小于	120	100	100	90 60	70 40	3.5	2.5	1.5
（3）软化点（℃）	30～45	35～45	38～48	42～52	45～55	≥60	≥75	≥95
（4）溶解度（三氯甲烷、四氯化碳或苯），%，不小于	99.0	99.0	99.0	99.0	99.0	99.0	99.0	99.0
（5）蒸发减量（160℃，5h），%，不大于	1	1	1	—		1	1	1
（6）蒸发后，针入度比（%）不小于	50	60	60	65	70	65	65	65
（7）闪点（开口），℃，不低于	180	200	230	230	230	260	260	260

* 针入度（0℃，200g，5s）值不小于。

（5）耐蚀性。石油沥青对于大多数中等浓度的酸、碱和盐类都有较好的耐蚀能力。

（6）防水性。石油沥青是憎水性材料，几乎不溶于水，与矿物材料表面有很好的粘结力，能紧密的黏附于矿物材料表面形成致密膜层。同时还具有一定的塑性适应构件的变形，因此它具有良好的防水性能，广泛用作建筑工程的防潮、防水和抗渗材料。

3. 石油沥青的分类与选用

（1）道路石油沥青。道路的石油沥青其特点是要求塑性好（延度大）。

用于高速公路、一级公路路面、机场道面及重要的城市道路路面应采用重交通道路石油沥青，重交通道路石油沥青分为 AH-50、AH-70、AH-90、AH-110、AH-130 五个标号。

用于一般道路路面、车间地面等采用中、轻交通道路石油沥青；（分为 A-60、A-100、A-140、A-180、A-200 五个标号）见表9-1。

（2）建筑石油沥青。其特点是粘性大（针入度值小）、温度稳定性好（软化点高）；主要用于制作油纸、油毡、防水涂料和沥青嵌缝膏，也可通过改性

制作改性沥青防水材料，用于屋面防水、地下防水、沟槽防水、管道防腐等工程。为了使沥青防水层有较长的使用年限，宜选用牌号较高的沥青材料。对于用作屋面的沥青，为了避免夏季流淌，其软化点应比本地区屋面表面可能达到的最高温度高20℃以上。

（二）煤沥青（或称煤焦沥青、柏油）

煤沥青是炼制焦炭或制造煤气时的副产品。其性质和耐久性均不及石油沥青，韧性、温度稳定性差，老化快。加热燃烧时，烟呈黄色，有刺激性臭味，略有毒性，有较高的抗微生物腐蚀作用，故适用于地下防水工程或用作防腐材料。

（三）石油沥青的改性

为适应使用的要求，应对石油沥青进行适当的改性，其方法有：

1. 橡胶改性沥青

橡胶最大的特点是在 -50~150℃ 的温度范围内具有极为优越的弹性。它与沥青具有很好的混溶性，并使混溶后的沥青具有橡胶的优点，如高温变形小，低温柔性好，同时耐热性、耐腐蚀性、耐候性等得以提高。常用的品种有氯丁橡胶、丁基橡胶、再生橡胶等。

2. 树脂改性沥青

树脂对沥青改性后，可提高沥青的耐寒性、耐热性、粘结性及不透气性。由于树脂与石油沥青的混溶性较差，故可用品种较少。常用的有古马隆树脂、聚乙烯树脂、聚丙烯树脂、酚醛树脂等。

3. 橡胶和树脂改性沥青

因橡胶和树脂有较好的相容性，故可同时用来对沥青进行改性。使得沥青兼有橡胶和树脂的优点和特性。

4. 冷底子油

冷底子油是用30%~40%沥青与60%~70%的稀释剂（如汽油、煤油、轻柴油等）经溶合而成的一种稀释沥青。可在常温下涂刷或喷涂，稀释剂挥发后形成沥青膜层，并与基层牢固结合，常用作防水底层或隔汽层。但要求基层洁净、干燥，水泥砂浆找平层的含水率应≤10%。

5. 乳化沥青

乳化沥青是沥青微粒分散在有乳化剂的水中而成的乳胶体。乳化沥青应在常温下保存，贮存温度不得低于0℃，贮存期不宜过长（一般在三个月左右）。

乳化沥青主要应用于防水工程的底层，以代替冷底子油，用作防潮、防水涂料；可粘贴玻纤布作屋面防水层；可拌制冷用沥青砂浆或沥青混凝土，铺筑路面。

乳化沥青在常温下使用，但不要求基面必须干燥，它可以与基面同步干燥，并与沥青微粒逐渐靠近，经破乳成膜形成防水层。乳化沥青不宜在-5℃以下施工。

建筑上用于粘贴玻纤布作屋面防水层的多用皂液乳化沥青；用作防潮、防水涂料的多用石灰乳化沥青。

6. 沥青玛琋脂（旧称沥青胶）

沥青玛琋脂是沥青与矿质填充料的均匀混合物。

矿质填充料有粉状或纤维状两种，粉状填充料有滑石粉、石灰石粉、普通水泥和白云石粉等；纤维状填充料有石棉粉、木屑粉等；矿质填充料掺量一般为10%~30%，由试验决定。

沥青玛琋脂与沥青相比，具有较好的粘性、耐热性和柔韧性，故又称沥青胶。沥青玛琋脂按耐热度划分标号，并对粘接力和柔韧性也作了规定。

沥青玛琋脂主要用于粘贴沥青防水卷材、嵌缝、接头、补漏及做防水层底层。选用时，应根据工程性质、屋面坡度及当地历年最高气温等条件选择适当标号。见表9-2。

表9-2 石油沥青玛琋脂标号选用表（GB 50207—94）

屋面坡度	历年室外极端最高气温	沥青玛琋脂的标号
1%~3%	低于38℃	S-60
	38~41℃	S-65
	41~45℃	S-70
3%以上~15%	低于38℃	S-65
	38~41℃	S-70
	41~45℃	S-75
15%以上~25%	低于38℃	S-75
	38~41℃	S-80
	41~45℃	S-85

注：1. 卷材层上有板块保护层或整体保护层时，标号可相应降低5号；
2. 屋面受其他热源影响（如高温车间等）或坡度超过25%时，应适当提高标号。

7. 沥青的掺配

某一种标号的石油沥青往往不能满足工程上的技术要求，因此可采用两种不同标号的沥青进行掺配，经适当掺配后可得到居于两者之间性能的沥青，以满足工程需要。

二、防水卷材

防水卷材应具有良好的不透水性、温度稳定性、强度、延展性、抗断裂性、柔性及大气稳定性。

防水卷材分为有胎卷材和无胎卷材两类。有胎卷材常以厚纸、石棉布、玻璃布、棉麻织品等作为胎料。

防水卷材按基材种类有沥青基防水卷材、改性沥青防水卷材和合成高分子防水卷材三大类,目前我国常用的防水卷材是改性沥青防水卷材。

(一)沥青基防水卷材

1. 油纸与油毡。油纸与油毡的品种、定义及用途,见表9-3。

表9-3 油纸与油毡的品种、定义及用途

名称	标号 按原纸重 (g/m^2) 分	标号 按表面撒布材料分	定义	用途
石油沥青油纸 (GB 326—89)	200号 350号	—	以低软化点石油沥青浸渍原纸所制成的一种无覆盖层的纸胎防水卷材	用于建筑防潮及包装或多层防水的下层
石油沥青油毡 (GB 326—89)	200号 350号 500号	粉毡与片毡	以低软化点石油沥青浸渍原纸,然后再用高软化点石油沥青涂盖油纸两面再撒以撒布材料制成的纸胎防水卷材	同油纸 用于多层防水的各层;片毡适用于单层防水

每卷油毡总面积为 (20 ± 0.3) m^2;幅宽有915mm、1000mm两种。

储运时,应直立堆放,不可横放、叠放和斜放,堆放高度不要超过两层,并要防止在阳光下暴晒及雨淋。有效保存期为1年。使用时,石油沥青油毡必须采用石油沥青玛蹄脂来粘贴,一般采用热粘贴施工。

2. 其他防水卷材

沥青玻璃布油毡是一种抗拉强度高、柔性好、耐腐蚀性好的有胎油毡,适用于防水性、耐水性、耐腐蚀性要求高的防水工程,也用于金属管道(热管道除外)的防腐保护层。

此外,还有麻布、合成纤维布等油毡均优于纸胎沥青油毡。

(二)改性沥青防水卷材(亦称高聚物改性沥青防水卷材)

改性沥青防水卷材有弹性体改性沥青防水卷材和塑性体改性沥青防水卷材两大类。

1. 弹性体改性沥青防水卷材

弹性体有多种合成橡胶,其中用得最广的是SBS(苯乙烯—丁二烯—苯乙烯共聚物)。因此,目前国内生产的弹性体改性沥青防水卷材主要是SBS改性沥青防水卷材。

SBS改性沥青防水卷材具有良好的不透水性和低温柔韧性,在 $-15 \sim -25℃$ 下仍保持其柔韧性;同时还具有抗拉强度高、延伸率较大、耐腐蚀及高耐热性(100℃)等优点。

SBS改性沥青防水卷材适用于建筑屋面、地下、卫生间等防潮防水，以及隧道、游泳池、蓄水池等防水工程。尤其适用于寒冷地区建筑物防水，并可用于Ⅰ级防水工程。

2. 塑性体改性沥青防水卷材

塑性体有多种热塑性树脂如聚丙烯、聚乙烯、聚苯乙烯等，其中用得最多的是APP（无规聚丙烯）因此塑性体改性沥青防水卷材主要为APP改性沥青防水卷材。

APP改性沥青防水卷材具有良好的不透水性和高耐热性（120℃）、抗拉强度高、延伸率较大、耐腐蚀、耐紫外线照射、耐老化等优点，而低温柔韧性较差。

APP改性沥青防水卷材适用范围与SBS改性沥青防水卷材基本相同，它尤其适用于高温或强烈太阳辐射地区的建筑物防水。

以上两种卷材均以 $10m^2$ 卷材的标称重量（kg）作为卷材的标号。均有玻纤毡胎基和聚酯毡胎基两种类型，聚酯毡胎基的主要性能优于玻纤毡胎基；玻纤毡胎基卷材分为25号、35号、45号三种标号，聚酯毡胎基卷材分为25号、35号、45号和55号四种。其中，35号及其以下的用作多层防水；35号以上的可作单层防水或多层防水的面层。可采用热熔法施工；也可采用胶粘剂进行冷粘贴施工。

（三）合成高分子防水卷材

合成高分子防水卷材具有使用寿命长、技术性能好、低污染等特点，因而得到广泛的开发与应用。属新型高档防水卷材。其种类很多，其分类见表9-4。

表9-4 合成高分子防水卷材的分类（GB 18173—2000）

分类		代号	主要原材料
均质卷材	硫化橡胶类	JL1	三元乙丙橡胶
		JL2	橡胶（橡塑）共混
		JL3	氯丁橡胶、氯磺化聚乙烯、氯化聚乙烯等
		JL4	再生胶
	非硫化橡胶类	JF1	三元乙丙橡胶
		JF2	橡塑共混
		JF3	氯化聚乙烯
	树脂类	JS1	聚氯乙烯等
		JS2	乙烯醋酸乙烯、聚乙烯等
		JS3	乙烯醋酸乙烯改性沥青共混等
复合卷材	硫化橡胶类	FL	乙丙、丁基、氯丁橡胶、氯磺化聚乙烯等
	非硫化橡胶类	FF	氯化聚乙烯、乙丙、丁基、氯丁橡胶、氯磺化聚乙烯等
	树脂类	FS1	聚氯乙烯等
		FS2	聚乙烯等

合成高分子防水卷材具有抗拉强度高、延伸率大、自重轻（$2kg/m^2$）、使用温度范围宽（$-40\sim80℃$以上）、可冷施工等优点。其主要缺点是耐穿刺性差（厚度$1\sim2mm$），因此使用时常以水泥砂浆、细石混凝土、块体材料等作为卷材防水层的保护层。此外，耐久性能较弱，为了提高耐久性，在其表面常施涂浅色涂料（减少对紫外线的吸收）。

均质合成高分子防水卷材的性能要求见表9-5；复合高分子卷材的物理力学性能（略）。

表9-5 均质高分子卷材的物理力学性能（GB 18173.1—2000）

项目			指标								
			磺化橡胶类				非磺化橡胶类			树脂类		
			JL1	JL2	JL3	JL4	JF1	JF2	JF3	JS1	JS2	JS3
断裂拉伸强度（MPa）		常温≥	7.5	6.0	6.0	2.2	4.0	3.0	5.0	10	16	14
		60℃≥	2.3	2.1	1.8	0.7	0.8	0.4	1.0	4	6	5
扯断伸长率（%）		常温≥	450	400	300	200	450	200	200	200	550	500
		−20℃≥	200	200	170	100	200	100	100	150	350	300
撕裂强度（kN/m）≥			25	24	23	15	18	10	10	40	60	60
不透水性，30min无渗漏（MPa）			0.3	0.3	0.2	0.2	0.3	0.2	0.2	0.3	0.3	0.3
低温弯折（℃）≤			−40	−30	−30	−20	−30	−20	−20	−20	−35	−35
加热伸缩量（mm）	延伸≤		2	2	2	2	4	4	4	2	2	2
	收缩≤		4	4	4	4	4	6	10	6	6	6
热空气老化，80℃，(68h)	断裂拉伸强度保持率（%）≥		80	80	80	80	90	60	80	80	80	80
	扯断伸长率保持率（%）≥		70	70	70	70	70	70	70	70	70	70
	100%伸长率外观		无裂纹									
耐碱性，10%Ca(OH)$_2$，常温168h	断裂拉伸强度保持率（%）≥		80	80	80	80	80	70	70	80	80	80
	扯断伸长率保持率（%）≥		80	80	80	80	80	80	80	90	90	90
臭氧老化40℃，168h	伸长率，40%，500pphm		无*	—	—	—	无	—	—	—	—	—
	伸长率，20%，500pphm		—	无	—	—	—	—	—	—	—	—
	伸长率，20%，500pphm		—	—	无	—	—	—	—	—	—	—
	伸长率，20%，500pphm		—	—	—	无	—	无	无	—	—	—
人工候化	断裂拉伸强度保持率（%）≥		80	80	80	80	70	70	80	80	80	80
	扯断伸长率保持率（%）≥		70	70	70	70	70	70	70	70	70	70
	100%伸长率外观		无裂纹									

* 表示无裂纹。

目前国内应用较广的高分子防水卷材主要有三元乙丙橡胶防水卷材和聚氯

乙烯防水卷材。

1. 三元乙丙橡胶防水卷材为 JL1 型防水卷材，具有优良的耐老化性（寿命可达 30~50 年）、使用温度范围宽（在 -60~120℃）、耐化学腐蚀剂电绝缘性，而且具有重量轻（1.2~2.0kg/m²）、抗拉强度大（达 7.5MPa 以上）、延伸率大（常温下扯断伸长率≥450%）等特点。缺点是遇机油时易溶胀。

施工时，采用冷施工法，以聚氨酯—煤焦油系的二甲苯溶液为基层处理剂；采用以氯丁橡胶和丁基酚醛树脂为主要成分的 CX—404 胶结剂作为基层胶粘剂。

三元乙丙橡胶防水卷材价格较高，常用于防水要求较高的或耐用年限长的工业与民用建筑；可单层或复合使用。

2. 聚氯乙烯防水卷材为 JS1 型防水卷材具有重量轻、抗拉强度高（达 10MPa 以上）、延伸率大（常温下扯断伸长率≥200%）、低温柔性好、尺寸稳定性、耐腐蚀性和耐细菌性好等优点。因此除适用地下、屋面防水外，尤其适用特殊要求防腐工程。

施工时，采用冷施工法，施工温度以 5~60℃ 为宜；也可以采用热风焊接法施工。

聚氯乙烯防水卷材价格便宜，容易粘接；常用作单层或复合使用于外露或有保护层的防水工程。

三、防水涂料

能形成具有抗水性涂层，可保护基层不被水渗透或湿润的涂料，称防水涂料。它除具有防水卷材的基本功能外，还具有施工简便，容易维修等特点，特别适用于特殊结构的屋面和管道较多的厕浴间的防水。

按成膜物的主要成分可分为沥青类、高聚物改性沥青类和合成高分子类。按组成方式又分为溶剂型、水乳型和反应型三种。

（一）沥青类防水涂料

沥青类防水涂料如石灰膏乳化沥青、膨润土乳化沥青等，主要适用地下室、卫生间防水等。

（二）高聚物改性沥青防水涂料

主要品种有再生橡胶改性沥青防水涂料、氯丁橡胶改性沥青防水涂料、SBS 橡胶改性沥青防水涂料、聚氯乙烯改性沥青防水涂料等，适用于Ⅲ、Ⅳ级防水等级的屋面、地下室、水池及卫生间等防水工程。

（三）合成高分子防水涂料

主要品种有聚氨酯防水涂料、硅橡胶防水涂料、氯磺化聚乙烯橡胶防水涂料和丙烯酸酯防水涂料等。

1. 聚氨酯防水涂料。它是目前使用量最大的防水涂料，它可以常温下施工、固化，操作方便，涂层粘接力强、弹性好、耐高低温性能好，具有良好的物理机械性能和优异的防水、耐酸碱及耐老化性能。适用于造型复杂的屋面防水工程。属高档防水涂料，价格较高。

聚氨酯防水涂料按成膜物分为煤焦油聚氨酯、沥青聚氨酯和纯聚氨酯，由于煤焦油聚氨酯对人体有害，且污染环境，故煤焦油聚氨酯防水涂料已禁止使用。

2. 硅橡胶防水涂料。具有良好的防水性、粘接力、弹性和耐湿热及低温性好，适应复杂基层的能力强，且与基层粘接牢固，成膜速度快，可在潮湿基层上施工。无毒、无味、不燃；可配成各种颜色，但价格较高。

适用于地下工程、屋面工程等防水、防渗及渗漏修补工程，也是冷藏库优良的隔汽材料。

第三节　建筑密封材料

建筑密封材料是指能承受位移并具有高气密性及水密性而嵌入建筑接缝中的定形或非定形的材料。

一、非定形密封材料

非定形密封材料为黏稠膏状体，称为密封膏或密封胶。常用的非定形密封材料，改性沥青的有沥青嵌缝油膏；合成高分子密封材料有聚氨酯密封膏、硅酮密封膏、聚氯乙烯胶泥、丙烯酸酯密封膏等。

（一）沥青嵌缝油膏

沥青嵌缝油膏是一种以石油沥青为基料，加入废橡胶粉等改性材料、稀释剂及填充料混合制成的密封膏。提高了沥青的温度稳定性，常用作屋面、墙面、沟槽的防水嵌缝。

可采用冷施工，操作时，缝内应洁净干燥，先涂冷底子油一道，待干燥后嵌填油膏。其表面可加沥青、油毡、砂浆、塑料等覆盖层。

（二）聚氨酯密封膏

聚氨酯密封膏一般为双组分配制，使用时将甲乙两组分按比例配合，经固化反应成弹性体。它具有较高的弹性、粘结性和耐候性，与混凝土或砂浆粘结牢固，不需打底。

它可用作屋面、墙面的水平或垂直接缝（若流淌时应加入适量的抗下垂剂），公路、机场跑道的接缝也可用于玻璃、金属材料的接缝，以及水池、游泳池工程。

（三）硅酮密封膏

硅酮密封膏具有优异的耐热、耐寒性和良好的耐候性。

硅酮密封膏分为 F 类和 G 类两种类别，F 类为建筑接缝用密封膏，用于各种建筑接缝，适用于预制混凝土墙板、水泥板、大理石板的外墙连接，混凝土与金属框架的粘结、卫生间和公路接缝等；

G 类为镶装玻璃用密封膏，用于镶装玻璃及建筑门、窗的密封。高层建筑的玻璃幕墙常采用高模量硅酮密封膏。

（四）聚氯乙烯胶泥

聚氯乙烯胶泥是以煤焦油为基料，加入改性材料聚氯乙烯（PVC）树脂粉、增塑剂、稳定剂、填充料等制得，并在 130～140℃使胶泥塑化而成的热施工防水接缝材料；

若改性材料改为废聚氯乙烯塑料而制得的，称塑料油膏，宜采用热施工，若塑化降温后加溶剂（如二甲苯、蒽油）则可以冷施工。

可用于各种屋面嵌缝或表面涂布作为防水层；也可用于水渠、管道等接缝；用于工业厂房自防水屋面嵌缝，大型墙板嵌缝等。

（五）丙烯酸酯密封膏

丙烯酸酯密封膏对一般建筑基底如砖、砂浆、石材、混凝土等不产生污染，具有优良的抗紫外线性能，延伸率大；常用于屋面、墙板、门窗嵌缝；耐水性差，不宜用于广场、公路、桥面等的接缝，也不用于水池、污水厂、灌溉系统、堤坝等水下接缝。

二、定型密封材料

定型密封材料包括密封条带、止水带和水膨胀橡胶。

（一）密封条带

密封条带常有铝合金门窗用橡胶密封条、丁腈胶—PVC 门窗密封条。

（二）止水带

止水带也称封缝带，是处理建筑物或地下构筑物接缝（伸缩缝、变形缝或施工缝等）用的一种定型防水密封材料。

止水带应具有良好的弹性、耐磨、耐老化和抗撕裂性能，适应变形能力强，防水性能好等特点；在工程中起到防止漏水渗水、减振缓冲、坚固密封等作用。

止水带有橡胶止水带（天然橡胶或合成橡胶）、软质聚氯乙烯塑料止水带；塑料止水带原料来源丰富，价格低廉，耐久性好。

（三）水膨胀橡胶

水膨胀橡胶是以改性橡胶为基本材料而制成的一种新型防水材料。它不但具有橡胶防水制品的优良弹性、延伸性和反压缩变形能力,起到弹性密封止水作用;而且当结构变形量超过材料弹性复原时,还具有遇水膨胀的特性(膨胀率可在100%~500%之间调节),在膨胀率范围内起到止水的功能。

本章历年试题及模拟题解析

1. 铺设一平方米瓦屋面需用标准平瓦多少张? [1998-039]

A. 10张　　　　B. 15张　　　　C. 20张　　　　D. 35张

【解析】 黏土平瓦的规格为:长(360~400)mm,宽(220~240)mm,厚度(14~16)mm;15片平瓦的覆盖面积为$1m^2$;吸水后的质量不应超过$55kg/m^2$。

答案:B

2. 小青瓦又名土瓦和合瓦,系用黏土制坯窑烧而成,习惯以下列何者作为规格和品质标准? [1997-028,2001-014,2007-041]

A. 长度　　　　　　　　　　B. 厚度

C. 大口及小口直径　　　　　D. 每块重量

【解析】 小青瓦(又称土瓦、蝴蝶瓦、和合瓦、水青瓦)系用黏土烧制而成,习惯上以每块质量作为规格和品质的标准,共分四种即18两、20两、22两、24两(旧秤,每市斤16两)。

答案:D

3. 小青瓦系用以下哪种原料烧制而成? [2007-041]

A. 陶土　　　　B. 黏土　　　　C. 瓷土　　　　D. 高岭土

【解析】 黏土按耐火度、杂质含量等将其分为四种即:高岭土、耐火黏土、难熔黏土、易熔黏土;高岭土(又称瓷土)烧熔温度为1730~1770℃,焙烧后呈白色,是制造瓷器的主要原料;耐火黏土(又称火泥)耐火温度大于1580℃,焙烧后呈淡黄至黄色,是生产耐火材料的主要原料;难熔黏土(又称陶土)烧熔温度为1350~1580℃,焙烧后呈淡灰、黄至红色,主要用于生产精陶器;易熔黏土(又称砖土)为砂质黏土,烧熔温度低于1350℃,焙烧后呈淡黄至红色,是生产粗陶制品及砖、瓦的原料。

答案:B

4. 沥青是一种有机胶凝材料,以下哪个性能不属于它的?

[1997-018,2001-026]

A. 粘结性　　　B. 塑性　　　C. 憎水性　　　D. 导电性(耐热性)

【解析】 沥青是一种有机胶凝材料,具有黏性、塑性、温度稳定性、耐老化性、憎水性、耐蚀性等特性,在建筑、交通、水利等工程中用作路面、防潮、防水和防护材料。

答案:D

5. 适用于地下防水工程,或作为防腐材料的沥青材料是哪种?

[1999-054]

A. 石油沥青　　B. 煤沥青　　C. 天然沥青　　D. 建筑石油沥青

【解析】 石油沥青是石油经提炼各种石油产品后的残留物,或再经加工而得的产品。石油沥青按其黏性、塑性和温度稳定性不同,可用于道路工程及建筑工程中,即分为道路石油沥青和建筑石油沥青;道路石油沥青主要用于路面、桥面工程;建筑石油沥青用于建筑工程中作防潮、防水、防腐材料。煤沥青是用煤炼制焦炭或制造煤气时的副产品,煤沥青的性质与石油沥青相似,但其韧性差、温度稳定性差、冬季易脆,夏季易软化,耐久性差;燃烧时烟呈黄色,有刺激性臭味,有毒性,具有较高的抗微生物腐蚀作用,适用于地下防水工程或作为防腐材料。

答案:B

6. 制作防水材料的石油沥青,其以下哪种成分是有害的? [2005-035]

A. 油分　　B. 树脂　　C. 地沥青质　　D. 蜡

【解析】 石油沥青是一种极为复杂的多种碳氢化合物极其衍生物的混合物,因此常将其分为油分、树脂、地沥青质三个组分(或称组丛)。油分分子量低,为淡黄色液体,它赋予沥青流动性;树脂为黏稠的半固体,它赋予沥青粘性及塑性;地沥青质为黑色固体,它决定沥青的温度稳定性和粘性;石油沥青中所含的蜡会降低沥青的粘性和塑性,降低温度稳定性,视为有害成分。

答案:D

7. 划分石油沥青牌号的以下四个主要依据,何者不正确?

[1997-024,1998-029,2000-053,2001-016]

A. 溶解度　　B. 针入度　　C. 软化点　　D. 延度

【解析】 沥青是一种有机胶凝材料,它具有粘性(以针入度表示)、塑性(用延度表示)、温度稳定性(以软化点表示)、耐老化性、憎水性和耐腐蚀性等性能,并依据针入度、延度、软化点三大技术指标将石油沥青划分成不同的牌号。

答案：A

8. 针入度表示沥青的哪种性能？ [1999-008]
Ⅰ．沥青抵抗剪切变形的能力；　　Ⅱ．反映在一定条件下沥青的相对黏度；
Ⅲ．沥青的延伸度；　　　　　　　Ⅳ．沥青的黏结力
A．Ⅰ和Ⅱ　　　B．Ⅰ和Ⅲ　　　C．Ⅱ和Ⅲ　　　D．Ⅰ和Ⅳ

【解析】 针入度的大小反映了沥青抵抗剪切变形的能力，抵抗剪切变形的能力越大，针入度越小；同时也反映了在一定条件下沥青的相对黏度，针入度越小表明相对黏度较大。

答案：A

9. 沥青的塑性用以下哪种指标表示？ [2008-005]
A．软化点　　　B．延伸度　　　C．黏滞度　　　D．针入度

【解析】 软化点指标表示沥青的温度稳定性；延伸度（亦称延度）指标表示沥青的塑性；黏滞度与针入度分别表示液态沥青、半固态及固态沥青的粘性。

答案：B

10. 延度用于表示石油沥青的哪项指标？ [2009-006]
A．大气稳定性　　B．温度稳定性　　C．塑性　　　D．黏度

【解析】 见上题。

答案：C

11. 沥青"老化"的性能指标，是表示沥青的哪种性能？ [2009-004]
A．塑性　　　　B．稠度　　　　C．温度稳定性　　D．大气稳定性

【解析】 沥青"老化"的性能指标，是表示沥青的大气稳定性。

答案：D

12. 以下哪种成分对石油沥青的温度敏感性和粘性有重要影响？
 [2010-052]
A．沥青碳　　　　B．沥青质　　　　C．油分　　　　D．树脂

【解析】 石油沥青中，沥青质为固态物质，分子量大，它对石油沥青的温度敏感性和粘性有重要影响；当其含量较大时，石油沥青的温度敏感性小，粘性较大。

答案：B

13. 多用于道路路面工程的改性沥青是：　　　　　　　　　　［2010-053］
   A. 氯丁橡胶沥青　　　　　　　　B. 丁基橡胶沥青
   C. 聚乙烯树脂沥青　　　　　　　D. 再生橡胶沥青

【解析】 氯丁橡胶沥青、聚乙烯树脂沥青、再生橡胶沥青一般多用于防水卷材、防水涂料等；丁基橡胶改性沥青具有优异的耐分解性，较好的低温抗裂性和耐热性能，多用于道路路面工程和制作密封材料和涂料。

答案：B

14. 用于屋面的沥青，由于对温度敏感性较大，其软化点应比本地区屋面表面可能达到的最高温度高多少，才能避免夏季流淌？　　　［1995-015］
   A. 约10℃　　B. 约15℃　　C. 20~25℃　　D. 约30℃

【解析】 对于用作屋面的沥青，为了避免夏季流淌，其软化点应比本地区屋面表面可能达到的最高温度高20℃以上。

答案：C

15. 石油沥青的耐蚀能力，在常温条件下与下列何者无关？
　　　　　　　　　　　　　　　　　　　　　　［1997-017，2001-054］
   A. 对于浓度小于50%的硫酸　　B. 对于浓度小于10%的硝酸
   C. 对于浓度小于20%的盐酸　　D. 对于浓度小于30%的苯

【解析】 石油沥青的耐蚀能力，见表4-14，能抵抗浓度小于50%的硫酸，浓度小于20%的盐酸，浓度小于10%的硝酸；但能被有机溶剂如汽油、苯、丙酮等溶解。

答案：D

16. 橡胶区别于其他工业材料的主要标志，是它在下列何种极限温度范围内具有极为优越的弹性？　　　　　　　　　　　　　　［1998-056］
   A. -30~120℃　　　　　　　　B. -40~140℃
   C. -50~150℃　　　　　　　　D. -60~160℃

【解析】 橡胶区别于其他工业材料的主要标志，是它在-50~150℃温度范围内具有极为优越的弹性，即既耐热，又耐寒。

答案：C

17. 橡胶止水带在建筑防水工程中的主要作用，下列哪条有误？
　　　　　　　　　　　　　　　　　　　　　　　　　　［2003-034］
   A. 防止渗漏　　B. 减振缓冲　　C. 坚固密封　　D. 嵌缝堵漏

【解析】 止水带应具有良好的弹性、耐磨、耐老化和抗撕裂性能，适应变形能力强，防水性能好等特点；在工程中起到防止漏水渗水、减振缓冲、坚固密封等作用。止水带应在施工过程中预先设置在结构之中，方能起到应有的作用，不能用来嵌缝堵漏。

答案：D

18. 冷底子油是有机溶剂与沥青溶合制得的沥青涂料，它便于与基面牢固结合，但对基面的要求哪个最确切？　　　　　　　　　　[1995-038]

A. 平整、光滑　　B. 洁净、干燥　　C. 坡度合理　　D. 去垢除污

【解析】 按照《屋面工程质量验收规范》（GB 50207—2002）中 4.3.4 规定，铺设屋面隔汽层和防水层前，基层必须干净、干燥。

答案：B

19. 冷底子油一种常见的配合成分（质量比）是石油沥青和煤油，下列哪种比值合适？　　　　　　　　　　　　　　　　　　　　　[1995-054]

A. 60∶40　　　B. 40∶60　　　C. 30∶70　　　D. 50∶50

【解析】 冷底子油一般可参考下列成分配合比例：石油沥青与煤油（或轻柴油）按 40∶60；石油沥青与汽油按 30∶70；焦油沥青与苯按 45∶55。

答案：B

20. 沥青胶泥（亦称沥青玛琋脂）的配合中不包括以下哪种材料？

[1997-025，2001-024]

A. 沥青　　　　B. 砂子　　　　C. 石英粉　　　D. 石棉

【解析】 沥青玛琋脂是沥青与适量的粉状或纤维状矿物质填充料的混合物。答案中，砂子系 0.16~5mm 范围内粗细不同颗粒的混合物，并非粉状，不能起到粉状矿物质填充料的作用，故砂子不能作为沥青玛琋脂的矿物质填充料。

答案：B

21. 沥青玛琋脂是一种防水用的沥青胶结材料，其必须满足的技术性能要点下列哪一项有误？　　　　　　　　　　　　　　　　　　[2003-048]

A. 耐热度　　　B. 柔韧性　　　C. 黏结力　　　D. 和易性

【解析】 按《屋面工程质量验收规范》（GB 50207—2002）规定，对沥青玛琋脂应检验其耐热度、柔韧性、黏结力等三项技术指标。

答案：D

22. 沥青玛琋脂的标号是以下列哪一项为标准划分的？ [2007-038]

A. 耐热度　　　B. 柔韧性　　　C. 黏结力　　　D. 塑性

【解析】 沥青玛琋脂的标号是以耐热度来划分的，例如 S-70 即表示石油沥青玛琋脂其耐热度为 70℃。

答案：A

23. S-70 标号石油沥青胶适用的屋面坡度是： [1999-024]

A. 3%～15%　　B. 15%～25%　　C. 25%～30%　　D. >30%

【解析】 沥青玛琋脂主要用于粘贴沥青防水卷材、嵌缝、接头、补漏及做防水层底层。选用时，应根据工程性质、屋面坡度及当地历年最高气温等条件选择适当标号。见表 7-2。

答案：A

24. 当屋面坡度为 3%～15%，百年室外极端气温为 38～41℃时应选择何种标号（耐热度）的沥青胶？ [2000-052]

A. 60℃　　　B. 65℃　　　C. 70℃　　　D. 65℃

【解析】 同上题。

答案：C

25. 北方地区，屋面坡度为 2% 的卷材屋面，应选用沥青胶标号为： [1999-026]

A. 80　　　B. 60　　　C. 75　　　D. 65

【解析】 同上题。

答案：B

26. 目前我国下列各类防水材料中，最大量用于屋面工程卷材的是哪一种？ [2001-028]

A. 橡胶类　　　B. 塑料类　　　C. 沥青类　　　D. 金属类

【解析】 橡胶类、塑料类及金属类性能优异、耐久性好，且无污染是理想的屋面防水卷材，但价格较高；而沥青类价格便宜，但有着功能差、寿命短及有损于环境质量等缺点，有的将逐步被淘汰，如纸胎沥青油毡、焦油型聚氨酯防水涂料等；然而，一些效果好、寿命长的新型防水卷材如高聚物改性沥青防水卷材不断涌现并得到发展。因此目前我国最大量用于屋面工程卷材的应属高聚物改性沥青防水卷材。

答案：C

27. 我国沥青油毡标号分为200、350、500，其分类依据下列哪一种指标？

[1997-006，1998-041，2001-019，2004-054，2008-035]

A. 油毡尺寸 B. 每卷质量
C. 胎纸每平方米质量 D. 不透水程度

【解析】 沥青油毡的标号，是根据其胎纸每平方米质量划分的，与其他条件无关。

答案：C

28. 下列建筑防水材料中，哪种是以胎基（纸）g/m^2 重作为标号的？

[2008-035]

A. 石油沥青防水卷材 B. APP改性沥青防水卷材
C. SBS改性沥青防水卷材 D. 合成高分子防水卷材

【解析】 石油沥青防水卷材的标号，是根据其胎纸每平方米质量划分的，与其他条件无关；其余防水卷材均以 $10m^2$ 卷材的标称重量（kg）作为卷材的标号。

答案：A

29. 目前国内防水卷材每卷长度大多数为以下何者？

[1997-027，2001-015]

A. 15m B. 20m C. 25m D. 40m

【解析】 目前国内防水卷材（沥青油毡）每卷面积为 $(20±0.3)\ m^2$，每卷幅宽有915mm、1000mm两种；长度大多数为20m。

答案：B

30. 在我国建筑防水工程中，过去以采用沥青油毡为主，但沥青材料本身有以下哪些缺点？ [1997-050]

Ⅰ. 抗拉强度低；Ⅱ. 抗渗性不好；Ⅲ. 抗裂性差；Ⅳ. 对温度变化较敏感
A. Ⅰ、Ⅲ B. Ⅰ、Ⅱ、Ⅳ C. Ⅱ、Ⅳ D. Ⅰ、Ⅲ、Ⅳ

【解析】 沥青防水卷材，由于沥青材料本身具有抗拉强度低、抗裂性差、对温度变化较敏感等缺点，因此沥青防水卷材必将被一些新型防水卷材所替代；目前我国防水卷材多数是采用改性沥青防水卷材。

答案：D

31. SBS改性沥青防水卷材，被改性的沥青是以下哪种？ [2005-049]

A. 煤沥青 B. 焦油沥青 C. 石油沥青 D. 煤焦油沥青

【解析】 SBS改性沥青防水卷材是以SBS橡胶改性石油沥青为浸渍涂盖层，以聚酯纤维、玻璃纤维无纺毡等为胎基而制得；它具有良好的不透水性和低温柔性（在-15~-25℃下保持良好的柔性）、弹性及施工方便（可采用热融法，也可采用胶粘剂冷粘贴）等特点，低温柔性和弹性好是SBS改性沥青防水卷材的主要特点，故称为弹性体改性沥青防水卷材。

答案：C

32. 常用于建筑屋面的SBS改性沥青防水卷材的主要特点是： [2004-055]
A. 施工方便　　B. 低温柔性　　C. 耐热度　　D. 弹性

【解析】 见上题。

答案：D

33. 高聚物改性沥青防水卷材以$10m^2$卷材的标称重量（kg）作为卷材的哪种指标？ [2009-005]
A. 柔度　　B. 标号　　C. 耐热度　　D. 不透水性

【解析】 各类高聚物改性沥青防水卷材均以$10m^2$卷材的标称重量（kg）作为卷材的标号。

答案：B

34. 高聚物改性沥青防水卷材中，以下哪种胎体拉力最大？ [2009-049]
A. 聚酯毡胎体　　　　　　B. 玻纤胎体
C. 聚乙烯膜胎体　　　　　D. 无纺布复合胎体

【解析】 高聚物改性沥青防水卷材中，拉力最大的应是聚酯毡胎体；一般说，胎体拉力大小的排序是：聚酯毡胎体＞玻纤胎体＞聚乙烯膜胎体＞无纺布复合胎体。

答案：A

35. SBS改性沥青防水卷材，是按以下哪种条件作为卷材的标号？
[2005-055]
A. $10m^2$卷材的标称重量　　B. 按厚度
C. $1m^2$重量　　　　　　　　D. 按针入度指标

【解析】 我国高聚物改性沥青防水卷材（包括弹性体改性沥青防水卷材和塑性体改性沥青防水卷材）的标号均按$10m^2$卷材的标称重量划分。

答案：A

36. SBS 改性沥青防水卷材按物理力学性能分为 I 型和 II 型，按胎基分聚酯毡胎和玻纤毡胎，下列哪类产品性能最优？ [2006-052]

    A. 聚酯毡胎 I 型   B. 聚酯毡胎 II 型

    C. 玻纤毡胎 I 型   D. 玻纤毡胎 II 型

【解析】 聚酯毡胎比玻纤毡胎的物理力学性能更优，综合性能优良，可形成高强度防水层、耐撕裂、耐穿刺、耐水压力、耐疲劳，自愈力、抵抗变形能力强，弹性好、塑性大，耐低温性能好（-15 ~ -25℃弯曲不裂，-50℃仍具防水功能），耐久，寿命长。I 型产品质量水平为国际一般水平，II 型产品质量水平为国际先进水平。因此性能最优的应是聚酯毡胎 II 型。

答案：B

37. APP 改性沥青防水卷材在当前使用于各类防水工程中也较广泛，关于 APP 改性沥青防水卷材的叙述，哪点有误？ [2008-009]

    A. APP 改性沥青防水卷材是以热塑性树脂改性沥青涂盖在经沥青浸渍后的胎基两面，并撒以细砂或覆盖聚乙烯膜制得

    B. APP 改性沥青防水卷材按胎基不同，常有聚酯毡胎、玻纤毡胎，其中聚酯毡胎性能最优

    C. APP 改性沥青防水卷材具有良好的不透水性、耐热性（可达 130℃以上）、施工方便等特点，但低温柔性差。APP 称为塑性体改性沥青防水卷材

    D. APP 改性沥青防水卷材是按 1m^2 卷材的标称重量作为卷材的标号

【解析】 APP 与 SBS 两种卷材均以 10m^2 卷材的标称重量（kg）作为卷材的标号。玻纤毡胎基卷材分为 25 号、35 号、45 号三种标号，聚酯毡胎基卷材分为 25 号、35 号、45 号和 55 号四种。其中，35 号及其以下的用作多层防水；35 号以上的可作单层防水或多层防水的面层。

答案：D

38. 三元乙丙橡胶防水卷材与传统沥青防水卷材相比，所具备的下列特点中哪条不对？ [2003-040]

    A. 防水性能优异、耐候性好

    B. 耐化学腐蚀性强、耐臭氧

    C. 弹性和抗拉强度大

    D. 使用范围在 -30 ~ 90℃，寿命耐久达 25 年

【解析】 三元乙丙橡胶防水卷材具有优良的耐老化性（寿命可达 30 ~ 50 年）使用温度范围宽（在 -60 ~ 120℃）、耐化学腐蚀剂电绝缘性，而且具有

重量轻（1.2~2.0kg/m²）、抗拉强度大（达7.5MPa以上）、延伸率大（常温下扯断伸长率≥450%）等特点。缺点是遇机油时易溶胀，且价格较贵。

答案：D

39. 三元乙丙橡胶防水卷材是一种高分子防水卷材，根据国标 GB 18173.1—2000，其扯断伸长率应为下列哪项？ [2006-053]

  A. ≥800% B. ≥600% C. ≥450% D. ≥300%

【解析】 见上题。

答案：C

40. 以下哪种防水卷材的耐热度比较高？ [2008-009]

  A. SBS B. APP C. PEE D. 沥青类防水卷材

【解析】 SBS改性沥青防水卷材具有良好的不透水性和低温柔韧性，在 -15~-25℃下仍保持其柔韧性；同时还具有抗拉强度高、延伸率较大、耐腐蚀及高耐热性（100℃）等优点；

APP改性沥青防水卷材具有良好的不透水性和高耐热性（120℃）、抗拉强度高、延伸率较大、耐腐蚀、耐紫外线照射、耐老化等优点，而低温柔韧性较差；

PEE是改性沥青聚乙烯胎防水卷材，此外还有同类产品OEE、MEE等，PEE的适用温度为 -15~95℃；

沥青类防水卷材的耐热度均在85℃以下。

答案：B

41. 以下哪种防水卷材的耐热度最高？ [2009-040]

  A. APP改性沥青防水卷材 B. 沥青玻璃布油毡防水卷材
  C. 煤沥青油毡防水卷材 D. SBS改性沥青防水卷材

【解析】 见上题，煤沥青油毡防水卷材、沥青玻璃布油毡防水卷材都属于沥青类防水卷材。APP改性沥青防水卷材的耐热度最高，是我国南方地区常选用的屋面防水卷材。

答案：A

42. 三元乙丙橡胶防水卷材是以下哪类防水卷材？ [2009-002]

  A. 橡塑共混类防水卷材 B. 高聚物改性沥青防水卷材
  C. 合成高分子防水卷材 D. 树脂类防水卷材

【解析】 合成高分子防水卷材大致分为：合成橡胶系、合成树脂系和两者共混体三类，三元乙丙橡胶防水卷材是以三元乙丙橡胶为主体原料，制成的一种高弹性防水卷材。

答案：C

43. 三元乙丙橡胶防水卷材施工中的基层处理剂是下列哪种材料？

[1999-033]

A. 冷底子油　　B. 乳化沥青　　C. 聚氨酯底胶　　D. 氯丁橡胶沥青胶液

【解析】　三元乙丙橡胶防水卷材施工时采用冷施工法，以聚氨酯—煤焦油系的二甲苯溶液（即聚氨酯底胶）为基层处理剂（也可用乳化沥青）；采用以氯丁橡胶和丁基酚醛树脂为主要成分的 CX—404 胶结剂作为基层胶粘剂。

答案：C

44. 三元乙丙橡胶防水卷材的施工要点及注意事项不包括以下哪些？

[1997-051]

A. 基层需用水泥砂浆找平、干燥

B. 复杂部位，铺贴前需加铺一层

C. 铺粘卷材时应从流水坡最上坡开始

D. 卷材长边搭接 5cm，短边搭接 7cm

【解析】　铺粘卷材时应从流水坡最下端开始，使得产生卷材上压下的效果，则水流顺畅，不出现呛水现象。

答案：C

45. 当屋面基层的变形较大，屋面防水层采用合成高分子卷材时，宜选用下列哪类卷材？

[2010-079]

A. 纤维增强类　　　　　　　B. 非硫化橡胶类

C. 树脂类　　　　　　　　　D. 硫化橡胶类

【解析】　当屋面基层的变形较大时，屋面防水层采用的合成高分子卷材应具有较高的强度及良好的弹性，上述四种类型的合成高分子卷材中以硫化橡胶类为最佳。

答案：D

46. 屋面工程中，以下哪种材料的屋面不适用等级为Ⅰ级的防水屋面？

[2008-037]

A. 高聚物改性沥青防水涂料　　B. 细石混凝土

C. 金属板材　　　　　　　　　D. 油毡瓦

【解析】 国家标准《屋面工程技术规范》（GB 50345—2004）规定，Ⅰ级防水屋面要求多道设防，其中必有一道柔性防水，因此不应采用油毡瓦，可选用高分子防水涂料，高聚物改性沥青防水材料，金属板材及细石混凝土等。

答案： D

47. 油毡瓦是以哪种材料为胎基，经浸涂石油沥青后而制成的？

[2009-037]

A. 麻织品　　B. 玻璃纤维毡　　C. 油纸　　D. 聚乙烯膜

【解析】 油毡瓦是以玻璃纤维毡为胎基，经浸涂石油沥青后，一面覆盖彩色矿物粒料，另一面撒以隔离材料所制成的瓦状屋面防水材料。其规格为 1000mm×333mm×2.8mm，每平米重不大于 2.5kg。

答案： B

48. 建筑工程中乳化沥青主要使用乳化剂，下列四种中哪项不宜使用？

[1997-059]

A. 阴离子乳化剂　　B. 阳离子乳化剂
C. 非离子乳化剂　　D. 胶体乳化剂

【解析】 一般乳化剂分四大类，即阴离子型乳化剂、阳离子型乳化剂、非离子型乳化剂和胶体乳化剂；而建筑沥青防水涂料可使用的乳化剂有阴离子乳化剂、阳离子乳化剂和非离子乳化剂三类；目前国内外大部分还是以使用阴离子型乳化沥青为主，但阳离子型乳化沥青与矿物表面粘结力较强等优点，故有逐步取代阴离子型的趋势。

答案： D

49. 乳化沥青是一种可在潮湿基层上冷施工的防水涂料，它呈灰褐色膏体，由四种成分组成，以下何者正确？

[1995-022]

A. 石油沥青、石灰、矿渣棉、水
B. 石油沥青、石灰膏、石英砂、煤油
C. 石油沥青、石灰膏、石棉绒、水
D. 石油沥青、石灰石、砂子、水

【解析】 建筑工程中乳化沥青主要使用无机乳化剂（石灰膏、膨润土等）制作乳化沥青，它是由石油沥青、石灰膏、石棉绒、水组成，经强力搅拌形成一种灰褐色膏体；它是一种可在潮湿基层上冷施工的防水涂料。

答案： C

50. 欲为贫困地区多建住宅，选用建筑防水涂料时，首先应考虑下列哪一种？

[2001-059]

A. 氯丁胶乳沥青　B. 聚氨酯涂料　C. 再生橡胶沥青　D. 乳化沥青

【解析】　建筑中常用的乳化沥青是由石油沥青、石灰膏（或膨润土等）、石棉绒、水组成，取材广泛、价格低廉，适用于贫困地区使用；常见的几种建筑防水涂料的价格排序是：聚氨酯涂料＞氯丁橡胶沥青防水涂料＞再生橡胶沥青防水涂料＞乳化沥青，乳化沥青价格最廉。

答案：D

51. 聚氨酯涂膜防水材料，施工时一般为涂布二道，两道涂布的方向是：

[1999-059]

A. 互相垂直　　B. 互相斜交　　C. 方向一致　　D. 方向相反

【解析】　根据《屋面工程质量验收规范》（GB 50207—2002）规定，防水涂膜施工应符合下列规定：1. 涂膜应根据防水涂料的品种分层分遍涂布，不得一次涂成。2. 应待先涂的涂层干燥成膜后，方可涂后一遍涂料。3. 需铺设胎体增强材料时，屋面坡度小于15%时可平行屋脊铺设，屋面坡度大于15%时应垂直于屋脊铺设。4. 胎体长边搭接宽度不应小于50mm，短边搭接宽度不应小于70mm。5. 采用二层胎体增强材料时，上下层不得相互垂直铺设，搭接缝应错开，其间距不应小于幅宽的1/3。

按《聚氨酯防水涂料冷作业屋面防水层施工工艺标准》规定："涂刮第二道涂膜：第一道涂膜固化后，即可在其上均匀地涂刮第二道涂膜，涂刮方向应与第一道涂刮方向相垂直，涂刮第二道与第一道相隔的时间一般不小于24h，亦不大于72h。"

答案：A

52. 下列哪一种防水涂料不能用于清水池内壁作防水层？　[1999-120]

A. 硅橡胶防水涂料　　　　　　B. 焦油聚氨酯防水涂料

C. CB 型丙烯酸酯弹性防水涂料　D. 水乳型 SBS 改性沥青防水涂料

【解析】　硅橡胶防水涂料兼具涂膜防水和渗透性的优良性能，无毒无味、安全可靠适用于地下工程、输水与贮水构筑物等，价格较高；焦油聚氨酯防水涂料属双组分反应型涂料，具有弹性高、延伸率大、耐高低温性好、耐油、耐化学药品等优点，为高档涂料，价格较高，但有毒性和可燃性；CB 型丙烯酸酯弹性防水涂料是以进口改性丙烯酸酯共聚物高分子乳液为基料，添加各种助剂、添加剂经加工而成的一种厚质单组分水性高分子防水涂料，其涂膜强度高、延伸率大，对基层收缩和变形开裂适应性强，可在潮湿基层上施工耐紫外线、耐候、耐老化，无毒无害，是一种绿色环保产品；各种改性沥青类防水涂料可对环境产生一定的污染，且价格较低。

答案：B

53. 地下饮用水池内壁防水层宜选择下列哪一种防水涂料为最佳？

[2004-048]

A. 硅橡胶防水涂膜　　　　　　B. 非焦油聚氨酯防水涂膜
C. 丙烯酸酯防水涂膜　　　　　D. 氯丁橡胶改性沥青防水涂膜

【解析】 见上题。

答案：A

54. 关于嵌缝油膏（建筑密封材料）的叙述，哪点有误？

A. 建筑密封材料应具有良好的粘结力、不透水性、弹塑性、温度稳定性、耐老化性，且易于施工。
B. 沥青嵌缝油膏是以石油沥青为基料加入改性材料（废橡胶粉）、稀释剂、填充料等制得，提高了沥青的温度稳定性，常用作屋面、墙面、沟槽的防水嵌缝，可采用冷施工。
C. 聚氯乙烯胶泥是以煤焦油为基料，加入改性材料聚氯乙烯（PVC）树脂粉、增塑剂、稳定剂、填充料等制得，若改性材料改为废聚氯乙烯塑料而制得的，称塑料油膏，上述两种油膏均可应采用冷施工及热施工。
D. 聚氨酯密封膏是一种性能最好的建筑密封材料之一，由双组分配制，具有高的弹性、粘结力、防水性、良好的耐油性、耐候性、耐磨性和耐久性。

【解析】 聚氯乙烯胶泥是以煤焦油为基料，加入改性材料聚氯乙烯（PVC）树脂粉、增塑剂、稳定剂、填充料等制得，并在130~140℃使胶泥塑化而成的热施工防水接缝材料；

若改性材料改为废聚氯乙烯塑料而制得的，称塑料油膏，宜采用热施工，若塑化降温后加溶剂（如二甲苯、蒽油）则可以冷施工。

答案：C

55. 关于建筑密封材料的应用的叙述，何者有误？

A. 沥青嵌缝油膏主要用作屋面、墙面、沟和槽的防水嵌缝材料以及玻璃的密封。
B. 聚氯乙烯胶泥和塑料油膏适用于屋面嵌缝；工业厂房自防水屋面嵌缝，

大型墙板嵌缝；水渠、管道的接缝等。
C. 聚氨酯密封膏用于屋面、墙面、公路、机场跑道及游泳池工程等，也可用于玻璃与金属的嵌缝。
D. 高层建筑的玻璃幕墙常采用高模量硅酮密封膏。

【解析】 沥青嵌缝油膏是用作屋面、墙面、沟和槽的防水嵌缝材料，不可用来作为玻璃的密封。

答案：A

56. 用于高层建筑的玻璃幕墙密封膏是以下哪种密封材料？ ［2008-036］
A. 聚氯乙烯胶泥　　　　　　B. 塑料油膏
C. 桐油沥青防水油膏　　　　D. 高模量硅酮密封膏

【解析】 硅酮密封膏具有优异的耐热、耐寒性和良好的耐候性。硅酮密封膏分为F类和G类两种类别，F类为建筑接缝用密封膏；G类为镶装玻璃用密封膏，用于镶装玻璃及建筑门、窗的密封。高层建筑的玻璃幕墙常采用高模量硅酮密封膏。

答案：D

57. 以下哪种建筑密封材料不宜用于垂直墙缝？ ［2010-054］
A. 丙烯酸密封膏　　　　　　B. 聚氨酯密封膏
C. 亚麻籽油油膏　　　　　　D. 氯丁橡胶密封膏

【解析】 聚氨酯密封膏属双组份反应固化型，有A、B两组分组成，按流变性分为非下垂型和自流平型两种。在用于垂直缝时，应待配好的胶液初凝成为膏状胶体时方可用挤压枪嵌入缝中，若流淌时应加入A、B料总量的5%~10%的增稠剂搅拌成膏状后使用，并应在40min内用完。因此这种密封胶不宜用于垂直墙缝。

答案：B

58. 阻燃滤纸的基层是： ［1999-034］
A. 玻璃纤维毡　　B. 石棉纸　　C. 纸　　D. 聚氯乙烯塑料薄膜

【解析】 石棉是一种富有弹性的纤维状材料，具有抗拉强度高、隔热、耐热、耐腐蚀和绝缘等性能，常作为石棉水泥制品、石棉纺织品、石棉沥青制品、石棉增强塑料制品、石棉制动制品、保温材料、绝缘材料、过滤材料等。其余材料不具备阻燃能力。

答案：B

59. 以下哪项民用建筑工程不应选用沥青类防腐、防潮处理剂对木材进行处理？　　　　　　　　　　　　　　　　　　　　　　　　　　［2009-051］

A. 屋面工程　　　　　　　　B. 外墙外装饰工程
C. 室内装修工程　　　　　　D. 广场工程

【解析】 沥青类防腐、防潮处理剂能持续释放污染严重的有刺激性气味的气体，对人体健康不利，因此在室内装修工程中不应选用。国家标准《民用建筑工程室内环境污染控制规范》（GB 50325—2010）4.3.9 民用建筑工程室内装修中所使用的木地板及其他木质材料，严禁采用沥青、煤焦油类防腐、防潮处理剂。

答案：C

第十章 合成高分子材料

合成高分子材料包括建筑塑料、玻纤增强塑料、合成橡胶、胶粘剂、建筑涂料、高分子防水材料等。

第一节 建筑塑料

与传统建筑材料相比，建筑塑料具有体积密度小、比强度高、耐化学腐蚀、绝热、绝缘、抗震、消声等优点，且具有优良的装饰性。但它也存在着刚度小、热胀系数大、不耐热、易燃烧、耐老化差等缺点。

一、塑料的组成

建筑塑料有单组分和多组分之分，单组分塑料主要以合成树脂组成；多组分塑料由合成树脂与各种添加剂组成。在多组分塑料中，合成树脂的用量一般在30%以上。

（一）合成树脂

合成树脂是塑料的基本组成材料，在塑料中起胶粘剂作用。它是由石油、天然气、煤等加工制得的低分子量的有机化合物，再经加聚反应或缩聚反应而制得。

1. 加聚树脂（或称聚合树脂）

此类树脂分子为线型结构，绝大多数属于热塑性树脂，即具有多次反复加热软化、冷却硬化的性能。

由一种单体加聚而成的称均聚物，以"聚"+单体名称命名。在建筑上常用的有聚乙烯（PE）、聚丙烯（PP）、聚氯乙烯（PVC）、聚苯乙烯（PS）、聚醋酸乙烯（PVAC）、聚甲基丙烯酸甲酯即有机玻璃（PMMA）等。

由两种以上单体加聚而成的称共聚物，以单体名称+"共聚物"命名。例如丙烯腈-丁二烯-苯乙烯共聚物（ABS）。

2. 缩聚树脂（或称缩合树脂）

此类树脂分子为体型结构，属热固性树脂，即在交联或固化前为线型或支链型结构，第一次加热可软化，经交联或固化后再加热不会软化。它以单体名称+"树脂"命名。在建筑上常用的酚醛树脂（PF）、环氧树脂（EP）、不饱和聚酯树脂（UP）、聚酯（PBT）、聚氨酯（PUR）、有机硅（SI）、聚酰胺（即尼龙）（PA）、三聚氰胺甲醛树脂（密胺树脂）（MF）等。

（二）添加剂

1. 填充料。常采用粉状或纤维状填料如云母、滑石粉、各类纤维材料、木粉、纸屑等，掺入填料可提高塑料的强度、硬度、刚度及耐热性能，且可降低成本。

2. 增塑剂。用于改善树脂的加工工艺性能（塑性与流动性），亦可改善塑料的弹性、韧性及低温脆性。常用有樟脑、磷酸酯类等。

3. 固化剂。又称硬化剂，它可使线型聚合物分子交联成体型分子使其具有热固性。常用有胺类、酸酐类等。

此外，还有加入稳定剂（如抗氧剂、光稳定剂等）、着色剂、阻燃剂等。

二、常用建筑塑料

建筑上常用建筑塑料的特性与主要用途见表10-1、表10-2。

表10-1 建筑上常用热塑性建筑塑料的特性与主要用途

种类	特性	缺点	主要用途
聚乙烯	化学稳定性好，常温下不与酸碱作用、抗水性好、耐低温性好可在-60~110℃下使用不脆裂，燃烧时少烟，电绝缘性好	耐高温性差，使用温度不得超过100℃，易燃	防水材料、给排水管、电绝缘材料等透明薄膜
聚丙烯	化学稳定性好，力学性能超过聚乙烯，耐疲劳及应力好，不开裂，耐高温性好，可在100℃以上使用，无毒，电绝缘性好	收缩率较大，低温脆性大，耐紫外线差易老化，易燃	化工管道、容器、建筑零件、绝缘材料、薄膜及纤维
聚氯乙烯	化学稳定性好、电绝缘性好、力学性能较好、属难燃材料，具有自熄性，其中，硬PVC具有防X射线能力，耐油性及抗老化性较好	耐热性差，使用温度为60℃以下，140℃开始分解并放出氯化氢，线胀系数大	软质：薄膜、地板、壁纸、造革、电绝缘材料。硬质：门窗、管材、泡沫塑料
聚苯乙烯	化学稳定性好、电绝缘性好、无毒无味、透明、有一定的机械强度、耐水、耐光	性脆、易燃、耐热温度低，不超过80℃	泡沫塑料、电绝缘材料、透明装置等

表 10-2 建筑上常用热固性建筑塑料的特性与主要用途

种类	特性	缺点	主要用途
酚醛树脂	具有较大的强度和硬度、耐磨、耐热、耐腐蚀、绝缘性能好、难燃	色暗、性脆	层压塑料板、保温隔热材料、电工材料及胶粘剂、涂料、玻璃钢等
环氧树脂	耐热性好、绝缘性能好、耐化学腐蚀性好、体积收缩小、粘接力强	固化后脆性大、耐热性、耐紫外线较差	胶粘剂、涂料、玻璃钢等
聚氨酯	粘接强度高、耐化学腐蚀性好、耐热、耐溶剂性好	—	保温隔热材料、胶粘剂、涂料、玻璃钢等
不饱和聚酯树脂	绝缘性能好、耐化学腐蚀性好、可在低压下固化成型	固化收缩率大	玻璃钢、涂料、人造大理石等
有机硅塑料	绝缘性能好、耐化学腐蚀性好、耐高温、耐水、耐热、耐寒、耐光	固化后强度不高	胶粘剂、防水涂料

三、常用建筑塑料制品

（一）玻璃纤维增强塑料（玻璃钢）

它是用玻璃纤维增强酚醛树脂、环氧树脂、不饱和聚酯树脂及呋喃树脂（以不饱和聚酯树脂最为常见）而得的复合材料。玻璃钢具有质轻、强度高、刚度大、耐腐蚀性好、电绝缘性好、加工成型方便等优点，缺点是刚度不及金属，不耐浓酸、浓碱的侵蚀。

当用于氢氟酸介质时，因玻纤能被腐蚀，此时增强材料应改用涤纶布或丙纶布。上述玻璃钢中，环氧玻璃钢耐温性差，酚醛玻璃钢与呋喃玻璃钢机械强度较差。

玻璃钢在建筑上主要用作装饰材料、门窗、屋面及墙体维护材料、防水材料及容器、管道、浴缸、水箱等。

（二）钙塑材料

将无机钙盐与有机树脂经一定的工艺过程而合成的一种复合材料，称钙塑材料。它具有耐水性好、吸湿性小、尺寸稳定、变形小、易加工等优点。缺点是光泽性差、韧性较低。

钙塑材料制品主要有门窗、墙板、保温隔热材料及装饰吸声板等。

（三）有机玻璃制品

有机玻璃即聚甲基丙烯酸甲酯塑料，它是透明性最好的热塑性塑料。可透过90%以上的太阳光，透过紫外线能力达73%。

它具有良好的机械强度、耐化学腐蚀性、电绝缘性、且着色性好。缺点是较脆、易开裂。常用作装饰材料、广告材料等。

第二节　建筑胶粘剂

胶粘剂是一种在两个物体表面间形成薄膜，并能把它们紧密粘结在一起的物质。

一、胶粘剂的组成、分类及性能要求

（一）胶粘剂的组成

胶粘剂的主要组成有基料、固化剂或交联剂、填料、稀释剂等。

1. 基料。胶粘剂的基本组分，是由一种或几种聚合物（合成树脂或橡胶）配制而成，它对胶粘剂的性能（胶结强度、耐热性、韧性、耐老化等）起决定性作用。

2. 固化剂。可加速胶粘剂固化或交联，常用有胺类。

3. 填料。可改善胶粘剂的性能（强度、耐热性等），常有金属及其氧化物的粉末、石英粉、水泥及石棉粉等。

4. 稀释剂。用于溶解和调节胶粘剂的黏度，主要有丙酮等。

（二）分类

建筑用胶粘剂通常可按组成成分及强度特征进行分类。

1. 胶粘剂按组成成分分为合成树脂类（热塑性、热固性）和合成橡胶两类。

2. 胶粘剂按其强度特性分为结构胶粘剂与非结构胶粘剂。

（三）胶粘剂的性能要求

建筑用胶粘剂通常应具有足够的流动性以便于施工；固化速度易于调整；粘结强度高；胀缩变形小；性能稳定不易老化等性能。

二、常用建筑胶粘剂

（一）结构胶粘剂

用于承重结构构件粘接的、能长期承受设计应力和环境作用的胶粘剂（简称结构胶）。按其用途可分为粘钢结构胶、灌注结构胶、植筋结构胶及纤维复合材用结构胶。

结构胶粘剂通常为热固性树脂胶，如环氧树脂胶粘剂、聚氨酯树脂胶粘剂、有机硅胶粘剂、不饱和聚酯胶粘剂等。建筑上多采用环氧树脂胶粘剂。

环氧树脂胶粘剂俗称"万能胶"，是以环氧树脂为主要原料，二甲苯为稀

释剂，滑石粉（或硅酸盐水泥）作填充料，三乙醇氨为固化剂，邻苯二甲酸二丁酯作为增塑剂所组成。

环氧树脂胶粘剂是一种热固性高分子胶粘剂，属结构胶，具有固化速度快、粘结强度高、耐水、耐化学腐蚀等特性，且使用方便。

其缺点是耐热性差、耐紫外线差、固化后脆性大，抗冲击强度较低，但这些缺点可通过加入其他高分子化合物进行改性来解决，如加入酚醛树脂可使形成的酚醛－环氧胶粘剂具有良好的耐热性及粘结性能。

建筑上采用的环氧树脂胶粘剂均为改性环氧树脂胶粘剂。可用来粘结金属（钢材）和非金属（混凝土、砖石、玻璃、塑料、木材等）。

（二）非结构胶粘剂

非结构胶粘剂在建筑上主要用来粘结壁纸、墙布、塑料地板、塑料管道、木材、瓷砖、玻璃等。常使用热塑性树脂胶粘剂，如聚乙烯醇胶粘剂、聚乙烯醇缩甲醛胶粘剂（即108胶）。常使用的热固性树脂胶粘剂有酚醛树脂胶粘剂、脲醛树脂胶粘剂、呋喃树脂胶粘剂、聚酯树脂胶粘剂等。

此外，对一些常用材料的粘结还有专用的胶粘剂，如竹木类专用胶粘剂、瓷砖大理石胶粘剂、玻璃有机玻璃胶粘剂、塑料薄膜胶粘剂、乙丙橡胶卷材胶粘剂、地下工程用胶粘剂等。

第三节　合成橡胶

橡胶是一种具有高弹性的有机高分子化合物。它在 $-50 \sim 150℃$ 温度范围内具有极好的弹性，这是橡胶区别于其他材料的最主要标志。此外，橡胶还具有极高的可挠性、耐磨性、耐酸碱性、耐疲劳性、不透水性、不透气性、绝缘性等性能，因而用途广泛。

一、橡胶的分类

橡胶可分为天然橡胶、合成橡胶和再生橡胶三类。

（一）天然橡胶

天然橡胶是由橡胶植物（三叶橡胶树、橡胶草、杜仲橡树等）的浆汁经加工而成。其密度为 $0.91 \sim 0.93 g/cm^3$，$130 \sim 140℃$ 软化，$270℃$ 分解。其综合性能优于合成橡胶。

（二）合成橡胶

合成橡胶是以石油、天然气和煤为主要原料，以人工合成的方法加工而成。它具有橡胶的各种性能，用以代替天然橡胶来制造各种橡胶制品。

为了改善橡胶的性能，应对橡胶进行硫化，橡胶（天然橡胶、合成橡胶）经硫化后可使线型分子结构变为网状结构，从而提高了硬度和变形能力；橡胶的抗老化性能得到提高，不易变粘；提高了橡胶的强度使之不易折断。

（三）再生橡胶

再生橡胶是以废硫化橡胶或橡胶制品生产中的下脚料为原料，经再生处理所得的，具有生橡胶某些特性的橡胶材料。它不同于生胶，但可作为生胶的代用品。

二、常用合成橡胶

（一）丁基橡胶

丁基橡胶是一种无色的弹性体。密度约 $0.92g/cm^3$，其最大的特点是透气性小，为天然橡胶的 1/20~1/10；耐臭氧老化性能极好，各种橡胶的耐臭氧老化能力顺序为：乙丙橡胶＞丁基橡胶＞氯丁橡胶＞天然橡胶＞丁苯橡胶；耐化学侵蚀性好，可耐无机强酸（硫酸、硝酸等）；电绝缘性非常好；耐热性好，耐热极限可达204℃；耐候性、耐寒性好，脆化温度为 -79℃；对冲击吸收能力大，但弹性较低，耐油性较差。

（二）氯丁橡胶

氯丁橡胶是一种浅黄绿色或棕褐色的弹性体。密度为 $1.23g/cm^3$；不透气性好，为天然橡胶的 5~6 倍；耐老化、耐臭氧、耐热性能良好；耐油性、耐酸碱性好但对浓的硫酸及硝酸的抵抗能力较差；吸收振动能力高于天然橡胶；但电绝缘性能较差。

（三）乙丙橡胶

乙丙橡胶为乙烯与丙烯的共聚物，密度为 $0.85g/cm^3$，是最轻的橡胶。耐臭氧、耐候性、耐热性极好（能在150℃条件下长期使用），几乎不变化；耐寒性（-57℃变硬，-77℃变脆）、耐化学腐蚀性、电绝缘性较好；抗撕裂性、弹性及着色性较好；且价格便宜，但耐油性较差。

（四）丁腈橡胶

丁腈橡胶是一种耐油性很强的合成橡胶，仅次于聚硫橡胶、丙烯酸酯橡胶和氟橡胶。它具有良好的耐热性、耐老化性、耐磨性、耐腐蚀性和不透水性。但其耐寒性、耐酸性抗撕裂性较差，尤其是电绝缘性是各类橡胶中最差者。

本章历年试题及模拟题解析

1. 塑料与传统建筑材料相比，主要优点有密度小、强度高、装饰性好、耐化学腐蚀、抗震、消音、隔热、耐水等，但最主要的缺点是：

[1995-018，1998-019，2003-035]

A. 耐老化性差、可燃、刚性小　　B. 制作复杂、价格较高

C. 容易沾污、不经久耐用　　　　D. 有的塑料有毒性

【解析】　与传统建筑材料相比，建筑塑料具有体积密度小、比强度高、

耐化学腐蚀、绝热、绝缘、抗震、消声等优点,且具有优良的装饰性。但它也存在着刚度小、热胀系数大、不耐热、易燃烧、耐老化差等缺点。

答案: A

2. 合成树脂一般性能的叙述,下列哪条是错的? [2001-058]
   A. 耐腐蚀能力很强　　　　　　B. 电绝缘性能好
   C. 能制成各种形状,不易变形　　D. 溶于水

【解析】 合成树脂是塑料的基本组成材料,在塑料中起胶粘剂作用。合成树脂的种类、性能及用量不同都决定了塑料的性能。因此合成树脂与塑料的性能基本一致,具有体积密度小、绝热性能好、耐腐蚀能力很强、电绝缘性能好、能制成各种形状、不易变形等性能。

注:有少数的树脂具有可溶性,如聚乙烯醇。

答案: D

3. 塑料的比强度(按单位质量计算的强度)与下列材料相比较,哪条是错的? [2001-060]
   A. 比铸铁要高　　　　　　　　B. 比混凝土要高
   C. 比结构钢要低　　　　　　　D. 抗拉强度可达167~490MPa

【解析】 混凝土C60,其比强度为25;结构钢Q275,其比强度为35;建筑塑料以有机玻璃为例,体积密度1.2g/cm^3,抗拉强度为77MPa,则比强度为64;可见,有机玻璃的比强度已远高于结构钢。

答案: C

4. 塑料按照树脂物质化学性质不同可分为热固性塑料和热塑性塑料,下列哪项是热固性塑料? [2006-037,2007-035]
   A. 环氧树脂塑料
   B. 聚苯乙烯塑料
   C. 聚乙烯塑料
   D. 聚甲基丙烯酸甲酯塑料(即有机玻璃)

【解析】 上述材料中环氧树脂塑料是热固性塑料,其余三种塑料均为热塑性塑料。

答案: A

5. 塑料受热后软化或熔融成型,不再受热软化,称热固性塑料。以下哪种塑料属于热固性塑料? [2008-003]
   A. 酚醛塑料　　　　　　　　　B. 聚苯乙烯塑料

C. 聚氯乙烯塑料　　　　　　D. 聚乙烯塑料

【解析】 聚苯乙烯、聚氯乙烯、聚乙烯均为热塑性树脂，制成的塑料为热塑性塑料；而酚醛塑料受热后软化或熔融成型，不再受热软化，属于热固性塑料。

答案：A

6. 硬聚氯乙烯塑料的优点中不包括以下何项？　　　　　　　　　[1997-049]
A. 原材料来源丰富，价格低廉　　B. 具有较高的机械性能
C. 具有优越的耐腐蚀性能　　　　D. 具有较好的防火、耐火性能

【解析】 聚氯乙烯塑料（PVC）的主要生产原料是石灰石、焦炭、食盐等，其原材料来源丰富，价格低廉；经生产得到氯乙烯，再经聚合而得到聚氯乙烯；由聚氯乙烯树脂加入稳定剂、增塑剂、填料、着色剂等经压制得到聚氯乙烯塑料。聚氯乙烯塑料分为软、硬两种产品。硬聚氯乙烯塑料具有较高的机械性能、优越的耐腐蚀性能、优良的介电性与耐油性、较好的耐久性，且价格低廉。

答案：D

7. 硬聚氯乙烯塑料来源丰富，下列四种材料中，何者不是硬聚氯乙烯塑料的来源？　[2004-032]
A. 石灰石　　　B. 石膏　　　C. 焦炭　　　D. 食盐

【解析】 由上题解析中可知，聚氯乙烯塑料（PVC）的主要生产原料是石灰石、焦炭、食盐等，其中不包括石膏。

答案：B

8. 硬聚氯乙烯塑料来源丰富，以下哪种物质不是硬聚氯乙烯塑料的原料？
　　　　　　　　　　　　　　　　　　　　　　　　　　　　　　[2009-039]
A. 石灰石　　　B. 焦炭　　　C. 食盐　　　D. 石英砂

【解析】 见上题。

答案：D

9. 以下哪组字母代表聚苯乙烯？　　　　　　　　　　　　　　　[2010-037]
A. PS　　　　B. PE　　　　C. PVC　　　　D. PF

【解析】 常用建筑塑料的代号是：PS 聚苯乙烯，PE 聚乙烯，PVC 聚氯乙烯，PF 酚醛树脂，聚甲基丙烯酸甲酯 PMMA，环氧树脂 EP，有机硅树脂 SL，玻璃钢 GRP。

答案：A

10. 聚苯乙烯泡沫塑料的性能中，何者不正确？ ［2000-058］

A. 有弹性　　B. 吸水性大　　C. 耐低温　　D. 耐酸碱

【解析】 聚苯乙烯泡沫塑料是以聚苯乙烯树脂为主体，加入发泡剂等添加剂制成，它具有质轻、绝热效果好、吸水性小、防震性能好、耐低温性好、耐酸碱性能好、有一定的弹性、易于加工等特点。着色性好，温度适应性强，抗放射性优异等优点。但燃烧时会放出污染环境的苯乙烯气体。

答案：B

11. 聚丙烯塑料（PP）由丙烯单体聚合而成，下列聚丙烯塑料的特点何者是不正确的？ ［2004-031］

A. 低温脆性不显著，抗大气性好　　B. 刚性、延性和抗水性均好

C. 质轻　　D. 耐热性较高

【解析】 聚丙烯塑料的特点是质轻（密度0.9），耐热性好，可在100～120℃长期使用，刚性、延性耐弯曲疲劳性好，绝缘性好、吸水率低、抗水性好，但低温脆性显著，抗大气性差。因此只适用于室内。

答案：A

12. 下列哪种塑料属于难燃材料？ ［2007-009］

A. 聚苯乙烯　　B. 聚乙烯　　C. 聚氯乙烯　　D. 聚丙烯

【解析】 根据《建筑内部装修设计防火规范》（GB 50222—1995）中，附表B：聚氯乙烯塑料属B_1级（即难燃性材料），而经阻燃处理的聚乙烯、聚丙烯、聚苯乙烯等均属B_2级材料（即可燃性材料）。

答案：C

13. 用直接燃烧方法鉴别塑料品种时，点燃该塑料后离开火源即灭的是以下哪种塑料？ ［2008-038，2009-012］

A. 聚氯乙烯　　B. 聚苯乙烯　　C. 聚丙烯　　D. 聚乙烯

【解析】 点燃该塑料后离开火源即灭的属难燃材料，或者它是具有自熄性的材料，上述材料中聚氯乙烯具有自熄性。

答案：A

14. 塑料燃烧后散发有刺激性酸味的是以下哪种塑料？ ［2008-039］

A. 聚氯乙烯　　B. 聚苯乙烯　　C. 聚丙烯　　D. 聚乙烯

【解析】 聚氯乙烯塑料燃烧后放出氯化氢气体，并散发有刺激性酸味。

答案：A

15. 北京奥运比赛场馆中，以下哪个场馆的外围护结构采用了乙烯－四氟乙烯共聚物材料？ ［2009-035］

A. 国家体育馆 B. 国家游泳中心
C. 国家网球中心 D. 国家曲棍球场

【解析】 国家游泳中心"水立方"是钢结构支撑的薄膜结构，其外罩 (ETFE) 膜，即乙烯－四氟乙烯共聚物。

答案：B

16. 以聚氯乙烯塑料为主要原料，可制作：

A. 有机玻璃 B. 塑料门窗 C. 冷却塔 D. 塑料灯光格片

【解析】 以聚氯乙烯（PVC）塑料为主要原料，可制作塑料门窗。

答案：B

17. 主要用于生产玻璃钢的原料是以下哪一种？ ［2005-037］

A. 聚丙烯 B. 聚氨酯 C. 环氧树脂 D. 聚苯乙烯

【解析】 常用来生产玻璃钢的原料主要有不饱和聚酯树脂、酚醛树脂、环氧树脂及呋喃树脂，其中采用不饱和聚酯树脂最为常见。

答案：C

18. 关于玻璃钢的以下特性，何者不正确？ ［2000-059，2004-034］

A. 强度高、弹性模量小 B. 质轻、刚度强
C. 耐水、防火性差 D. 不易老化，不耐化学腐蚀

【解析】 玻璃钢是用玻璃纤维增强酚醛树脂、环氧树脂、不饱和聚酯树脂及呋喃树脂（以不饱和聚酯树脂最为常见）而得的复合材料。玻璃钢具有质轻、强度高、耐水、耐腐蚀性好、电绝缘性好、加工成型方便等优点。缺点是刚度不及金属、不耐浓酸、浓碱的侵蚀。

答案：D

19. 玻璃钢用于氢氟酸介质时，应采用哪种增强材料？ ［1995-027］

A. 玻璃布 B. 亚麻布 C. 石棉布 D. 涤纶布

【解析】 根据《工业建筑防腐蚀设计规范》（GB 50046—2008）中 7.9.2 规定：在含氟酸作用下，……玻璃钢的增强材料，宜选用涤纶、丙纶等有机纤维布和毡，并可选用麻布或脱脂纱布，但不得选用玻璃布和玻璃纤维毡。此外，因石棉材料的耐酸性较差，石棉布也不宜选用。

答案：D

20. 环氧玻璃钢是一种使用广泛的玻璃钢，它不具有下列哪种特点？

[2006-038]

A. 耐腐蚀性好　　B. 耐温性好　　C. 机械强度高　　D. 粘结力强

【解析】　环氧树脂的特点是：耐热性好（可在150~180℃下采用不同的固化剂固化）、绝缘性能好、耐化学腐蚀性好、体积收缩小、粘结力强；但固化后脆性大、耐热性、耐紫外线较差。因此，环氧玻璃钢的特点包括：耐化学腐蚀性好、绝缘性能好、机械强度高、体积收缩小、粘结力强；但固化后脆性大、耐热性不高、耐紫外线较差；而且成本较高。

答案：B

21. 有机玻璃的原料是以下何者？　　　　　　　　　　　　　[2007-043]

A. 聚甲基丙烯酸甲酯　　　　　B. 聚丙烯
C. 聚氯乙烯　　　　　　　　　D. 高压聚乙烯

【解析】　有机玻璃是一种单组分塑料，主要由聚甲基丙烯酸甲酯组成。

答案：A

22. 以下哪种塑料具有防X射线功能？　　　　　　　　　　　[2005-047]

A. 聚苯乙烯塑料　　　　　　　B. 聚丙烯塑料
C. 硬聚氯乙烯塑料　　　　　　D. 低压聚乙烯塑料

【解析】　见表10-1，硬聚氯乙烯塑料具有防X射线的功能，可用作防X射线材料。

答案：C

23. 北京2008奥运会游泳馆"水立方"的外表是下列哪种材料？

[2007-036]

A. 聚苯乙烯　　B. 聚氯乙烯　　C. 聚四氟乙烯　　D. 聚丙烯

【解析】　北京2008奥运会游泳馆"水立方"（国家游泳中心）是用钢结构支撑的薄膜结构，其外罩双层透明的（ETFE膜）即乙烯－四氟乙烯共聚物。

答案：C

24. 能直接将两种材料牢固地粘结在一起的物质统称为胶粘剂。它不必具有何种性能？

[1998-020]

A. 有足够的流动性　　　　　　B. 不易老化，膨胀收缩变形小
C. 防火性能好　　　　　　　　D. 粘结强度大

【解析】 建筑用胶粘剂通常应具有足够的流动性以便于施工；固化速度易于调整；粘结强度高；胀缩变形小；性能稳定不易老化等性能。防火性能的好坏对于建筑用胶粘剂来说，没有意义。

答案：C

25. 以下胶粘剂何种不属于结构胶？ [1998-054]
  A. 聚氨酯　　　B. 酚醛树脂　　　C. 有机硅　　　D. 环氧树脂

【解析】 结构胶粘剂通常为热固性树脂胶，如环氧树脂胶粘剂、聚氨酯树脂胶粘剂、有机硅胶粘剂、不饱和聚酯胶粘剂等。建筑上多采用环氧树脂胶粘剂（亦称万能胶）。虽然，酚醛树脂胶粘剂也属热固性树脂胶，但其硬化后的产物性能很脆。因此，不用于结构物的胶接。

答案：B

26. 环氧树脂胶粘剂是以环氧树脂为主要原料，掺加适量增塑剂及其他填料配制而成，常用的增塑剂是： [1999-035]
  A. 滑石粉　　　　　　　　B. 邻苯二甲酸二丁酯
  C. 三乙醇胺　　　　　　　D. 二甲苯

【解析】 环氧树脂胶粘剂俗称"万能胶"，是以环氧树脂为主要原料，二甲苯为稀释剂，滑石粉（或硅酸盐水泥）作填充料，三乙醇胺为固化剂，邻苯二甲酸二丁酯作为增塑剂所组成。

答案：B

27. 以热固性树脂为基料组成的各种胶粘剂，较突出的环氧树脂（万能胶）的下列特性中，哪条有误？ [2003-038]
  A. 抗压抗拉强度大
  B. 耐水、耐化学性好
  C. 能粘结金属、玻璃、塑料、木材等
  D. 价格比较便宜

【解析】 环氧树脂的特点是：耐热性好（可在150～180℃下采用不同的固化剂固化）、绝缘性能好、耐水及耐化学腐蚀性好、体积收缩小、粘结力强；其缺点是固化后耐热性差、耐紫外线差、固化后脆性大，抗冲击强度较低，但这些缺点可通过加入其他高分子化合物进行改性来解决，如加入酚醛树脂可使形成的酚醛-环氧胶粘剂具有良好的耐热性及粘结性能。

建筑上采用的环氧树脂胶粘剂均为改性环氧树脂胶粘剂。可用来粘结金属（钢材）和非金属（混凝土、砖石、玻璃、塑料、木材等）。环氧树脂的价格较高。

答案：D

28. 环氧树脂胶粘剂的下列特性，何者是不正确的？ ［2004-041］
A. 耐热、电绝缘　　　　　　B. 耐化学腐蚀
C. 能粘结金属和非金属　　　D. 能粘结塑料
【解析】 见上题。
答案：A

29. 人类建筑领域必将波及太空，美国载人宇宙飞船指挥舱所用钛铝合金蜂窝结构是用下列哪类耐高温胶粘剂粘结的？ ［2003-039］
A. 有机硅　　B. 环氧－酚醛　　C. 聚氨酯　　D. 聚酰甲胺
【解析】 通过加入其他高分子化合物对胶粘剂进行改性，可使形成的改性胶粘剂具有良好的耐热性及粘结性能。如环氧－酚醛就是一种品质优良的耐高温胶粘剂。
答案：B

30. 环氧酚醛（7:3）类材料，可耐大部分酸、碱溶剂类介质，下列哪种介质是它所不耐的？ ［1995-028］
A. 丙酮　　　　　　　　　　B. ≤20%浓度氢氟酸
C. 苯　　　　　　　　　　　D. 浓度70%的硫酸
【解析】 见表10-3 常用树脂类材料的耐腐蚀性能。
答案：A

表10-3　常用树脂类材料的耐腐蚀性能

介质名称	环氧类材料	环氧酚醛（7:3）类材料	环氧呋喃（7:3）类材料	环氧煤焦油（7:3）类材料	酚醛类材料	不饱和聚酯类材料 双酚A型	不饱和聚酯类材料 邻苯型
硫酸	≤70%耐	≤70%耐	≤70%耐	≤70%耐	≤70%耐	≤70%耐	≤60%耐
盐酸	≤31%耐	耐	耐	耐	≤70%耐	耐	耐
硝酸	≤10%尚耐	≤20%耐	≤20%耐	≤20%耐	≤10%耐	≤40%耐	≤30%尚耐
醋酸	≤10%耐	≤10%耐	≤10%耐	≤20%耐	≤20%耐	≤40%耐	≤30%耐
铬酸	≤20%尚耐	≤10%耐	≤10%尚耐	≤10%尚耐	≤30%耐	≤30%耐	≤30%耐
氢氟酸	不耐	≤20%尚耐	不耐	不耐	—	≤40%耐	≤20%耐
氢氧化钠	耐	尚耐	耐	耐	不耐	尚耐	不耐
碳酸钠	耐	耐	耐	耐	≤70%耐	耐	尚耐

续表

介质名称	环氧类材料	环氧酚醛(7:3)类材料	环氧呋喃(7:3)类材料	环氧煤焦油(7:3)类材料	酚醛类材料	不饱和聚酯类材料	
						双酚A型	邻苯型
氨水	耐	尚耐	耐	尚耐	不耐	不耐	不耐
尿素	耐	耐	耐	耐	尚耐	耐	耐
氯化铵	耐	耐	耐	耐	耐	耐	耐
硝酸铵	耐	耐	耐	耐	耐	耐	耐
硫酸钠	耐	耐	耐	耐	耐	尚耐	尚耐
丙酮	不耐	不耐	不耐	不耐	不耐	不耐	不耐
乙醇	耐	尚耐	耐	尚耐	耐	不耐	不耐
汽油	耐	耐	耐	耐	耐	耐	耐
苯	耐	耐	不耐	不耐	耐	尚耐	不耐
5%硫酸和5%氢氧化钠交替作用	耐	尚耐	耐	尚耐	不耐	尚耐	不耐

注：本表选自《新型建筑材料实用手册》P240. 中国建筑工业出版社，1987。

31. 关于橡胶硫化的目的，以下哪项描述是错误的？　　　　　[2010-039]

A. 提高强度　　B. 提高耐火性　　C. 提高弹性　　D. 增加可塑性

【解析】 橡胶硫化的目的在于提高橡胶的强度。橡胶硫化后不易变粘，提高了抗老化性能；不易折断，提高了硬度、弹性和塑性。

答案：B

32. 以下哪种合成橡胶密度最小？　　　　　　　　　　　　　[2010-040]

A. 氯丁橡胶　　B. 丁基橡胶　　C. 乙丙橡胶　　D. 丁腈橡胶

【解析】 乙丙橡胶是所有合成橡胶中密度最小的。

答案：C

33. 乙丙橡胶共聚反应时引入不饱和键以生成三元乙丙橡胶的目的是：

[2010-041]

A. 获得结构完全饱和的橡胶　　B. 获得耐油性更好的橡胶
C. 获得可塑性更好的橡胶　　　D. 获得易于氧化解聚的橡胶

【解析】 乙丙橡胶共聚反应时引入不饱和键以生成三元乙丙橡胶的目的是为了使其交联成网状结构，获得结构完全饱和的橡胶。

答案：A

第十一章 绝热材料

第一节 绝热材料的基本知识

人们把用来控制热量进入称隔热，防止热量外流称保温，两者统称为绝热，能起到绝热作用的材料称为绝热材料。

一、绝热机理

传热有三种基本方式：辐射、对流和导热。辐射是一种由电磁波来传递能量的过程。对流是流体（液体或气体）各部分发生相对移动而引起的热量交换过程。导热则是物质内部通过质点热运动而传递热能的过程。在具体的传热过程中，往往是三者方式的复合作用过程，只不过是以某种方式为主。建筑材料的传热是以导热为主的。

材料的导热性用导热系数来衡量。建筑热工中，把材料厚度与导热系数的比（a/λ）称为材料层的热阻，它也是绝热材料性能好坏的评定指标。在同样温差条件下，导热系数越大，在相同时间内，通过材料的热量越多；热阻越大，通过材料的热量越少。

二、导热系数及影响因素

材料的导热系数主要取决于材料的化学组成、微观结构、宏观构造状态（即孔结构）、含水程度及热流方向等。

材料两侧的温度差是决定热流量的大小和方向的客观条件。材料传导热量的能力主要取决于材料的组成与结构。

（一）组成与结构

1. 组成与微观结构

金属材料的导热系数最大，在常温下，铜的 $\lambda=370W/(m \cdot K)$；铝的 $\lambda=221W/(m \cdot K)$；钢的 $\lambda=58W/(m \cdot K)$。

无机非金属材料次之，如普通黏土砖的 $\lambda=0.8W/(m \cdot K)$；普通混凝土的 $\lambda=1.51W/(m \cdot K)$。

有机材料最小，如松木（横纹）的 $\lambda=0.17W/(m \cdot K)$；泡沫塑料的 $\lambda=0.03W/(m \cdot K)$。

当材料的组成相同时,晶体结构的材料导热系数最大,微晶结构的次之,玻璃体结构的最小。为了获取导热系数较低的材料,可通过改变其微观结构的办法来实现,如水淬矿渣(玻璃态)即是一种较好的保温隔热材料。

2. 孔隙率及孔隙特征

孔隙率越大,材料的导热系数越小。因为孔隙内的密闭空气的导热系数比材料的小得多,只有 $\lambda = 0.023 \text{W}/(\text{m} \cdot \text{K})$。

在材料的孔隙率大小相近时,材料的孔径较大或孔隙连通,都将使导热系数偏大。这是由于孔中气体产生对流的缘故。

对于纤维状材料,也可认为是含孔材料。因此,纤维状材料是一种较好的保温隔热材料。但当其表观密度低于某一限值时,说明纤维间的空隙过大,其导热系数会有增大的趋势。因此,这类材料存在一个保温效果的最佳密度,即在最佳密度下导热系数最小。

(二)其他因素

材料的含水状态、热流方向以及温度等是对材料导热系数影响的另一方面因素。

1. 含水状态

材料的含水程度对其导热系数的影响非常显著。因为水的 $\lambda = 0.58 \text{W}/(\text{m} \cdot \text{K})$,比空气约大 25 倍,故材料受潮后,其导热系数将明显增加。若结冰[冰的 $\lambda = 2.33 \text{W}/(\text{m} \cdot \text{K})$]则导热系数将更大。

2. 热流方向

对各向异性的材料,平行热流方向的导热系数较大,例如松木顺纹方向为 $0.35 \text{W}/(\text{m} \cdot \text{K})$,横纹方向为 $0.17 \text{W}/(\text{m} \cdot \text{K})$。

3. 温度

同种材料,温度较高时的导热系数比温度较低时偏大。

三、绝热材料的结构特征

由上可知,绝热材料多为有机或无机的多孔材料,绝热材料中几乎很少是金属的。即:

当材料组成不同时:λ 金属 > λ 无机非金属 > λ 有机;

当材料组成相同,而材料微观结构不同时:λ 晶态(如慢冷矿渣)> λ 非晶态(如水淬矿渣);

当材料组成、结构相同,材料构造不同时:孔隙率越大,λ 越小。当孔隙率相近时:孔隙尺寸越大,λ 偏大,且开口连通孔比封闭孔的 λ 偏大。

绝热材料的基本结构特征是轻质(体积密度不大于 $600 \text{kg}/\text{m}^3$)、多孔(孔隙率一般为 50%~95%),或者是纤维状态。

四、绝热材料的性能要求

选用绝热材料时,首先要求绝热材料的导热系数应不大于 0.23W/(m·K);其次,其体积密度(或堆积密度)不宜大于 600kg/m³;对于块体材料,其抗压强度应不低于 0.3MPa。此外,还应考虑绝热材料的吸湿能力、使用条件及耐久性能等。

第二节 常用绝热材料

常用绝热材料的组成及基本性能见表 11-1。

表 11-1 常用绝热材料的组成及基本性能

分类	形态	名称	生产原料	体积(堆)密度(kg/m³)	导热系数 W/(m·K)	强度(MPa)	特性最高使用温度 T_m	应用
无机材料	粉状	硅藻土	天然,生物沉积岩	125~300	0.060	—	浅黄色或浅灰色、质轻多孔疏松土状,易吸潮 $T_m = 600~900℃$	填充料
	纤维状	矿棉及岩棉(统称矿物棉)	高炉矿渣、玄武岩或辉绿岩等	110~130 135~160	0.044~0.049	—	不燃、耐火、吸声、价廉 $T_m = 600℃$,缺点:弹性小,吸水性大	填充材料,墙体、屋顶等
		矿棉板、毡、管壳	酚醛树脂沥青	80~160	0.049~0.052	—	$T_m = 600℃$ $T_m = 250℃$	墙体、屋顶、热力管道等
		玻璃棉	玻璃	80~200	0.035~0.041	—	含碱 $T_m = 300℃$ 无碱 $T_m = 600℃$	围护结构
	颗粒状	膨胀珍珠岩	珍珠岩、松脂岩、黑曜岩	40~300	0.025~0.048	—	$T_m = 800℃$	绝热填充料
		膨胀蛭石	蛭石	80~200	0.046~0.07	—	$T_m = 1000℃$ 不蛀、不腐吸水大	绝热填充料
	多孔材料	微孔硅酸钙	二氧化硅粉状材料、石灰	100~250	0.035~0.058	抗压>0.5	$T_m = 650℃$	热力管道保温
		加气混凝土	硅质材料、钙质材料、铝粉	300~700	0.14~0.28	>2.2	$T_m = 600℃$ 干缩大	围护结构
		泡沫玻璃	玻璃	120~500	0.053~0.14	>0.4	$T_m = 240~420℃$ 抗冻、防火、不吸水、可钉、可锯、可钻	冷库隔热

续表

分类	形态	名称	生产原料	体积（堆）密度（kg/m³）	导热系数 W/(m·K)	强度（MPa）	特性最高使用温度 T_m	应用
有机材料	多孔板泡沫塑料	木丝板	木材下脚料、水玻璃、水泥	300~600	0.11~0.26	抗折 0.4~0.5	—	顶棚、护墙板
		硬质聚氯乙烯	聚氯乙烯	<45	<0.043	>0.18	$T_m=80℃$、不吸水、耐酸碱、油等，具有自熄性	屋面、墙面保温、冷库隔热、复合板等
		聚苯乙烯	聚苯乙烯	21~51	0.031~0.047	0.14~0.36	$T_m=75℃$、吸水小、耐低温、酸、碱、油等，有自熄性	屋面、墙面保温、冷库隔热、复合板等
		硬质聚氨酯	聚氨酯	30~40	0.017~0.026	0.25	$T_m=120℃$、透气、吸尘、吸油、吸水	屋面、墙面保温、冷库隔热、复合板等
		挤塑板	聚苯乙烯	—	0.028	0.22~0.50	高抗压、不透气、吸水率极低、耐腐蚀、超抗老化	屋面（倒置）、墙面保温、冷库隔热、复合板等

本章历年试题及模拟题解析

1. 评定建筑材料保温隔热性能好坏的主要指标是： ［1995-020］

A. 体积、比热 B. 形状、容重

C. 含水率、空隙率 D. 导热系数、热阻

【解析】 材料的导热性用导热系数来衡量。在同样温差条件下，导热系数越大，在相同时间内，通过材料的热量越多，即保温隔热性能越差。建筑热工中，把材料厚度与导热系数的比（a/λ）称为材料层的热阻，它也是绝热材料性能好坏的评定指标，在同样条件下，热阻越大，通过材料的热量越少。可见，导热系数与热阻是评定建筑材料保温隔热性能好坏的主要指标。

答案：D

2. 关于绝热材料的绝热性能，以下哪个不正确？

［1997-020，2000-011，2001-007］

A. 材料中，固体物质的导热能力比空气小

B. 材料受潮后，导热系数增大

C. 对各向异性材料，平行热流方向热阻小

D. 材料的导热系数随温度的升高而加大

【解析】 材料的导热能力是：固体＞液体＞气体；这是因为导热是物质内部通过质点热运动，质点间发生有效碰撞而传递热能的过程。因此，固体物质的导热能力比空气大。

答案：A

3. 关于材料的导热系数，以下哪个不正确？

[1998-022，1999-019，2006-012]

A. 容重轻，导热系数小　　　　B. 含水率高，导热系数大
C. 孔隙不连通，导热系数大　　D. 固体比空气导热系数大

【解析】 在材料的孔隙率大小相近时，材料的孔径较大或孔隙连通，由于孔中气体的流通或产生对流都将有利于传导热量，使导热系数增大。

答案：C

4. 通常把导热系数（λ）值最大不超过多少的材料划分为绝热材料？

[2010-001]

A. 0.20W/(m·K)　　　　B. 0.21W/(m·K)
C. 0.23W/(m·K)　　　　D. 0.25W/(m·K)

【解析】 通常把导热系数（λ）值最大不超过 0.23W/(m·K) 的材料划分为绝热材料。

答案：C

5. 对材料导热系数影响最大的因素是：

[2010-003]

A. 湿度和温度　　　　　　B. 湿度和表观密度
C. 表观密度和分子结构　　D. 温度和热流方向

【解析】 表观密度是材料的构造参数，也是影响材料导热系数的重要内在因素之一，不同材料，其构造特征相同，也会有相近的导热性能；材料的表观密度越小，导热系数也越小；湿度是影响材料导热系数的重要外在因素，多孔的保温材料受潮后导热系数会大幅度的提高。

答案：B

6. 以下三种材料的绝热性能，从好到差排列的次序，哪个正确？

[1998-023]

Ⅰ. 玻璃棉板；　Ⅱ. 泡沫塑料；　Ⅲ. 密闭空气

A. Ⅰ、Ⅱ、Ⅲ　　B. Ⅱ、Ⅲ、Ⅰ　　C. Ⅲ、Ⅱ、Ⅰ　　D. Ⅰ、Ⅲ、Ⅱ

【解析】 由于材料的导热能力是：固体＞气体，即密闭空气绝热效果最好，导热系数为0.023W/(m·K)；玻璃棉板的导热系数0.035～0.041；泡沫塑料（硬质聚氨酯）的导热系数0.017～0.026。

答案：C

7. 下列建材中哪个导热系数最低？ [2000-002]
A. 普通黏土砖　　B. 普通混凝土　　C. 花岗岩　　D. 建筑钢材

【解析】 上述四种建筑材料中，建筑钢材导热系数最大为58W/(m·K)；其次是花岗岩，导热系数2.9W/(m·K)；普通混凝土的导热系数1.5；普通黏土砖的导热系数最小为0.8。

答案：A

8. 下列哪种材料是绝热材料？ [1999-001]
A. 松木　　　　B. 玻璃棉板　　C. 粘土砖　　D. 石膏板

【解析】 选用绝热材料时，首先要求绝热材料的导热系数应不大于0.23W/(m·K)；其次，其体积密度（或堆积密度）不宜大于600kg/m³；对于块体材料，其抗压强度应不低于0.3MPa。此外，还应考虑绝热材料的吸湿能力、使用条件及耐久性能等。上述材料中，玻璃棉板的导热系数不大于0.052W/(m·K)属绝热材料；其余三种材料的导热系数是松木0.17～0.35，黏土砖0.8，石膏板0.29均大于0.23W/(m·K)。

答案：B

9. 以下哪项不是绝热材料？ [2010-007]
A. 软木　　　　B. 挤塑聚苯板　　C. 泡沫玻璃　　D. 高炉矿渣

【解析】 软木、挤塑聚苯板、泡沫玻璃的导热系数均在0.23W/(m·K)以下，属于绝热材料；而高炉矿渣若经水淬处理后也可用作保温材料，但若为慢冷矿渣，则不能用作绝热材料。

答案：D

10. 我国生产的下列保温材料中，何者导热系数最小、保温性能最好？
[2004-059]

A 聚苯乙烯泡沫塑料　　　　B. 玻璃棉
C. 岩棉　　　　　　　　　　D. 矿渣棉

【解析】 见表11-1，四种保温材料的导热系数[W/(m·K)]分别是：聚苯乙烯泡沫塑料0.031～0.047，玻璃棉0.035～0.041，岩棉及矿渣棉

0.044~0.049。

答案：A

11. 从理论上讲，下列保温材料的保温性能由优至劣的排序，哪一组是正确的？ [2003-051]
   A. 膨胀珍珠岩→一级石棉粉→水泥蛭石板→加气混凝土
   B. 一级石棉粉→膨胀珍珠岩→加气混凝土→水泥蛭石板
   C. 加气混凝土→水泥蛭石板→膨胀珍珠岩→一级石棉粉
   D. 水泥蛭石板→膨胀珍珠岩→一级石棉粉→加气混凝土

【解析】 上述材料中，一级石棉粉的导热系数是0.07，水泥蛭石0.075~0.110，加气混凝土0.14~0.28，膨胀珍珠岩0.025~0.048。

答案：A

12. 为了保温及隔热，经常用于管道保温的材料不包括以下哪项？ [1997-052]
   A. 石棉   B. 岩棉   C. 矿棉   D. 玻璃棉

【解析】 石棉具有耐火、耐热、耐酸、耐碱、保温、绝热、防腐、隔声、绝缘等特性。其使用温度最高可达600~800℃，多用于较高温度的条件的设备保温如蒸汽锅炉外壁和导管的保温层，但其价格较高；岩棉、矿棉、玻璃棉可用于650℃以下的设备、管道等保温，且价格较低。

答案：A

13. 耐热度比较高的常用玻璃棉是以下哪种？ [2009-031]
   A. 普通玻璃棉   B. 普通超细玻璃棉
   C. 无碱超细玻璃棉   D. 高硅氧棉

【解析】 普通玻璃棉、普通超细玻璃棉主要用于保温与吸声，不具有耐热性能；无碱超细玻璃棉是一种碱金属氧化物含量很少、具有良好电绝缘性的玻璃纤维；高硅氧棉是一种优异的耐热材料。

答案：D

14. 在石棉水泥制品中，石棉纤维能提高制品的性能中，下列何者不正确？ [2000-049]
   A. 抗拉强度   B. 抗压强度   C. 抗弯强度   D. 弹性性能

【解析】 石棉具有耐火、耐热、耐腐、绝热、绝缘等特性。经加工后的得到富有弹性的纤维，并且具有很大的抗拉强度（30MPa以上）在建筑上常用来生产石棉水泥制品（如石棉水泥管、瓦、板等）。

答案：B

15. 以下四种保温隔热材料，哪一种不适合用于钢筋混凝土屋顶屋面上？

[1997-053]

A. 膨胀珍珠岩　　B. 岩棉　　　　C. 加气混凝土　　D. 水泥膨胀蛭石

【解析】 上述四种材料均具有良好的保温隔热能力，膨胀珍珠岩、加气混凝土、水泥膨胀蛭石等常用于屋面保温；但岩棉具有较大的吸水性，且弹性小，因此不适合用于钢筋混凝土屋顶屋面上。

答案：B

16. 关于矿渣棉的性质，以下哪个不正确？

[1998-024]

A. 质轻　　　　B. 不燃　　　　C. 防水防潮好　　D. 导热系数小

【解析】 矿渣棉具有质轻（堆积密度小于 $160kg/m^3$）、导热系数小 $[0.044\sim0.049W/(m\cdot K)]$、不燃、耐火（$T_m=600℃$）、吸声、价格低廉等优点，其缺点是：弹性小，吸水性大。

答案：C

17. 生产膨胀珍珠岩的岩石不包括以下哪项？

[1997-003，2001-052，2008-031]

A. 辉绿岩　　　B. 珍珠岩　　　C. 松脂岩　　　D. 黑曜岩

【解析】 珍珠岩是一种酸性火山玻璃质岩石，其内部含有结晶水。在高温作用下，结晶水变成高压水蒸气使得熔融的玻璃质不断膨胀，再经迅速冷却，形成一种多孔结构的产品即膨胀珍珠岩。生产膨胀珍珠岩的矿石除珍珠岩外，还可以采用松脂岩和黑曜岩。习惯上，将这些产品统称为膨胀珍珠岩。

答案：A

18. 膨胀珍珠岩由珍珠岩经过破碎预热瞬时高温1200℃焙烧而成，它的主要性能不包括下列哪条？

[2003-032]

A. 轻质、无毒　　B. 有异味　　　C. 绝热、吸声　　D. 不燃烧

【解析】 膨胀珍珠岩具有轻质、无毒、无味、不燃、绝热、吸声等特性。

答案：B

19. 一级珍珠岩矿石熔烧后的膨胀倍数是：

[1999-012]

A. >20　　　B. 10~20　　　C. <10　　　D. 5

【解析】 根据珍珠岩的分级规定，一级珍珠岩矿石为优质矿石其膨胀系数 >20；二级珍珠岩矿石为中等矿石其膨胀系数 10~20；三级珍珠岩矿石为劣质矿石其膨胀系数 <10。

答案：A

20. 膨胀珍珠岩在建筑工程上的用途不包括以下哪项？　　　　［1997-040］
   A. 用作保温材料　　　　　　　B. 用作隔热材料
   C. 用作吸声材料　　　　　　　D. 用作防水材料

【解析】 膨胀珍珠岩是一种轻质、高效能的保温材料。具有质轻、导热系数小、在常温和真空度下保冷性能好、吸声性能好、吸湿性小、化学稳定性好、无毒无味、耐腐蚀、抗菌、不燃烧施工方便等特点，在建筑工程上主要用于建筑物维护结构的保温隔热；烟囱、烟道内的保温、绝热防火；工业设备的耐高温隔热材料；低温及超低温的保冷；吸声材料等。

答案：D

21. 下列膨胀珍珠岩制品，哪一种的使用温度最高？　　　　　　［2007-030］
   A. 磷酸盐膨胀珍珠岩制品　　　B. 沥青膨胀珍珠岩制品
   C. 水泥膨胀珍珠岩制品　　　　D. 水玻璃膨胀珍珠岩制品

【解析】 膨胀珍珠岩制品，常有磷酸盐膨胀珍珠岩制品、沥青膨胀珍珠岩制品、水泥膨胀珍珠岩制品、水玻璃膨胀珍珠岩制品，其中磷酸盐膨胀珍珠岩制品的使用温度最高，应低于1000℃，沥青膨胀珍珠岩制品最低，只可低于70℃；水泥膨胀珍珠岩制品及水玻璃膨胀珍珠岩制品的最高使用温度均为600℃。

答案：A

22. 用作保温隔热的膨胀珍珠岩的安全使用温度是多少？　　　　［1999-009］
   A. 800℃　　　B. 900℃　　　C. 1000℃　　　D. 1100℃

【解析】 用作保温隔热的膨胀珍珠岩的安全使用温度是800℃。

答案：A

23. 膨胀蛭石的最高使用温度是：　　　　　　　　　　　　　　　［2010-034］
   A. 600~700℃　　　　　　　　B. 800~900℃
   C. 1000~1100℃　　　　　　　D. 1200~1300℃

【解析】 膨胀蛭石的最高使用温度可达 1000~1100℃。

答案：C

24. 现浇水泥珍珠岩保温隔热层,其用料体积配合比(水泥:膨胀珍珠岩),一般采用以下哪种比值? ［2005-030］

A. 1:6　　　B. 1:8　　　C. 1:12　　　D. 1:18

【解析】 现浇水泥珍珠岩保温隔热层,通常采用42.5级普通水泥并根据性能要求不同以1:6至1:20不同比值的体积配合比(水泥:膨胀珍珠岩)进行配制;但一般采用1:12左右为多。

答案:C

25. 广泛应用于冷库工程、冷冻设备的膨胀珍珠岩制品,选用下列哪一种? ［1999-046］

A. 磷酸盐膨胀珍珠岩制品　　　B. 沥青膨胀珍珠岩制品
C. 水泥膨胀珍珠岩制品　　　　D. 水玻璃膨胀珍珠岩制品

【解析】 四种膨胀珍珠岩制品的一般性能与应用见表11-2。

表11-2　四种膨胀珍珠岩制品的一般性能与应用

品种	堆积密度 (kg/m³)	常温导热系数	抗压强度 (MPa)	使用温度(℃)	主要用途
磷酸盐膨胀 珍珠岩制品	200~250	0.038~0.045	6~10	1000	较高温度的管道 及设备保温
水泥膨胀珍 珠岩制品	300~400	0.050~0.075	5~10	≤600	围护结构 绝热、吸声
水玻璃膨胀 珠岩制品	200~300	0.048~0.056	6~12	650	围护结构 绝热、吸声
沥青膨胀珍 珠岩制品	200~400	0.06~0.07	3~5	-40~250	冷库及冷冻 设备隔热

答案:B

26. 岩棉是以下列何种精选的岩石为主要原料,经高温熔融后,由高速离心设备加工制成的? ［2003-060,2004-029,2005-034,2008-032］

A. 白云岩　　　B. 石灰岩　　　C. 玄武岩　　　D. 松脂岩

【解析】 岩棉是以玄武岩为主要原料,经高温熔融后,由高速离心设备加工制成的。白云岩、石灰岩经煅烧,分解成石灰;松脂岩经高温熔融后,则形成膨胀珍珠岩。

答案:C

27. 以下哪种产品是以精选的玄武岩为主要原料加工制成的人造无机纤维？
[2009-033]

A. 石棉　　　　B. 岩棉　　　　C. 玻璃棉　　　　D. 矿渣棉

【解析】　见上题。

答案：B

28. 关于膨胀蛭石的叙述中，哪个不正确？

A. 膨胀蛭石是一种较好的无机保温隔热、吸声材料。

B. 膨胀蛭石表观密度小、导热系数（亦称热导率）小、耐高温、不腐不蛀的材料。

C. 膨胀蛭石的缺点是吸湿性强、耐久性较差。

D. 水泥膨胀蛭石使用灵活可以采用现浇法施工，配料采用水泥与膨胀蛭石的体积比，一般采用1:10。

【解析】　一般说采用体积配合比1:12，既可行，又经济。

答案：D

29. 关于泡沫塑料的叙述中，何者有误？

A. 泡沫塑料是一类绝热性能极好的绝热材料、耐酸碱、耐燃性好。

B. 泡沫塑料常有聚苯乙烯泡沫塑料（模压，挤压）、聚乙烯泡沫塑料、硬质聚氯乙烯泡沫塑料、硬质聚氨酯泡沫塑料。

C. 泡沫塑料不耐热，聚苯乙烯泡沫塑料最高使用温度82℃；硬质聚氯乙烯泡沫塑料80℃；硬质聚氨酯泡沫塑料使用温度最高为120℃。

D. 在常用的几种泡沫塑料中，导热系数最小的是硬质聚氨酯泡沫塑料，只有 $0.017 \sim 0.026 W/(m \cdot K)$；聚苯乙烯泡沫塑料 $0.038 \sim 0.047 W/(m \cdot K)$。

【解析】　上面对泡沫塑料的叙述中，唯有"耐燃性好"是错误的，其余都是正确的。

答案：A

30. 用于倒置式屋面上的保温层，采用以下哪种材料？
[2005-050]

A. 沥青膨胀珍珠岩　　　　B. 加气混凝土保温块

C. 挤塑聚苯板　　　　　　D. 水泥膨胀蛭石块

【解析】　挤塑聚苯板导热系数为 $0.028 W/(m \cdot K)$，具有高热阻、低线性膨胀率的特性。导热系数远远低于其他保温材料。如EPS板、发泡聚氨酯、保温沙浆、珍珠岩等，是一种具有高抗压、吸水率低、防潮、不透气、质轻、耐腐蚀、超抗老化（长期使用几乎无老化）、导热系数低等优异性能的环保型保温材料。使用寿命可达 30～40 年。而其余三种材料的吸水率较大，不适用于倒置式屋面上的保温层。

答案：C

31. 倒置式屋面的保温层不应采用以下哪种材料？ [2008-034]
A. 挤塑聚苯板　　B. 硬泡聚苯板　　C. 泡沫玻璃块　　D. 加气混凝土块

【解析】 倒置式屋面的保温层必须是不吸水、不透水的保温材料；上述四种材料中挤塑聚苯板、硬泡聚苯板、泡沫玻璃块均满足要求，在倒置式屋面的保温层中均可采用。加气混凝土块吸水性强，且不耐水，倒置式屋面的保温层不应采用。

答案：D

32. 在正常使用和正常维护的条件下，外墙外保温工程的使用年限不应小于： [2010-055]
A. 10 年　　　　B. 15 年　　　　C. 20 年　　　　D. 25 年

【解析】 国家强制性验收规范中规定，在正常使用和正常维护的条件下，外墙外保温工程的使用年限不应小于 25 年。

答案：D

第十二章 吸声材料与隔声材料

第一节 吸声材料

在建筑中,将主要起吸声作用且吸声系数大于0.2的材料称为吸声材料。由于材料的吸声系数与声波的频率有关,因此该吸声系数是频率为125Hz、250Hz、500Hz、1000Hz、2000Hz、4000Hz的平均吸声系数。

材料的吸声系数是指材料吸收的声能与入射声能之比。若材料吸收了80%的某频率的入射声能,则材料在该频率的吸声系数为0.80。一般,材料的吸声系数在0~1之间。若入射声能全部被吸收,则吸声系数为1。当房间的门窗开启时,吸声系数相当于1;当悬挂空间吸声体的面积大于设计面积时,可得到吸声系数大于1的情况。

按吸声机理不同,吸声材料可分为两类,一类是多孔性吸声材料,包括开口连通型及纤维状材料。另一类是柔性吸声材料,包括柔性材料、膜状材料、板状材料及穿孔板。

一、多孔性吸声材料

(一) 多孔性吸声材料的吸声机理

当声波遇到材料表面时,会顺着材料表面微孔进入材料内部,将引起孔内空气振动,由于空气的黏滞阻力、空气与孔壁的摩擦等作用,使得相当一部分声能转化为热能而被吸收。

(二) 多孔性吸声材料的吸声特点

多孔性吸声材料的吸声能力是由低频到高频吸声系数逐渐增大。

(三) 影响吸声效果的因素

1. 材料体积密度对吸声性能的影响

多孔性吸声材料随其体积密度的提高,可使低频吸声效果有所提高,但高频吸声效果却下降。

2. 材料厚度对吸声性能的影响

多孔性吸声材料的厚度在一定范围内的增加,会提高其低频吸声效果提高，对高频吸声效果的影响并不显著。

3. 多孔性吸声材料背后空气层的影响

多孔性吸声材料大部分安装在龙骨上，并距墙面 5~15mm 处，背后空气层的作用相当于增加了材料的厚度，其吸声效果随厚度的增加而提高。且当材料背后空气层得厚度等于 1/4 波长的奇数倍时，吸声效果最好。

4. 多孔性吸声材料表面特征的影响

由多孔性吸声材料的吸声机理可知，多孔性吸声材料表面必须具有开口孔。因此当材料表面吸湿、喷涂涂料时表面孔堵塞都将大大地降低吸声效果。

二、柔性吸声材料

（一）柔性吸声材料的吸声机理

当声波遇到材料表面时，柔性吸声材料在声波的作用下发生共振作用，使声能转变为机械能被吸收。

（二）柔性吸声材料的吸声特点

柔性材料（如聚氯乙烯泡沫塑料）和穿孔板以吸收中频声波为主；膜状材料以吸收低、中频声波为主；而板状材料以吸收低频声波为主。

三、吸声结构

几种吸声材料及吸声结构的构造见表12-1。

表 12-1　几种吸声结构的构造及材料构成

类别	多孔吸声材料	薄板振动吸声结构	共振吸声结构	穿孔板组合吸声结构	特殊吸声结构
构造图例					
举例	玻璃棉、矿棉、木丝板、半穿孔纤维板	胶合板、硬质纤维板、石棉水泥板、石膏板	共振吸声器	穿孔胶合板、穿孔铝板、微穿孔板（穿孔板穿孔率一般≥20%）	空间吸声体帘幕体
吸声特点	对中高频声波有较好的吸收效果	以吸收低频声波为主	具有特定的共振频率	具有适合中频的吸声特性	对中高频有一定的吸声效果

常用吸声材料的吸声系数见表12-2。

表 12-2 常用吸声材料的吸声系数

序号	名称	厚度(cm)	体积密度(kg/m³)	不同频率（Hz）下的吸声系数						装置情况
				125	250	500	1000	2000	4000	
1	石膏砂浆（掺水泥、玻纤）	2.2	—	0.24	0.12	0.09	0.03	0.32	0.83	墙面粉刷
2	石膏装饰板	—	—	0.03	0.05	0.06	0.09	0.04	0.06	贴实
3	水泥膨胀珍珠岩板	2.0	350	0.16	0.46	0.64	0.48	0.56	0.56	贴实
4	岩棉板	2.5	80	0.04	0.09	0.24	0.57	0.93	0.97	贴实
		2.5	150	0.07	0.10	0.32	0.65	0.95	0.95	
		5.0	80	0.08	0.22	0.60	0.93	0.98	0.99	
		5.0	150	0.11	0.33	0.73	0.90	0.80	0.96	
		10	80	0.35	0.64	0.89	0.90	0.96	0.98	
		10	150	0.43	0.62	0.73	0.82	0.90	0.95	
5	矿棉板	3.13	210	0.10	0.21	0.60	0.95	0.85	0.72	贴实
		8.0	240	0.35	0.65	0.65	0.75	0.88	0.92	
6	玻璃棉	5.0	80	0.06	0.08	0.18	0.44	0.72	0.82	贴实
		5.0	130	0.10	0.12	0.31	0.76	0.85	0.99	
	超细玻璃棉	5.0	20	0.10	0.35	0.85	0.85	0.86	0.86	
		15	20	0.5	0.80	0.85	0.85	0.86	0.80	
7	软木板	2.5	260	0.05	0.11	0.25	0.63	0.70	0.70	贴实
8	木丝板	3.0	—	0.10	0.36	0.62	0.53	0.71	0.90	钉后留 10cm 空气层
9	木质纤维板	1.1	—	0.06	0.15	0.28	0.30	0.33	0.31	钉后留 5cm 空气层
10	胶合板（三夹板）	0.3	—	0.21	0.73	0.21	0.19	0.08	0.12	钉 10cm 空气层
				0.60	0.38	0.18	0.05	0.05	0.08	
11	穿孔胶合板（五夹板、孔径5mm，孔心距25mm）	0.5		0.01	0.25	0.55	0.30	0.16	0.19	后留 5cm 空气层
		0.5		0.23	0.69	0.86	0.47	0.26	0.27	后留 5cm 空气层内填矿棉
		0.5		0.20	0.95	0.61	0.32	0.23	0.55	后留 10cm 空气层内填矿棉
12	泡沫玻璃	4.0	126	0.11	0.32	0.52	0.44	0.52	0.33	贴实
13	装饰石膏穿孔板	1.2	750~800	—	0.08~0.12	0.60	0.40	0.34	—	后留 5~10cm 空气层

续表

序号	名称	厚度（cm）	体积密度（kg/m³）	125	250	500	1000	2000	4000	装置情况
				\multicolumn{6}{c}{不同频率（Hz）下的吸声系数}	
14	工业毛毡	3	370	0.10	0.28	0.55	0.60	0.60	0.59	贴于墙壁
15	脲醛泡沫塑料	5.0	20	0.22	0.29	0.40	0.68	0.95	0.94	贴实
16	软质聚氨酯泡沫塑料	2.0	30~40	—	—	0.11	0.17	—	0.72	贴实
		4.0	30~40	—	—	0.24	0.43	—	0.74	
		6.0	30~40	—	—	0.40	0.68	—	0.97	
17	地毯	厚	—	0.20	—	0.30	—	0.50	—	铺于木搁栅楼板上
18	帷幕	厚	—	0.10	—	0.50	—	0.60	—	有折叠靠墙设置

四、吸声材料的设置

由于大多数吸声材料强度较低，为防止遭受碰撞破坏，应设置在护壁台以上的部位。在安装时，还应注意干湿、冷热的胀缩的影响。此外，还应考虑防水、防腐、防蛀等问题。

第二节　隔声材料

建筑上将主要起隔声作用的材料称为隔声材料。隔声材料主要用于外墙、隔墙、隔断、外门窗及楼地面等。

隔声可分为隔绝空气声（通过空气传播的声音）和隔绝固体声（由于冲击或振动通过固体传播的声音）。

对于空气声的隔绝，服从质量定律。即受声波作用时，质量越大，越不易振动，则隔声效果越好。此时，应选择密实、沉重的材料如黏土砖、钢筋混凝土、钢材等作为隔声材料。

对于固体声的隔绝，最有效的措施是：

1. 以弹性材料（地毯、橡胶板、塑料板、软木地板等）作为楼板面层，直接减弱碰撞能量；

2. 以弹性材料（矿棉毡、玻璃棉毡、橡胶板等）作为楼板与面层的浮筑层，减弱撞击产生的振动；

3. 设置弹性吊顶，减弱楼板振动向下辐射的声能。吊顶材料有板条吊顶、纤维板吊顶、石膏板吊顶等。

本章历年试题及模拟题解析

1. 材料的吸声性能与材料的以下哪个因素无关？　　　　　　　　　[1998-021]
　　A. 材料的安装部位　　　　　　B. 材料背后的空气层
　　C. 材料的厚度和表面特征　　　D. 材料的容重（体积密度）和构造

【解析】 材料的吸声性能与材料的容重（体积密度）和构造、材料的厚度和表面特征、材料背后的空气层有关，与材料的安装部位无关。但为了防止碰撞破坏，应将吸声材料安装在护壁台以上。

答案：A

2. 用多孔吸声材料来提高吸声和隔声效果，下列哪条属不当措施？
　　　　　　　　　　　　　　　　　[1997-019，2001-025，2003-052]
　　A. 增大容重（体积密度）　　　B. 增加厚度
　　C. 增多孔隙　　　　　　　　　D. 适度湿润

【解析】 由多孔性吸声材料的吸声机理可知，多孔性吸声材料表面必须具有开口孔。因此当材料表面吸湿、喷涂涂料时表面孔堵塞都将大大地降低吸声效果。

答案：D

3. 多孔吸声材料（加气混凝土、泡沫玻璃）主要对以下哪项吸声效果最好？　　　　　　　　　　　　　　　　　　　　　　　　　　[2004-020]
　　A. 高频　　　　B. 中频　　　　C. 中低频　　　　D. 低频

【解析】 多孔吸声材料的吸声特征是，其吸声系数从低频到高频逐渐增大。

答案：A

4. 吸声材料在不同频率时其吸声系数不同，下列哪种材料吸声系数不是随频率的提高而增大？　　　　　　　　　　　　　　　　　　[2006-055]
　　A. 矿棉板　　　B. 玻璃棉　　　C. 泡沫塑料　　　D. 穿孔五夹板

【解析】 多孔吸声材料的吸声特征是，其吸声系数从低频到高频逐渐增大。在上述材料中，只有穿孔五夹板不是多孔吸声材料，因此，它的吸声系数随频率的提高而增大。

答案：D

5. 普通 50mm 厚超细玻璃棉的吸声系数（500～4000Hz）是下列哪一个？
[1999-005]

A. 0.6　　　B. ≤0.55　　　C. ≥0.75　　　D. 0.7

【解析】 见表12-2.6，普通50mm厚超细玻璃棉在频率为500～4000Hz范围内时，吸声系数均在0.85以上。

答案：C

6. 矿棉适宜的吸声厚度（cm）是： [1999-027]

A. 20　　　B. 5～15　　　C. 16～20　　　D. 2～4

【解析】 一般情况下，多孔性吸声材料的厚度多采用30～120mm之间。

答案：B

7. 根据吸声材料的作用原理选择吸声材料时，以下哪一条叙述是错误的？
[1997-054]

A. 多孔性吸声材料对高频和中频的声音吸声效果较好
B. 薄板振动吸声结构主要是吸收低频声音
C. 穿孔板式空气共振吸声结构，对中频的吸收能力强
D. 穿孔板作罩面的结构（内填袋装玻璃棉或矿棉）对低频的吸收能力强

【解析】 多孔性吸声材料对高频和中频的声音吸声效果较好；薄板振动吸声结构主要吸收低频（300Hz以下）的声音；穿孔板式空气共振吸声结构，对中频的吸收能力强；穿孔板作罩面的结构（内填袋装玻璃棉或矿棉）与单独的共鸣吸声器相似，可看做是多个单独共鸣器并联而成。穿孔板厚度、穿孔率、孔径、孔距、背后空气层厚度以及是否填充多孔吸声材料等，都直接影响吸声结构的吸声性能。这种吸声结构适合中频的吸声特性，在建筑中使用比较普遍。

答案：D

8. 穿孔板组合共振吸声结构具有以下何种频率的吸声特性？ [1998-042]

A. 高频　　　B. 中高频　　　C. 中频　　　D. 低频

【解析】 穿孔板组合共振吸声结构对中频的吸收能力强。

答案：C

9. 穿孔板吸声结构以板内的吸声材料其主要作用，故其板面穿孔率（孔洞面积与板的面积之比）不小于下列哪个百分比为宜？ [1995-057]

A. 10%　　　B. 20%　　　C. 5%　　　D. 15%

【解析】 穿孔板作罩面的结构（内填袋装玻璃棉或矿棉）与单独的共鸣吸声器相似，可看做是多个单独共鸣器并联而成。穿孔板厚度、穿孔率、孔径、孔距、背后空气层厚度以及是否填充多孔吸声材料等，都直接影响吸声结构的吸声性能。穿孔板的穿孔率一般应≥20%。

答案：B

10. 当吸声材料离墙面的安装距离（即空气层厚度）等于下列何数值的整数倍时，可获得最大的吸声系数？　　　　　　　　　　　　　　[2000-019]

　　A. 1个波长　　B. 1/2 波长　　C. 1/4 波长　　D. 1/8 波长

【解析】 多孔吸声材料背后的空气层对吸声有利，其作用相当于增加了材料的厚度，在安装时多孔吸声材料背后的空气层厚度等于1/4波长时吸声系数可达最大值；1/2波长或整数倍时最小。

答案：C

11. 以下哪条情况时，吸声材料的吸声系数不等于1？　　　　　[1998-059]

　　A. 当门窗开启时

　　B. 悬挂的吸声体，有效吸声面积等于计算面积时

　　C. 当房间空间很大时

　　D. 当入射声能达到100%被吸收，无反射时

【解析】 一般，材料的吸声系数在0~1之间。若入射声能全部被吸收，则吸声系数为1。当房间的门窗开启时，吸声系数相当于1；当悬挂空间吸声体的面积大于设计面积时，可得到吸声系数大于1的情况。当房间空间很大时，吸声系数也将大于1。

答案：C

12. 提高底层演播厅隔墙的隔声效果，应选用下列哪种材料？

[1999-038，2000-013]

　　A. 重的材料　　　　　　　　B. 多孔材料

　　C. 松散的纤维材料　　　　　D. 吸声性能好的材料

【解析】 一般说，演播厅隔墙的隔声问题主要是隔绝空气声，对于空气声的隔绝，服从质量定律。受声波作用时，质量越大，越不易振动，则隔声效果越好。此时，应选择密实、沉重的材料如黏土砖、钢筋混凝土等作为隔声材料。

答案：A

13. 在同样厚度的情况下，以下哪种墙体的隔声效果最好？　　［2009-52］
   A. 钢筋混凝土墙　　　　　　　　B. 加气混凝土墙
   C. 黏土空心砖墙　　　　　　　　D. 陶粒混凝土墙
   【解析】　见上题。
   答案：A

14. 常用的车行道路面构造，其起灰最小、消声性最好的是下列哪一种？
   A. 现浇混凝土路面　　　　　　　B. 沥青混凝土路面
   C. 沥青表面处理路面　　　　　　D. 沥青贯入式路面
   【解析】　沥青具有防尘、消声作用；在几种路面构造中，沥青混凝土路面的起灰最小、消声性最好。
   答案：B

15. 软木制品系栓树的外皮加工而成，是一种优异的保温隔热、防震、吸音材料，下面列举的软木其他名称，哪一个不对？　　［2003-033、2004-042］
   A. 栓皮、栓木　　　　　　　　　B. 黄菠萝树皮
   C. 栓皮栎　　　　　　　　　　　D. 软树块
   【解析】　软木俗称木栓、栓皮，生产软木的主要树种有木栓栎、栓皮栎和黄菠萝树皮。
   答案：D

第十三章 建筑装饰材料

第一节 定义、分类与选用原则

建筑工程中将设置于建筑物表面主要起装饰作用的材料称为装饰材料。

装饰材料除装饰作用外，还应起到保护主体结构的作用；还应满足所在部位的功能要求如一定的强度、硬度、防火性、阻燃性、耐候性、耐水性、抗冻性、耐污染性、耐腐蚀性、吸声及隔声性、保温隔热性等，以便提高建筑物的耐久性。

建筑装饰材料在整个建筑材料中占有重要的地位。在普通建筑物中，装饰材料的费用约占建筑材料总费用的50%，而在豪华型建筑中，装饰材料的费用可占70%以上。

建筑装饰材料常按其装饰部位进行分类，分为外墙装饰材料、内墙装饰材料、地面装饰材料、顶棚装饰材料及其他装饰材料（如门窗、灯具、卫生洁具、建筑五金等），随社会进步还将出现屋面装饰材料。

在选择建筑装饰材料时应考虑以下几个方面：

1. 建筑物的装饰效果与风格。在选择装饰材料时应依据建筑物的装饰效果与风格，充分考虑装饰材料的色彩、质感、形状、尺寸、花纹、图案等，并合理运用，以使人们在生理和心理均产生良好的效果。

2. 建筑物的功能。所选用的装饰材料应能满足建筑物的功能与使用要求。

3. 施工方便，便于维修。

4. 装饰材料的耐久性。

5. 经济性。

第二节 建筑装饰石材

我国建筑装饰用饰面石材可分为天然装饰石材和人造装饰石材，其中天然装饰石材主要有大理石和花岗石；人造石材分为人造大理石及水磨石两类。

一、天然装饰石材

（一）大理石

大理石属变质岩，由石灰岩（或白云岩）变质而成，主要矿物成分为方解石（或白云石），化学成分是碳酸钙（或碳酸钙镁的复盐）。大理石具有以下特点：

1. 大理石结构密实，抗压强度较高（可达 100～150MPa）；体积密度一般在 2700kg/m³ 左右；
2. 硬度不大，故大理石较易进行锯解、雕琢和磨光等加工。
3. 吸水率较小，一般吸水率 <1%。
4. 耐磨性好，耐久性好，一般使用年限为 40～100 年。
5. 抗风化性较差，因其化学成分是碳酸钙呈碱性，不耐酸，因此遇 CO_2 或 SO_3，再遇水会发生酸性侵蚀，使表面失去光泽，甚至出现斑点，因此镜面的大理石板不宜用于室外装修工程。
6. 装饰性好，且开光性好。磨光后光洁细腻、纹理自然。可形成多种色彩组成的花纹，但在装修时应进行精心挑选和认真拼对才能获得更好的效果；纯净的大理石呈白色，称"汉白玉"。一般说纯白色和纯黑色的大理石较为名贵。

大理石饰面板分为普型板材和异性板材，普型板材为正方形或长方形，最大长、宽尺寸为 1220mm×915mm；我国同世界各国一样，板材标准厚度均以 20mm 为主。

我国天然大理石资源丰富，最著名的产地是云南省大理县。此外，山东、四川、湖北、安徽、浙江、北京、天津、辽宁等大多数省均有出产。汉白玉主产于北京房山、天津蓟县、湖北黄石和四川成都。

意大利的大理石质量上乘，畅销于国际市场。

（二）花岗石

花岗石属岩浆岩的深成岩，由长石、石英、少量暗色矿物及云母组成。花岗石中 SiO_2 含量很高，故花岗石为酸性岩石，花岗石具有以下特点：

1. 结构致密，体积密度为 2600～2800kg/m³，抗压强度可达 120～250MPa，吸水率极低。
2. 材质坚硬，具有优异的耐磨性。
3. 化学稳定性好，不易风化变质，耐酸性强（但氢氟酸及氟硅酸除外）。
4. 抗火性差，因石英含量高，虽然耐酸性强，但因石英在 573℃ 及 870℃ 条件下发生晶型转化，产生体积膨胀，故火灾时花岗石会发生严重开裂破坏。

5. 耐久性好，使用年限至少在 75～200 年以上。常用于室内、室外的墙面或地面装饰。

6. 装饰性好，磨光花岗石表面平整光滑，质感坚实。因花色较均一，装修时无需拼对。

花岗石饰面板按形状分为毛光板、普型板、圆弧板和异形板四种，按表面加工程度分为粗面板、细面板和镜面板三种。普型板材为正方形或长方形，最大长、宽尺寸为 1070mm×750mm；板材标准厚度均以 20mm 为主。

一些发达国家也大量生产 12～15mm 天然石材，并且推广使用厚度为 8mm、10mm、11mm 的薄型饰面石板。

我国花岗石储量丰富，主要产地有山东的泰山、崂山，陕西华山，湖南衡山，安徽黄山，江苏金山、焦山，浙江莫干山，北京西山等地。

某些花岗石含有微量的放射性元素。其"比活度"（指放射性物质含量单位）比大理石要高些。根据《建筑材料放射性核素限量》（GB 6566—2010）标准规定，天然石材产品分为 A、B、C 三类。其中 A 类产品使用范围不受限制；B 类产品不可用于居室内饰面，但可用于其他一切建筑物的内、外饰面；C 类产品可用于一切建筑物的外饰面。

花岗石的放射性的大小与岩石的颜色有一定的关系，据检测研究不同色泽的花岗石其辐射量由大到小的排序是：红色→绿色→肉红色（粉色）→灰白色→白色→黑色。

二、人造装饰石材

（一）合成石装饰板

合成石装饰板又称人造大理石。按其所用材料可分为聚酯型（亦称树脂型）、硅酸盐型（亦称水泥型）、复合型、烧结型等四种。

聚酯型人造石材（人造大理石）是以不饱和聚酯树脂为胶结剂，加入石英砂、大理石碎粒、方解石粉等无机填料、颜料经合理调配、室温固化而成。它是目前国内、外主要使用的人造石材。

水泥型人造石材是以水泥为胶结材制得，硬化后再经磨光、抛光而成。

人造石材与天然石材相比具有强度高、体积密度小、厚度薄、耐酸碱、耐腐蚀、美观大方、施工方便等特点。

目前，我国人造石材的厂家大多采用聚酯型法生产。因为聚酯型人造石材物理化学性能良好；而且花纹可以进行设计，有重现性；且可适应多种用途。

（二）水磨石（见本章第九节装饰砂浆与装饰混凝土中，石渣类装饰面）

第三节 建筑陶瓷

建筑陶瓷的主要产品分为墙地砖、釉面砖、卫生陶瓷、园林陶瓷和耐酸陶瓷五大类。按所用原料和坯体的致密程度可分为陶质、炻质、瓷质三类。

陶质制品坯体烧结程度较低，质地坚硬多孔，其吸水率一般在10%~22%。其中，粗陶是以砖土（即易熔黏土）为原料烧制而成，产品包括砖、瓦、陶管等；精陶是以陶土（即难熔黏土）为原料烧制而成，产品包括釉面砖、卫生陶瓷、日用陶瓷等。

炻质制品是以陶土（即难熔黏土）为原料烧制而成。坯体烧结程度较充分，质地坚硬致密，其吸水率一般在0.5%~10%。建筑中采用的炻质砖一般为粗炻，产品包括陶瓷墙砖、陶瓷地砖、陶瓷马赛克、园林陶瓷（琉璃制品）。

瓷质制品是以瓷土（即高岭土）为原料烧制而成。坯体烧结充分，质地坚硬致密，通常为洁白色或半透明，表面施釉，其吸水率一般在0.5%以下，几乎不吸水。茶具、美术陈列品及一些陶瓷马赛克属瓷质制品。

一、釉面砖

釉面砖是指正面施釉的陶瓷砖。通常它为陶质砖，分为单色（含白色）、花色和图案砖。系采用陶土为原料经烧结而成，其坯体吸水率大于10%，且不应大于21%，因此只适用于室内使用，故又称内墙贴面砖。其形状有正方形、矩形及异形配件。

二、陶瓷墙砖

陶瓷墙砖是指用于装饰与保护建筑物墙面的陶瓷砖。通常它为炻质制品，多数为无釉面砖，也有彩釉砖。其中，细炻砖坯体的吸水率为3%~6%，炻质砖6%~10%；因主要用于外墙装饰，其抗冻性必须合格。

三、陶瓷地砖

陶瓷地砖是指用于装饰与保护建筑物地面的陶瓷砖。通常它为炻质制品，多数为无釉面砖，也有彩釉砖。坯体的吸水率不大于10%，因主要用于地面装饰，应有良好的耐磨性，其弯曲强度平均值不低于24.5MPa，抗冻性必须合格。

红地砖是一种以优质陶土为原料，经高压成型、1200℃烧成的炻质砖，吸水率小于8%,是一种防潮砖。

劈离砖是以优质陶土经挤出成型,再经烧成制得的炻质砖,吸水率小于10%,表面可上釉,背面有凹槽纹,可保证粘贴牢固。生产时为双砖被联坯体烧成后再劈离成两块砖故称劈离砖。

通体砖由黏土及石材碎屑经高压压制成型再经烧结而成的一种瓷质砖,吸水率小于0.5%。表面不上釉,而且正、反面的材质和色泽一致故得名"通体砖"。有耐磨、防滑作用,分为防滑砖、抛光砖(通体砖经抛光后即为抛光砖)和渗花通体砖。

玻化砖是一种高温烧制的瓷质砖,是一种强化的抛光砖。它是所有瓷砖中最硬、最密实的一种,但价格较贵。

四、陶瓷马赛克(原称陶瓷锦砖)

陶瓷马赛克是指有多块面积不大于 $55cm^2$ 的小砖经衬材拼贴成联的釉面砖。通常它为炻质或瓷质制品,坯体的吸水率小于4%。具有图案美观、质地坚实、抗压强度高、耐酸、耐水、耐污染、阻燃、抗冻等特点。每联为 $305.5mm \times 305.5mm$,每箱可铺 $3.7m^2$。

五、琉璃制品(亦称园林陶瓷)

琉璃制品属炻质制品,是以陶土(即难熔黏土)为原料烧制而成。琉璃制品是我国陶瓷宝库中的珍品,主要用于宫殿式房屋及纪念性建筑物,在园林建筑中用来建造亭、台、楼阁等。

在我国古代建筑中,琉璃瓦屋面的各种琉璃瓦件尺寸常以清营造尺为单位,(清营造尺=32cm)琉璃瓦的型号,根据"清式营造则例"规定,共分"二样"至"九样"八种,一般常用五样、六样、七样三种型号。

琉璃制品主要有金黄色、翠绿色、宝蓝色等。琉璃制品的主要产地有北京、江苏宜兴和广东石湾。

第四节 建筑玻璃

建筑玻璃是以石英砂、纯碱、长石及石灰石等为原料,在1500~1600℃高温熔融,再经冷却固化而成的一种无定形的无机材料。它是以 SiO_2 为形成玻璃的氧化物。

玻璃的体积密度为 $2.45\sim2.55g/cm^3$,它具有透光、透视、隔声、绝热、化学稳定性好、耐酸(氢氟酸除外)性强,且具有良好的装饰性。但玻璃也有性脆、耐急冷急热性差、能被碱液和金属碳酸盐溶蚀等缺点。

按使用功能，玻璃可分为平板玻璃、装饰玻璃、安全玻璃和建筑节能用玻璃等四类。

一、平板玻璃

平板玻璃包括普通平板玻璃（用垂直引上法和平拉法生产的平板玻璃）和浮法玻璃两种。普通平板玻璃具有光学畸变较大的缺陷，常将其磨光制成磨光玻璃。浮法玻璃系在溶化的金属锡表面上成型而制得，其表面光洁平整、厚度均匀、光学畸变极小，无需磨光。平板玻璃主要用于门窗，故又称窗用玻璃。它以标准箱计量，厚度为 2mm 的平板玻璃，$10m^2$ 为一标准箱（重约 50kg）。关于平板玻璃的特点及用途见表 13-1。

二、装饰玻璃

装饰玻璃包括毛玻璃、丝网印刷玻璃、花纹玻璃（喷花玻璃及压花玻璃）、彩色玻璃、微晶玻璃、镭射玻璃、玻璃马赛克及玻璃空心砖等。关于装饰玻璃的特点及用途见表 13-1。

表 13-1 平板玻璃和装饰玻璃的特点和用途

品种		工艺过程	特点	用途
平板玻璃		未经加工	透光性好，3、4mm 厚，透光率 86%；5、6mm 厚 82%	主要用于建筑门窗
毛玻璃		经机械喷砂或研磨处理	光产生漫射，光线柔和，透光不透视	用于浴室、卫生间的门窗与隔断
丝网印刷玻璃		利用丝网印刷技术，将玻璃油墨或玻璃釉料印刷在玻璃表面形成带有图案的玻璃	图案处不透光，其余部分透明	用于门窗、隔断及屏风
花纹玻璃	喷花玻璃	在玻璃表面贴以花纹图案，抹以保护层，再经喷砂处理	图案处透光不透明，其余部分透明	用于装饰门窗、隔断及屏风
	压花玻璃	用压延法生产，表面带有花纹图案，透光不透明的玻璃	能透光但不透明，可起窗帘作用；有装饰效果，花纹美丽	装饰门窗及隔断等
有色玻璃	透明彩色玻璃	在普通玻璃中加入着色金属氧化物而得	能透光、透明，且具有红、蓝、灰、茶色等多种颜色	用于门窗
	不透明彩色玻璃	在普通平板玻璃一面喷彩釉并经烘烤而成，又称釉面玻璃	色泽鲜艳，不透光	按图案，贴于内外墙面

续表

品种	工艺过程	特点	用途
微晶玻璃	在特定组成的玻璃中加入适当的晶核剂,经烧结和晶化,制成由晶相和残余玻璃相组成的质地致密、无孔、均匀的混合体	兼有玻璃、陶瓷及天然石材的特点,比陶瓷更亮	微晶玻璃装饰板
镭射玻璃（激光玻璃）	表面具有全息光栅或其他图形光栅,在光源照射下产生物理衍射七色光的玻璃制品	随光线的入射角和观察的角度不同会出现不同的色彩变化,且以水平或俯视效果为好	宾馆、商业与娱乐性建筑内、外墙、屏风、装饰画、灯饰等
玻璃马赛克	由多块面积不大于 $9cm^2$ 的小砖经衬材拼贴成联的彩色饰面玻璃	色调柔和、朴实、典雅；化学稳定性好、耐久不易风化、易于洗涤	用于建筑物外墙饰面
玻璃空心砖	两个模压成凹形的半块空心砖粘接成为带有空腔的整体,腔内充入干燥稀薄空气或玻璃纤维等绝热材料所形成的玻璃制品	具有高强度、绝热、隔声功能；透明度高（透光率可达 90%～92%）、耐火性好的优点	砌筑透光内、外墙壁,采光地面及装有灯光设备的音乐舞台

三、安全玻璃

安全玻璃包括钢化玻璃、夹丝玻璃、夹层玻璃及钛化玻璃等。关于安全玻璃的特点及用途见表13-2。

表13-2 安全玻璃的特点及用途

品种	工艺过程	特点	用途
钢化玻璃	通过热处理工艺,使其具有良好机械性能,且破碎后的碎片达到安全要求的玻璃	机械强度比普通玻璃高3～5倍,抗冲击、抗弯曲,耐急冷急热,安全工作温度为288℃,可承受204℃温差变化,耐酸碱浸蚀	建筑门窗,隔墙幕墙等,安装时不能再次切割、磨制等加工

续表

品种	工艺过程	特点	用途
夹丝玻璃	将平板玻璃加热到红热软化状态采用压延机将预热的钢丝网嵌入玻璃之中而制得	可采用压花、磨光及各种彩色平板玻璃制作，破碎时破而不散，且有防火性能	厂房天窗、地下室采光窗、仓库门窗、防火门窗
夹层玻璃	将两片或多片平板玻璃之间嵌夹透明塑料薄片，经加热、加压粘合而成	抗冲击、破碎时碎片不分离、耐热、耐寒、耐湿、隔声	安全门窗
钛化玻璃（铁甲箔膜玻璃）	将钛金箔膜紧贴在任意一种玻璃基材上，使之结合成一体的新型玻璃	具有高抗碎能力、高抗冲击能力，防弹、防爆、防火、防震、高防热及紫外线等功能，耐酸、耐碱	重要建筑的安全门窗

四、建筑节能用玻璃

建筑节能用玻璃包括中空玻璃、泡沫玻璃、热反射玻璃、吸热玻璃、光致变色玻璃等关于建筑节能用玻璃的特点及用途见表13-3。

表13-3　建筑节能用玻璃的特点及用途

品种	工艺过程	特点	用途
热反射玻璃（镀膜玻璃或镜面玻璃）	在玻璃表面喷涂金属（金、银、铜、铝、铬、镍、铁等）或金属氧化物，或者粘贴有机薄膜，或者以某种金属或离子置换玻璃中原有的离子而制成	对太阳辐射热反射能力高反射率达30%以上；（普通玻璃为7%~8%）最大可达60%；具有镜面作用与单向透像作用；耐急冷、急热性好，在-40~150℃涂层无明显变化	玻璃幕墙及高级门窗
吸热玻璃	在普通钠、钙硅酸盐玻璃中加入有着色作用的金属氧化物而制成也可通过在玻璃表面喷涂有色金属（锡、锑、钴）氧化物薄膜制成	透光且具有颜色；有较高的吸热能力40%~50%；能吸收太阳可见光，有良好的防眩作用；对紫外线有一定吸收能力；	玻璃幕墙、门窗

续表

品种	工艺过程	特点	用途
中空玻璃	两片或多片玻璃以有效支撑均匀隔开并周边粘接密封,使玻璃层间形成有干燥气体空间的制品	具有良好的绝热性能和隔声性能,冬季不结露,且有良好的隔声作用	保温房间的门窗
泡沫玻璃	以玻璃碎屑为基料,加入少量发气剂(闭口孔用炭黑,开口孔用碳酸钙)经发泡、退火而成的一种轻质多孔玻璃	孔隙率80%～90%,多为闭口体积密度120～500kg/m³;导热系数0.053～0.14;吸声系数0.3;抗压强度0.4～8MPa;使用温度240～420℃	作为墙壁的保温、吸声的装饰材料;可做成各种颜色,可钉、锯、钻等加工
光致变色玻璃	在玻璃中加入卤化银,或在玻璃与有机夹层中加入钼或钨的感光化合物即得到光致变色玻璃	受光的照射,其颜色将随光线的增强而逐渐变暗,当停止照射时又恢复原来颜色	遮阳

第五节 装饰用金属材料

金属材料一般分为黑色金属和有色金属两大类。黑色金属的基本成分是铁及其合金,在建筑装饰工程中用到的有钢、铸铁及不锈钢等;有色金属是除铁以外的其他金属,在建筑装饰工程中用到的有铝、铜、金、银、铅、锌、锡等及其合金。

一、建筑装饰用钢材制品

(一)彩色涂层钢板

它是以冷轧薄钢板或镀锌钢板为原板,采用薄膜层压法或涂料涂覆法将原板两面涂以有机涂层,有机涂层可配制各种不同彩色和花纹,故将其称为彩色涂层钢板。

彩色涂层钢板的有机涂层多为聚氯乙烯,此外尚有聚丙烯酸酯、环氧树脂、聚酯树脂等。

彩色涂层钢板具有良好的耐污染性能、耐热性能(可耐120℃)、耐低温性能(-54℃)。常用作建筑外墙板、屋面板、护壁板等,也可用来生产彩板组角钢门窗。

（二）彩色压型钢板与彩板钢门窗

它是以冷轧薄钢板或经镀锌的薄钢板为基材，经轧制成型，并敷以防腐耐蚀涂层与彩色烤漆而制成的轻质围护结构材料。

彩色压型钢板具有重量轻（板厚在 0.5~1.5mm）、抗震性好、耐久性强、色泽鲜艳、易加工、施工方便等特点。适用于工业与公共建筑的屋盖、墙壁等，也可用来制造彩板钢门窗。

彩板钢门窗亦称彩板组角钢门窗，不采用焊接工艺，全部采用插接件组角，自攻螺钉连接。具有耐腐蚀性能好；空腹结构，保温性能好；施工方便；装饰性能好等特点，适用于高、中级宾馆、饭店、展览馆、影剧院、住宅等各类建筑。

（三）轻钢龙骨

轻钢龙骨是以镀锌钢带或薄钢板，经轧制而成。它具有自重小、强度高、通用性强、耐火性好、抗震性好、安装方便等特点。

轻钢龙骨按断面形状主要分为U型、C型及T型三种。

U型与T型轻钢龙骨主要用于组成吊顶骨架，可复以石膏板或钙塑板、铝塑板、矿棉吸声板、装饰吸声板等组成不同形式的室内吊顶。吊顶龙骨代号为D，按承载能力分为上人龙骨和不上人龙骨两类。U型上人龙骨应能承受80~100kg集中活荷载。

C型轻钢龙骨主要用于组成隔墙骨架，两侧复以饰面板（石膏板、石棉水泥板）和饰面层可组成隔断墙体。隔墙龙骨代号为Q。C型轻钢龙骨也可用于水泥刨花板隔墙、稻草板隔墙、纤维板隔墙等。

（四）钢板与花纹钢板

钢板按生产方法分为热轧板与冷轧板两种；按其厚度分为薄钢板（0.2~4mm）与厚钢板（大于4mm）。在实际工作中，人们常将4~20mm的称为中板；20~60mm的称为厚板；大于60mm的称为特厚板。

花纹钢板是用普通碳素结构钢轧制的表面带有菱形或扁豆形花纹的钢板。它具有良好的防滑作用，可用作踏步板、操作平台板、地沟盖板等。花纹钢板的基本厚度为 2.5~8mm。

（五）钢丝网与钢板网

钢丝网是以钢丝（即铁丝）编织而成，又称铁丝网。有方孔与六角孔之分，其大孔网（网孔径在1/8″以上）在建筑上适用于防护棚罩、隔离网、隔断等，其规格以网孔大小表示。小孔网适用于建筑粉刷，其规格以每英寸（25.4mm）长径线及纬线内的孔数表示。例如：每英寸（25.4mm）长径线及纬线内的孔数分别为16孔与14孔时，其规格为16目×14目（孔）。

钢板网是以低碳薄钢板（常在0.5~3mm）经冲压、冷拉而成。其标记：若板厚1.2mm，短节距为12mm，网面宽度2000mm，网面长度4000mm，示为

GW1.2×12×2000×4000。其大网钢板网在建筑上适用于做防护棚罩、隔离网、隔断等；小网钢板网适用于建筑粉刷。

（六）铸铁

铸铁亦称铸造生铁、灰口铁，用以铸造各种生铁铸件，如建筑上采用的输水管道及下水管道的铸铁管、阀门、暖气片等。铸铁抗压强度高，但性脆。受冲击、碰撞易破损，故不可用于给水及燃气管道。

（七）不锈钢板与彩色不锈钢板

不锈钢是以铬（Cr）为主加元素的合金钢。一般，铬的含量在11%以上，其含量越高，钢的抗腐蚀性越好。不锈钢中还需加入镍（Ni）、锰（Mn）、钛（Ti）、硅（Si）等合金元素，以改善不锈钢的性能。

不锈钢具有优良的抗腐蚀性能和良好的装饰性。不锈钢经不同程度的表面加工，可形成不同的光泽度和反射性，经高级别抛光的不锈钢表面可具有与镜面玻璃相同的反射能力，其反射率可达90%以上。

建筑上的不锈钢制品主要是厚度小于2mm的薄钢板，目前主要用于不锈钢包柱，用来作为宾馆、商场、饭店的入口、中厅、门厅等处的装修。

彩色不锈钢板是用普通不锈钢板经艺术加工后而成为具有各种色彩的不锈钢装饰板。颜色有橙、红、金黄、绿、青、蓝、紫、灰及茶色等多种。彩色不锈钢板抗腐蚀性强，耐盐雾腐蚀性能好于不锈钢，耐磨及耐刻划性能好，其彩色面层可耐200℃高温，尤其是它具有比不锈钢更优越的装饰性能。

二、铝合金及其制品

铝是一种银白色的轻金属，密度小（2.7kg/m³），仅为钢的1/3，具有强度低、熔点低（660℃）、导电、导热、延伸性好等特点，铝是一种活泼的金属元素，在空气中其表面易形成一层致密而又坚固的氧化铝（Al_2O_3）薄膜（厚度一般小于0.1μm），起到保护作用，所以铝具有一定的耐腐蚀性。

铝在自然界蕴藏及其丰富，几乎占地壳总重的7.45%，占地壳全部金属含量的三分之一。生产铝的主要原料是铝矾土，经提炼、再经电解得到金属铝。铝的生产耗能较大。

由于铝的强度低，为了提高实用价值，常在铝中加入适量的合金元素（如铜Cu、镁Mg、锰Mn、硅Si、锌Zn等）组成铝合金。铝合金既提高了铝的强度（屈服点210~500MPa，抗拉强度380~500MPa；但弹性模量较低）和硬度，又保持了铝的轻质、耐腐蚀、易加工等特点。因此，铝合金在建筑上，尤其是在装饰工程中应用较广泛，主要制成铝合金波纹板及花纹板、铝合金门窗、铝合金型材及其建筑装饰零部件等。

(一) 铝合金门窗

铝合金门窗是由经表面处理的防锈铝合金（主要合金元素是锰和镁，其代号以 LF 表示）型材，制成门窗框件，再与玻璃、连接件、密封件、五金配件等组合装配而成。

1. 铝合金门窗的特点与性能要求

铝合金门窗与普通钢门窗、木门窗相比具有质量轻、密封性能好、耐腐蚀寿命长、维修方便等特点。且色调美观，造型大方，可制成各种柔和的颜色或带色的花纹，也可表面涂装一层聚丙烯酸树脂保护装饰膜。

为了保证铝合金门窗的性能，通常对其进行的主要性能检验包括抗风压性能、气密性、水密性、启闭力、空气声隔声性能、保温性能、遮阳性能等项。

2. 铝合金门窗的分类与代号（《铝合金门窗》GB/T 478—2008）

（1）按用途铝合金门窗划分为用于外围护外墙用（代号 W）与用于内围护内墙用（代号 N）。

（2）类型

①按门窗使用功能分为：普通型（代号 PT）、隔声型（代号 GS）、保温型（代号 BW）和遮阳型（代号 ZY）四类。

②按开启形式划分，见表 13-4、表 13-5。

表 13-4 门的开启形式品种与代号

开启类别	平开旋转类			推拉平移类			折叠类	
开启形式	（合页）平开	地弹簧平开	平开下旋	（水平）推拉	提升推拉	推拉下旋	折叠平开	折叠推拉
代号	P	DHP	PX	T	ST	TX	ZP	ZT

表 13-5 窗的开启形式品种与代号

开启类别	平开旋转类							
开启形式	（合页）平开	滑轴平开	上旋	下旋	中旋	滑轴上悬	平开下旋	立转
代号	P	HZP	SX	XX	ZX	HSX	PX	LZ
开启类别	推拉平移类					折叠类		
开启形式	（水平）推拉	提升推拉	平开推拉	推拉下旋	提拉	折叠推拉		
代号	T	ST	PT	TX	TL	—		

3. 产品系列

以门窗框在洞口深度方向的设计尺寸——门窗框厚度构造尺寸（代号 C_2，单位 mm）划分。门窗框厚度构造尺寸符合 1/10M（mm）的建筑分模数数列值的为基本系列，按 5mm 进级插入的数值为辅助系列。门窗框厚度构造尺寸小于某基本系列或辅助系列时，按小于该系列值的前一级标示产品系列，如门窗框厚度构造尺寸为72mm，其产品系列为70系列；门窗框厚度构造尺寸为69mm，其产品系列为65系列。

4. 规格

以门窗宽、高的设计尺寸——门、窗的宽度构造尺寸（B_2）和高度构造尺寸（A_2）的千、百、十位数字，前后顺序排列的六位数字表示。例如，门窗的宽度（B_2）为1150mm和高度（A_2）为1450mm时，其尺寸规格型号为115145。

5. 材料

（1）铝合金型材

①型材壁厚 外门窗框、扇、拼樘框等主要受力杆件所用的主型材壁厚应经设计计算或试验确定。主型材截面主要受力部位基材最小实测壁厚，外门不应低于2.0mm，外窗不应低于4mm。

②表面处理 铝合金型材表面处理层厚度应符合表13-6的规定。

表13-6 铝合金型材表面处理层厚度要求

品种	阳极氧化 阳极氧化加电解着色 阳极氧化加有机着色	电泳涂膜	粉末喷涂	氟碳漆喷涂
表面处理层厚度	膜厚级别	膜厚级别	装饰面上涂层最小局部厚度 μm	装饰面平均膜厚 μm
	AA15	B（有光或哑光透明漆）	S（有光或哑光有色漆）	≥40	≥30（二涂）

（2）玻璃

铝合金门窗应采用建筑级浮法玻璃或以其为原片的各种加工玻璃。玻璃的品种、厚度和最大许用面积应符合表13-7、表13-8规定。

表13-7 安全玻璃最大许用面积

玻璃种类	公称厚度（mm）			最大许用面积（m^2）
钢化玻璃	4			2.0
	5			3.0
	6			4.0
	8			6.0
	10			8.0
	12			9.0
夹层玻璃	6.38	6.76	7.52	3.0
	8.38	8.76	9.52	5.0
	10.38	10.76	11.52	7.0
	12.38	12.76	13.52	8.0

表 13-8　有框平板玻璃、真空玻璃和夹丝玻璃的最大许用面积

玻璃种类	公称厚度（mm）	最大许用面积（m²）
有框平板玻璃 真空玻璃	3	0.1
	4	0.3
	5	0.5
	6	0.9
	8	1.8
	10	2.7
	12	4.5
夹层玻璃	6	0.9
	7	1.8
	10	2.4

6. 性能分级

（1）外门窗按其抗风压性能分为 9 级；

（2）外门窗按其水密性能分为 6 级；

（3）门窗按其气密性能分为 8 级；

（4）门窗按其对空气声隔声性能分为 6 级；

（5）门窗按其保温性能分为 5 级；

（6）门窗的遮阳性能分为 7 级；

（7）外窗采光性能分为 5 级。

（二）铝合金装饰板

铝合金装饰板为现代较为流行的建筑装饰板材，是以防锈铝合金坯料经加工而成。它具有质量轻、防火、防潮、耐腐性、耐久性好、施工方便、装饰效果好等特点。主要有铝合金花纹板、铝质浅花纹板、铝合金波纹板、铝合金压型板及铝合金穿孔板等。

1. 铝合金花纹板

铝合金花纹板主要用于建筑物墙面装饰以及楼梯踏板等。花纹美观、不易磨损、防滑性能好、耐腐蚀、易于冲洗。常有 6 种图案，1 号方格形花纹、2 号扁豆形花纹、3 号五条形花纹、4 号三条形花纹、5 号指针形花纹、6 号菱形花纹。底板厚度在 1.5~7mm 之间。

2. 铝质浅花纹板

铝质浅花纹板是我国特有的铝合金装饰板，花纹精巧别致，美观大方，比一般铝合金板的刚度提高 20%，因此其抗划伤能力、抗擦伤能力有所提高。

铝质浅花纹板对白光的反射率达 75%~90%，对热的反射率达 85%~95%，在氨、硫、硫酸、磷酸、亚磷酸、浓硝酸、浓醋酸中耐蚀性能好，经表面处理可得到不同彩色的浅花纹板。

西南铝加工厂生产的铝质浅花纹板的规格见表13-9。

表13-9 铝质浅花纹板的规格

代号	名称	产品规格单位（mm）				卷材重（kg）	成品厚度（mm）
		底板厚度	宽度	平片长	花纹高度		
1#	小橘皮	0.3~1.2	200~400	1500	0.05~0.12	5~80	0.25~1.20
2#	大菱形	0.3~1.5	200~400	1500	0.10~0.20	5~80	0.45~1.07
3#	小豆点	—	200~400	1500	0.10~0.15	5~80	0.53~1.10
4#	小菱形	—	200~400	1500	0.05~0.12	5~80	0.40~0.48
6#	月季花	—	200~400	2000	0.05~0.12	5~80	0.51~1.08

注：5#为蜂窝形；7#为飞天图案。

3. 铝及铝合金波纹板及压型板

铝合金波纹板及压型板有银白色（有较强的光反射能力可达75%~90%）及其他多种颜色，具有质轻、耐腐蚀、易安装等优点，且有一定的装饰效果。它经久耐用，在大气中可使用20年不需更换。可作为墙面和屋面。

铝合金波纹板的横断面呈波纹状，其规格见表13-10。铝合金压型板规格见表13-11。

表13-10 铝及铝合金波纹板产品的牌号和规格（GB/T 4438—2006）

合金牌号	波形代号	坯料厚度（mm）	长度（m）	宽度（mm）	波高（mm）	波距（mm）
1050A、1050、1060、	波20-106	0.6~1.0	2~10	1115	20	106
1070A、1100、1200、3003	波33-131	0.6~1.0	2~10	1008	33	131

表13-11 铝及铝合金压型板产品的牌号和规格（GB/T 6891—2006）

型号	合金牌号	波高（mm）	波距（mm）	坯料厚度（mm）	宽度（mm）	长度（mm）
V25-150 I	1050A 1050	25	150	0.6~1.0	635	1700~6200
V25-150 II					935	
V25-150 III					970	
V25-150 IV					1170	
V60-137.5	1060	60	137.5	0.9~1.2	826	1700~6200
V25-300	1070A	25	300	0.6~1.0	985	1700~5000
V35-115 I	1100 1200 3003 5005	35	115	0.7~1.2	720	
V35-115 II					710	≥1700
V35-125		35	125	0.7~1.2	307	≥1700
V135-550		130	550	1.0~1.2	625	≥6000
V173		173	—	0.9~1.2	387	≥1700
Z295		—	—	0.6~1.0	295	1200~2500

4. 铝及铝合金冲孔平板

铝及铝合金冲孔平板是用各种铝合金平板经机械冲孔而成。有良好的防振、防潮、防腐、防火及消声效果。主要用于有消声要求的各类建筑的天棚、墙壁等，其规格见表 13-12。

表 13-12　铝合金冲孔平板的规格

底板厚度（mm）	宽度（mm）	长度（mm）	孔径（mm）
1.0~1.2	492~592	492~1250	$\phi 6$

5. 铝箔

铝箔是用纯铝或铝合金加工成 6.3~200μm 厚的薄片制品。它除具有一般铝合金的性能外，还具有防潮、绝热性能。作为绝热材料时，它与依托层制成铝箔复合绝热材料，如铝箔泡沫塑料板、铝箔波形板、铝箔石棉夹芯板等，既有装饰作用，又具有隔热、保温和吸声等作用。

6. 铝粉

铝粉呈银白色，俗称"银粉"，表面涂有硬脂酸以防表面氧化，常用于调制装饰涂料和金属防锈涂料。在生产加气混凝土时，铝粉作为加气剂（或称发气剂），与氢氧化钙发生化学反应放出氧气使料浆形成多孔结构。

三、其他装饰用金属

（一）铜及其合金

1. 纯铜

纯铜呈紫红色，故又称紫铜。它是一种导热、导电性极好的金属（仅次于银），强度低、塑性好，且具有良好的耐腐蚀性。

2. 铜合金

按其所含合金元素不同，可分为黄铜、青铜和白铜。

黄铜又分为普通黄铜和特殊黄铜。普通黄铜是只含锌（Zn）元素（含量约为 30%~45%）的铜合金，有较好的力学性能和工艺性能、耐腐蚀性好，且较纯铜便宜。在普通黄铜中再加入 Pb、Mn、Sn、Al 等合金元素则制得特殊黄铜。特殊黄铜较普通黄铜的各项性能有所改善。

青铜又分为锡青铜和无锡青铜。锡青铜含锡约为 10%~30%。无锡青铜是含铝、硅、铅等元素的铜合金。

白铜是指铜镍（15%~20%）合金。

铜合金经冷加工形成板材、板带，在建筑中多用于室内柱面、门厅及挑檐等部位的装饰工程。也可制成建筑五金、装饰制品、水暖器件。黄铜粉色泽鲜艳，金灿灿常称为"金粉"，常用于调制装饰涂料，代替"贴金"。

（二）金

常将其制成金箔，用于古建筑贴金。金箔有95金箔（含95%金，5%银）、98金箔（含98%金，2%银）和74金箔（含74%，26%银）三种。

苏州金粉厂生产的95金箔，当规格为100mm×100mm时，每一万张金银耗量250克；当规格为50mm×50mm时，每一万张金耗量62.5克。

南京金线金箔厂生产的98金箔，当规格为93.3mm×93.3mm时，每一万张金耗量220克，银耗量5克；该厂生产的74金箔，当规格为83.3mm×83.3mm时，每一万张金耗量110克，银耗量30克。

（三）铅

铅是一种浅蓝色软金属，密度为$11.34g/cm^3$，熔点低（327.4℃），导热系数小，热膨胀系数大，对X射线的抗辐射能力强，强度低（0.38～0.42MPa）；在土壤和大气中，特别是在被硫化物剧烈污染的大气中，铅具有很高的耐腐蚀性能；但铅有毒。

在建筑工程中，铅主要用作耐腐蚀材料、防辐射材料和焊料等。

第六节　塑料装饰制品

塑料装饰制品包括塑料门窗、塑料地板、塑料装饰板、塑料壁纸等。

一、塑料门窗

（一）塑料门窗的规格

1. 按所用材料，塑料门窗分为钙塑塑料门窗、改性聚氯乙烯塑料门窗、玻璃钢塑料门窗等，其中以改性聚氯乙烯塑料门窗（亦称全塑门窗、PVC塑料门窗）为主。

2. 按门窗形式，塑料门窗分为固定、平开、推拉门窗，百叶窗、旋转窗等。其规格尺寸因各个生产厂家而异。

3. 因PVC塑料刚性小，因此对大尺寸的门窗框、扇，为了满足刚度要求，一般采用在异型材空腔内插入金属（如钢材）增强异型材，故又称塑钢窗。

（二）塑料门窗的特点

1. 由于PVC塑料具有良好的耐水、耐蚀性和自熄性，因此其门窗具有耐水、耐蚀和阻燃的特性。

2. 塑料门窗的隔热性能好，一般铝窗的导热系数是$5.89W/(m·K)$，木窗为$1.69W/(m·K)$，而PVC窗仅为$0.43W/(m·K)$。

3. 气密性和水密性好。

4. 隔声性好，其隔声性能可达30dB。

5. 装饰效果好，外观平整美观，色泽鲜艳经久不褪色。
6. 耐老化，一般说，不需维修可正常使用50年。

二、塑料地板

（一）地面装饰材料的四项基本要求

1. 足够的耐磨性。据日本建材测试中心对一些常用地面材料经12万人次通行的测试结果，石材（花岗石）、瓷质地面砖几乎无磨损；聚酯地面、聚氯乙烯卷材地面、聚氨酯地面的耐磨性较好，其磨耗分别为0.1mm、0.2mm和0.3mm；橡胶卷材地面为0.4mm，砂浆地面为0.55mm，沥青地面为1.2mm。可见，聚酯地面、聚氯乙烯卷材地面的耐磨性是较为理性的。

2. 回弹性。良好的回弹性可以减轻步行的疲劳感。

3. 脚感舒适。一般说，当人足行走于地面上时，以温度下降1℃时较为舒适。脚感与地面材料的回弹性有关，塑料类复合地板可以同时满足回弹性与脚感的要求。

4. 装饰功能。

此外，地面材料还应该具有耐水性、耐腐蚀性、耐久性、抗静电性等。

（二）塑料地板的分类

1. 按使用材料有聚氯乙烯塑料地板、聚丙烯树脂塑料地板、氯化聚氯乙烯塑料地板等三类。其中，以聚氯乙烯塑料地板为主。

2. 按材性，可分为硬质片材、半硬质片材、软质卷材三类。

（三）聚氯乙烯塑料地板（PVC塑料地板）

1. 半硬质聚氯乙烯块状塑料地板（俗称塑料地板块）

这类板材表面有一定硬度、脚感好、不翘曲、耐凹陷性好、耐污染性好，但机械强度较低，耐刻划性较差。多用于各种公共建筑及工业建筑的楼地面装饰。它包括单色半硬质塑料地板和印花聚氯乙烯塑料地板砖。其规格多为300mm×300mm，厚度为1.5mm。

（1）单色半硬质塑料地板。按其结构形式不同有两种形式：①均质塑料地板，底、面层材料相同。②复合塑料地板，由两层或三层不同组成的材料组成。

（2）印花聚氯乙烯塑料地板砖。印花聚氯乙烯塑料地板砖常有：印花贴膜塑料地板砖、压花印花塑料地板砖、碎粒花纹塑料地板砖、水磨石花纹塑料地板砖等。

2. 带基材的聚氯乙烯卷材地板（俗称地板革）

带基材的聚氯乙烯卷材地板按其结构形式不同有两种形式：带基材的致密聚氯乙烯卷材地板、带基材的发泡聚氯乙烯卷材地板。

带基材的聚氯乙烯卷材地板的规格：每卷长度20m或30m；宽度1800mm或2000mm；总厚度1.5mm（家用），2.0mm（公共建筑用）。

三、装饰用塑料板材

塑料装饰板材品种繁多，色调鲜艳，具有较好的装饰性；耐腐蚀性能好，有较强的适应性；有一定的韧性，可弯曲一定的弧度，便于曲面装修；而且价格较低。目前常用的塑料装饰板材有塑料贴面板、覆塑装饰板、PVC塑料装饰板及有机玻璃板等。

（一）塑料贴面板

塑料贴面板是以浸渍三聚氰胺甲醛树脂的花纹纸为面层，与浸渍酚醛树脂的牛皮纸叠合后经热压制成的装饰板。按其外观特性分为有光型、柔光型、双面型、滞燃型四种型号。有光型为单色，光泽度高（反射率80%以上）；柔光型光泽柔和（反射率50%以下）；双面型有正反两个装饰面；滞燃型具有滞燃性能。

塑料贴面板的厚度有0.5mm、0.8mm、1.0mm、1.2mm、1.5mm、2.0mm……。厚度0.8~1.5mm的常用作贴面板，粘贴于纤维板、刨花板、胶合板等基材之上，制成覆塑装饰板；厚度在2.0mm以上的，可单独使用。

塑料贴面板表面光滑致密、耐磨、耐污染、耐擦洗、耐酸碱腐蚀、耐烫、经久耐用。常用于内墙面、柱面、墙裙、台面、家具、吊顶等饰面工程。

（二）PVC塑料装饰板

PVC塑料装饰板有硬质PVC塑料透明装饰板（透光率可达75%~85%）和硬质PVC塑料不透明装饰板两种。按其断面形式分为平板、波形板和异形板。

（三）有机玻璃板

有机玻璃是一种以聚甲基丙烯酸甲酯为成分，具有良好透光率的热塑性塑料。它具有良好的透光率（可达90%）；能透过紫外线光的73.3%；耐热、耐寒、耐候性好；耐腐蚀及绝缘性优良；且尺寸稳定、易加工。其缺点是性脆、易溶于有机溶剂、硬度不大、容易擦毛。

四、塑料壁纸（亦称墙纸）

塑料壁纸是以聚氯乙烯为主，加入各种添加剂和颜料，以纸或玻璃纤维布为基料，经涂塑、发泡、压花、印花等工艺而制成。具有装饰性好、难燃、隔热、吸声、防霉、耐水、耐酸碱、可刷洗等特点。

（一）分类

塑料壁纸大致分为三类：普通塑料壁纸、发泡塑料壁纸和特种塑料壁纸。

1. 普通塑料壁纸。是以 $80\sim100g/m^2$ 的纸作基材，涂塑约 $100g/m^2$ 的聚氯乙烯糊，经印花、压花而成。常有单色压花、印花压花、有光印花和平光印花几种。价格较低，是民用住宅或公共建筑内墙面装饰普遍应用的一类壁纸。

2. 发泡塑料壁纸。是以 $100g/m^2$ 的纸作基材，涂塑约 $300\sim400g/m^2$ 的有发泡剂聚氯乙烯糊，经印花、压花及加热发泡而成。常有高发泡印花、低发泡印花和发泡印花压花几种。这种壁纸表面呈富有弹性的凹凸花纹（仿砖石面的深浮雕型壁纸其凹凸高度最高可达25mm）、图案逼真、立体感强、装饰效果好，且有一定的弹性，是一种装饰、保温、吸声的多功能壁纸。

3. 特种塑料壁纸。是一类具有耐水、防火和特殊装饰效果的塑料壁纸。耐水壁纸采用玻纤毡作基材，防火壁纸采用石棉纸作基材，特殊装饰效果的塑料壁纸例如彩色砂粒壁纸是以彩色砂粒散布在基材之上。

（二）壁纸的规格

窄幅小卷：幅宽530mm，长 $10m^2$；

宽幅大卷：幅宽 $920\sim1200mm$，长15m、30m、50m。

第七节 装饰用织物

装饰织物按其装饰部位有墙面装饰织物（壁纸与贴墙布）和地面装饰织物（地毯）两类。此外，还有窗帘、帷幔、挂毯等。

一、墙面装饰织物

（一）壁纸

壁纸大致可分为纸基织物壁纸和塑料壁纸（见上节）。

纸基织物壁纸是以棉、麻、草、毛等天然纤维材料经艺术编织后，粘合于纸基上而制得。这类壁纸价格便宜，但性能较差，不耐水、不能擦洗、不便施工。

（二）贴墙布

贴墙布有玻璃纤维印花贴墙布、无纺贴墙布、化纤装饰贴墙布、棉纺装饰墙布、高级墙面装饰织物、皮革及人造革等。

1. 玻璃纤维印花贴墙布（简称玻纤印花墙布）。是以中碱玻纤布为基材，经涂塑、印花而成。其特点是室内使用不褪色、不老化；防火性、防水性好；耐湿性强，可洗刷；施工简便，价格低廉。其缺点是当墙布表面一旦磨损后，将会有少量玻璃纤维散落，应予注意。

这种墙布的主要规格是：厚度 $0.15\sim0.20mm$，幅宽 $840\sim880mm$，每匹长50m，每平方米质量约200g。

2. 无纺贴墙布。系采用天然纤维（棉、麻）或合成纤维（涤纶、腈纶），经无纺成型、上树脂、印花而成的一种贴墙材料。其特点是：富有弹性，不易折断；纤维不老化，不散落，对皮肤无刺激作用；有一定的透气性和防潮性，可洗刷而不褪色；且施工方便。

这种墙布的主要规格是：厚度 0.12～0.18mm（涂塑墙布可达 0.8～1.0mm），幅宽 850～900mm，每卷长 50m。

3. 装饰墙布。装饰墙布可有化纤装饰贴墙布和棉纺装饰墙布。这类墙布无毒、无味；可贴、可挂；使用方便。

化纤装饰贴墙布透气、防潮、耐磨，用于居民住宅及公共建筑等室内装饰。主要规格是：厚度 0.15～0.18mm，幅宽 820～840mm，每卷长 50m。

棉纺装饰墙布强度大、静电小、无光、吸声，用于较高级居民住宅及公共建筑等室内装饰。棉纺装饰墙布的厚度 0.35mm。

4. 高级墙面装饰织物。常有锦缎、丝绒、呢料等织物。这些织物均有隔热、吸声及极好的装饰效果，可贴、可挂。

锦缎具有纹理细腻、柔软绚丽、高雅华贵的特点，其价格昂贵。且受潮或水渍会留下斑迹或生霉变。

5. 软隔断、窗帘、浮挂。

丝绒色彩华丽、格调高雅、质感厚实温暖，可用作高级建筑软隔断、窗帘、浮挂等，显示富贵、豪华特色。

粗毛呢料、麻类或仿毛化纤织物质感粗实厚重，有温暖感，吸声性能好。

二、地毯

地毯是以棉、麻、毛、丝、草等天然纤维或化学合成纤维类原料，经手工或机械工艺进行编结、栽绒或纺织而成的地面铺敷物。覆盖于地面，有减少噪声、隔热和装饰效果。

（一）分类

1. 按材质分为：纯毛地毯（羊毛地毯）、混纺地毯（羊毛与合成纤维混纺地毯）、化纤地毯（合成纤维地毯）和塑料地毯（采用PVC材料制成的轻质地毯）。

2. 按编织工艺分为：手工编织地毯（专指纯毛地毯）、簇绒地毯（又称栽绒地毯、割绒地毯、切绒地毯）、无纺地毯。

3. 按花纹图案分为：北京式地毯、美术式地毯、彩花式地毯、素凸式地毯、仿古式地毯等。

4. 按使用功能分为：商用地毯、家庭用地毯、工业用地毯。

5. 按规格尺寸分为：块状地毯与卷装地毯。

（二）地毯的等级

地毯按其所用场所性能的不同，分为六个等级：

(1) 轻度家用级：铺设在不常使用的房间或部位；

(2) 中度家用级或轻度专业使用级：用于主卧室或餐室等；

(3) 一般家用级或中度专业使用级：用于起居室、交通频繁部位，如楼梯、走廊等；

(4) 重度家用级或一般专业用级：用于家中重度磨损的场所；

(5) 重度专业使用级：家庭一般不用；

(6) 豪华级：地毯的品质好，纤维长，因而豪华气派。

（三）羊毛地毯

羊毛地毯多采用羊毛为主要原料制做。它毛质细密，具有天然的弹性，受压后能很快恢复原状；采用天然纤维，不带静电，不易吸尘土，还具有天然的阻燃性。纯毛地毯图案精美，色泽典雅，不易老化、褪色，具有吸声、保暖、脚感舒适等特点。

另外机织羊毛地毯根据绒纱内羊毛含量的不同又可分为：

1. 纯羊毛地毯：羊毛含量≥95%；

2. 羊毛地毯：80%≤羊毛含量<95%；

3. 羊毛混纺地毯：20%≤羊毛含量<80%；

4. 混纺地毯：羊毛含量<20%。

（四）化纤地毯

化纤（合成纤维）地毯采用尼龙纤维（锦纶）、聚丙烯纤维（丙纶）、聚丙烯腈纤维（腈纶）、聚酯纤维（涤纶）等化学纤维为主要原料制做。

化纤地毯具有质轻、富有弹性、脚感舒适、价格较廉等特点，其最大的特点是耐磨性强，同时克服了纯毛地毯易腐蚀、易霉变的缺点，但阻燃性、抗静电性相对又要差一些。

一般说，化纤地毯的耐磨性、弹性、耐老化性、抗静电性、不怕日晒最好的当属尼龙纤维地毯；阻燃性最好的是丙纶纤维地毯，但其抗静电性较差，在阳光下老化较快；而在价格上是丙纶地毯最便宜，其价格的高低顺序为：羊毛地毯＞尼龙地毯＞混纺地毯＞丙纶地毯。

第八节　油漆与建筑涂料

涂料是指涂于物体表面能形成具有保护、装饰或特殊性能（如绝缘、防腐、标志等）的固体涂膜的一类液体或固体材料。

一、分类

1. 根据《涂料产品分类和命名》（GB/T 2705—2003）规定，主要以涂料产品成膜物为主线，并辅以产品的主要用途，将涂料分类为建筑涂料、工业涂料、其他涂料及辅助材料。
2. 涂料按用途可分为油漆涂料（用于木材或金属表面的传统涂料，亦称油漆）和建筑涂料（用于建筑物内、外墙面、顶棚及地面作为装饰用的新型涂料）。
3. 按成膜物质不同可分为无机涂料、有机涂料和有机无机复合涂料。有机涂料又分为油料类与树脂类。
4. 按分散介质不同可分为水溶型涂料、溶剂型涂料和水乳型涂料。

二、涂料的组成

涂料的基本组分有主要成膜物、次要成膜物与辅助成膜物三大部分。

（一）主要成膜物（基料）

1. 油料

油料是油料类涂料（亦称油漆）的主要成分，按其能否干结成膜及成膜速度分为干性油、半干性油和不干性油，制造油漆主要采用干性油作为成膜物。

（1）干性油。能在空气中发生氧化和聚合作用，经一段时间（一周内）形成坚硬的漆膜，耐水且具有弹性。属干性油的有亚麻油、桐油、梓油、苏籽油等。

（2）半干性油。需经较长时间才能成膜，且油膜软而粘。如豆油、向日葵油、棉籽油等。

（3）不干性油。在正常情况下，不能成膜，如花生油、蓖麻油、椰子油等。

2. 树脂

树脂是树脂类涂料的主要成分，按其来源分为天然树脂、人造树脂和合成树脂三类。

（1）天然树脂。如虫胶、松香、沥青等。

（2）人造树脂。是由天然有机高分子化合物经加工而成，如松香甘油酯、硝化纤维等。

（3）合成树脂。由有机化合物单体经聚合或缩聚而制得，如聚氯乙烯树脂、醇酸树脂等。利用合成树脂制成的涂料性能优异，是现代涂料生产量最大、品种最多、应用最广的涂料。

（二）次要成膜物

次要成膜物主要指涂料中所用的颜料。当涂料成膜后，颜料可使涂膜具有颜色；可增加涂膜的强度；可起骨架作用，减少涂膜的固化收缩；阻止紫外线穿透，提高涂膜的耐久性；或者带来其他特殊效果。按其主要作用分为着色颜料、体质颜料和防锈颜料。

1. 着色颜料。在涂膜中起着色和遮盖作用。着色颜料有无机颜料（主要是各种金属的氧化物或盐类）和有机颜料。

2. 体质颜料。又称填充料，可增加涂膜厚度，加强涂膜的体质；可提高涂膜的耐磨性和耐久性，但由于其遮盖力较差，不能阻止光线透过涂膜。主要有重晶石粉（$BaSO_4$）、碳酸钙、滑石粉、瓷土等。

3. 防锈颜料。主要起防止金属锈蚀作用。常有红丹（Pb_3O_4）、铁红（Fe_2O_3）及银粉（即铝粉）等。

（三）辅助成膜物

辅助成膜物主要包括溶剂与辅助材料。

1. 溶剂。它对涂料的成膜过程、施工过程起到一定的作用。常用松香水、酒精、汽油、甲苯、二甲苯以及水（乳胶型涂料用）等。

2. 辅助材料。作用显著，各有所长；常有增塑剂、催干剂、固化剂、抗氧剂、紫外线吸收剂、防霉剂等。

三、涂料的命名

根据《涂料产品分类和命名》（GB/T 2705—2003）规定，涂料的命名原则是：

涂料全名 = 颜色或颜料名称 + 成膜物质名称 + 基本名称（特性或专业用途）

上述成膜物质名称可作适当简化，如聚氨基甲酸酯简化成为"聚氨酯"；当有几种成膜物时，可用起主要作用的成膜物命名。

基本名称是指涂料的特性或专业用途，例如清油、清漆、磁漆、调和漆、厚漆、大漆、乳胶漆、底漆、防锈漆、绝缘漆、耐酸漆、木器漆、汽车漆、船舶漆、内墙涂料、外墙涂料、防水涂料、地板漆、地坪漆等。

四、油漆涂料

油漆涂料应漆膜坚韧，并具有较好的耐酸性、耐碱性、耐油性、耐水性、耐溶剂性、耐磨性、耐候性、耐老化性等性能。

（一）天然漆

天然漆是以漆树汁为原料经过滤而成的涂料，又称大漆、生漆、国漆等，为我国著名特产。漆产区遍及各地，北止辽宁，南达广东，西至西藏，东到东海之滨。

大漆不溶于水，而能溶于多种有机溶剂如酒精、石油醚、甲醇、丙酮、四氯化碳、汽油等。其粘性较高，不易施工。大漆应在20～30℃，相对湿度80%～90%条件下干燥，不宜加催干剂。

生漆漆膜坚硬，富有光泽，而且具有独特的耐久性、抗渗性、耐磨性、耐油性、耐化学腐蚀性、耐水性、绝缘性、耐热性（使用温度≤250℃）等优良性能。

生漆的缺点是漆膜色深，性脆，挠性与抗曲性差，耐强氧化剂和强碱性能差，不耐阳光直射。而且有毒性，施工时会使人发生皮肤过敏。

生漆经精制后成为精制生漆（熟漆）；生漆经改性后称为改性生漆。

天然漆主要用于古建筑中的油漆彩画；现代园林建筑、工艺美术品、高级木器等。

（二）油料类油漆涂料

油料类油漆涂料是以某些植物油作为成膜物的涂料。一般主要采用干性油如亚麻油、桐油、梓油、苏籽油等。其主要产品有清油、厚漆、调和漆等。

1. 清油。由精制干性油加入催干剂制得的油漆涂料称清油，主要用作防潮基层或用来调制厚漆与调和漆。

2. 厚漆。由清油与颜料配制而成的油漆涂料称厚漆，俗称"铅油"，属最低级的油漆涂料。

3. 调和漆。由清油与体质颜料及溶剂等调制而成的油漆涂料称调和漆，亦称"油性调和漆"，调和漆使用时，不需重新调和，可直接使用，施工方便。而且，它有一定的耐久性。

油料类油漆涂料虽然价格便宜，使用方便，但由于各种性能不能满足较高的要求，因此已基本为树脂类油漆涂料所替代。

（三）树脂类油漆涂料

树脂类油漆涂料是以树脂（天然、人造、合成树脂）为成膜物的油漆涂料。

1. 清漆。由树脂加入挥发性溶剂（汽油、酒精）制成清漆，它主要用作调制磁漆与磁性调和漆，当木门窗油漆后需显露木纹时，应采用清漆。

2. 磁漆。由清漆加入颜料制得磁漆，磁漆按树脂种类不同，有酚醛树脂漆、醇酸树脂漆、硝基树脂漆等，磁漆适用于室内、室外、木材及金属表面。

3. 调和漆。由清漆加入颜料、溶剂、催干剂制得调和漆，亦称"磁性调和漆"。使用时不需重新调和，可直接使用。

4. 光漆。由硝化棉、天然树脂、溶剂制得光漆，亦称"腊克"或"硝基木质清漆"它适用于木装修表面。

各类油漆涂料的优缺点见表13-13。

表13-13 各类油漆涂料的优缺点

油漆涂料种类	主要优点	缺点	主要用途
油脂漆（油料类）	耐气候性良好，可室内用与室外用，作底漆或面漆	干性慢，机械性能不高，水膨胀性大，不能打磨、抛光	室内外金属、木材表面室内墙面
天然树脂漆	干燥快，短油坚硬易打磨，长油有弹性，耐气候性好	短油耐气候性差，长油不能打磨	室内木材表面、家具等
酚醛树脂漆	干燥快，漆膜坚硬，耐水，耐化学腐蚀，能绝缘	颜色易泛黄、变深，漆膜较脆	绝缘、金属防腐、耐酸防腐、室内外金属、木装饰
沥青漆	耐水、耐酸、耐碱、能绝缘	颜色黑，不宜做浅色漆，对日光稳定性差，耐溶剂性差	防潮、防水、防腐、耐碱、耐热、绝缘
醇酸树脂漆	耐候性优良，保光性好，耐久	漆膜较软，耐碱性和耐水性差	耐油、耐热、保色、保光、绝缘涂层
硝基纤维漆	干燥迅速，耐油，坚韧耐磨，耐气候性良好	易燃，清漆不抗紫外线，不能在60℃以上使用	耐油、保光、木器家具、金属装饰，不宜作防腐用
乙烯树脂漆	漆膜弹性优良，色白，耐腐蚀性能强	固体份低，耐溶剂性差，清漆不耐晒，高温时易碳化	耐酸碱、耐水防潮、耐溶剂、金属防腐、绝缘、耐大气、外用涂料
丙烯酸树脂漆	漆膜无色、耐热、耐候性优良，保色性良好，耐化学腐蚀好	固体份低，耐溶剂性差，外观较差	耐热、耐大气、木器涂装，内外墙地坪涂装
环氧树脂漆	附着力强，抗化学腐蚀性好，漆膜坚韧，能绝缘	保光性差，室外暴晒易粉化	耐酸碱、耐油、耐水、耐磨、耐溶剂、绝缘、金属防腐、地坪、
聚氨酯漆	耐磨性强，耐水性好，耐化学腐蚀性好，能绝缘	遇潮起泡，漆膜易粉化、泛黄	耐酸碱、耐水、耐磨、耐溶剂、绝缘、外墙、地坪涂料、工业涂料
过氯乙烯漆	耐酸、碱，耐高温、高湿，耐久性好	涂层层数须多，较不经济	外墙涂料、地坪涂料及各类建筑物防腐蚀

注：本表摘自《建筑材料手册》表11-7，中国建筑工业出版社。

五、建筑涂料

按《涂料产品分类和命名》（GB/T 2705—2003）规定，建筑涂料可分为墙面涂料、防水涂料、地坪涂料及功能性建筑涂料。

（一）墙面涂料

墙面涂料有合成树脂乳胶内墙涂料、合成树脂乳胶外墙涂料、溶剂型外墙涂料及其他墙面涂料。

1. 内墙涂料

内墙涂料亦可用作顶棚涂料，对于内墙涂料除应具有质地细腻，色彩丰富，良好的装饰效果外，还应具有良好的透气性、耐碱、耐水、耐粉化、耐污染等性能。此外，还应便于涂刷，容易维修，价格合理。

由于水溶型的聚乙烯醇水玻璃内墙涂料、聚乙烯醇缩甲醛内墙涂料已在《民用建筑工程室内环境污染控制规范》（GB 50325—2010）中被禁用；且溶剂型涂料透气性较差，较少用于住宅内墙。因而内墙涂料主要采用水乳型涂料。

水乳型（亦称乳液、乳胶型）涂料是成膜物微滴借助于乳化剂均匀的悬浮于水中而形成。以水为稀释剂，施工方便，待水分蒸发后，成膜物破乳成膜；具有透气性好、耐候性好、耐久性好等优良性能；其缺点是在较低的温度下不能形成优质的涂膜，必须在10℃以上施工才能确保质量；冬季不宜使用。

合成树脂乳胶内墙涂料按照基材的不同，分为聚醋酸乙烯乳液和丙烯酸乳液两大类。

（1）聚醋酸乙烯乳液。它是以聚醋酸乙烯为成膜物的内墙涂料，无毒、无味、不燃、附着力强、耐水性好、耐碱性好、颜色鲜艳、透气性好、易于施工，属中档内墙涂料。

（2）乙丙内墙乳胶漆。它是由醋酸乙烯和丙烯酸酯共聚而成，无毒、无味、不燃，有良好的耐水性、保色性和耐久性。适用于较高级的内墙面装饰，也可用于木质门窗。

2. 外墙涂料

外墙涂料除应具有质地细腻，色彩丰富，良好的装饰效果外，还应具有良好的耐水性、耐污染性、耐候性等性能。此外，还应便于涂刷，容易清洗与维修。

常用外墙涂料有聚合物水泥涂料、乳液型涂料、溶剂型涂料和无机硅酸盐涂料等四类。

（1）聚合物水泥涂料。即将有机高分子材料掺入水泥中，组成有机、无机复合的聚合物水泥涂料。常用的有聚醋酸乙烯乳液，其掺量一般为水泥重量的20%~30%。

（2）合成树脂乳胶外墙涂料。由合成树脂乳液加入颜料、填料以及助剂等经研磨或分散处理后制成乳液涂料。按其装饰质感可分为乳胶漆（薄型乳液涂料）、厚质涂料和彩色砂壁状涂料。常用合成树脂乳胶外墙涂料的性能见表13-14。

表13-14 常用合成树脂乳胶外墙涂料的性能

涂料名称	成膜物	主要特点	缺点
乙-丙乳胶漆	醋酸乙烯、丙烯酸酯经聚合后得到乙-丙共聚乳液	耐候性好、涂膜柔韧性好、价格适中	最低施工温度≥15℃
氯-醋-丙乳液涂料	氯乙烯、醋酸乙烯、丙烯酸丁酯共聚乳液	涂膜耐碱性、耐水性好，抗紫外线照射能力强，具有自洁性	—
苯-丙乳胶漆	苯乙烯和丙烯酸酯类单体聚合得到苯-丙共聚乳液	具有较高的耐光性、耐候性、不泛黄；耐水、耐碱耐擦洗，色彩艳丽质感好，与水泥材料附着力好	最低施工温度≥10℃
丙烯酸酯乳胶漆	丙烯酸酯乳胶漆	漆膜光泽柔和，耐候性、保光性、保色性优异，涂膜耐久性可达10年以上	价格较其他共聚乳液涂料贵
氯-偏共聚乳液厚涂料	氯乙烯-偏氯乙烯共聚乳液	耐光性、耐候性较好，装饰质感强，价格较低	耐水性、耐久性较差，易污染，施工温度≥10℃
水乳型环氧树脂外墙涂料	环氧乳液	粘接性能优良，不易脱落，耐候性、耐久性、耐老化性能优异，装饰效果好	价格较贵
水乳型过氯乙烯外墙涂料	过氯乙烯	具有过氯乙烯的基本特性，不易燃，施工安全	—
彩色砂壁外墙涂料	合成树脂乳液、着色骨料（高温烧结彩砂、彩瓷粒、天然色石屑）	不褪色、质感强、装饰性好，耐久性、耐候性好	风雨天不宜施工

（3）溶剂型外墙涂料。溶剂型涂料是以高分子合成树脂为主要成膜物质，有机溶剂为稀释剂加入一定量颜料、填料、助剂等经混合、搅拌溶解研磨而成

259

的一种挥发性涂料。涂刷后，溶剂挥发、成膜物等形成涂膜。

溶剂型涂料漆膜紧密，一般都有较好的硬度、光泽、耐水性、耐化学腐蚀性和一定的耐久性，且成膜快，但漆膜透气性差。施工时须基底干燥，而且有机溶剂挥发，浪费能源污染环境。一般说，外墙涂料均可用作内墙装饰，但溶剂型涂料却不宜用于内墙。

常用溶剂型外墙涂料的品种与特性见表13-15。

表13-15 常用溶剂型外墙涂料的品种与特性

涂料名称	主要成膜物	主要特点	缺点
过氯乙烯外墙涂料	过氯乙烯及少量其他树脂如酚醛、聚氨酯、丙烯酸等	干燥快、施工方便，漆膜耐候性、耐腐蚀性、耐水性、防霉性、阻燃性好，干透后附着力强、抗大气性	未干前，附着力较差，易发生大面积揭起，使用温度应低于60℃；涂料中有苯，施工时应注意安全
聚乙烯醇缩丁醛外墙涂料	聚乙烯醇缩丁醛	漆膜坚韧耐磨性好，有一定的耐酸碱性、耐水、耐油、耐候性好，以醇为溶剂，毒性小	—
丙烯酸酯外墙涂料	热塑性丙烯酸酯	耐候性良好，长期日照、雨淋不褪色、不粉化、不脱落，与墙面结合牢固，抗渗透能力强，可在0℃以下施工并干燥成膜，使用寿命10年以上，为高档次外墙涂料	—
聚氨酯系外墙涂料	聚氨酯树脂	表现有橡胶般的弹性，对基层裂缝有随动性，且有一定的伸缩幅度，耐候性好，具有极好的耐水性、耐酸碱性，表面光洁度好，耐污染	为双组分涂料，施工要求严格，现场要注意防火，价格较贵

（4）外墙无机建筑涂料。它是以水溶性碱金属硅酸盐或水分散性二氧化硅胶体为主要成膜物的一种建筑涂料。其具有对光、热及放射线的稳定性，有优良的耐热性和耐老化性，有较好的耐污染性，不易吸灰，能保持良好的装饰效果。其缺点是漆膜的耐水性较差。目前，国内的主要产品有硅酸钠（或硅酸钾）水玻璃涂料和硅溶胶无机外墙涂料两大类产品。

（二）防水涂料（详见第十章第二节）

（三）地坪涂料

地坪涂料是用于室内水泥地面进行装饰的一种涂料，其主要功能是装饰与保护室内地面。它与传统的地面砖、水磨石、陶瓷马赛克、大理石、花岗石等相比，使用寿命短，但也有工期短、造价低、自重轻、维修更新方便等优点。

地坪涂料应该具有以下特点：耐碱性良好，因为地坪涂料主要涂刷在带碱性的水泥砂浆基层上；与水泥砂浆有较好的粘接性能；有良好的耐水性、耐擦洗性；有良好的耐磨性；有良好的抗冲击力；涂刷施工方便；价格合理。

地坪涂料分为薄质涂料和厚质涂料两类。常用地坪涂料的性能与应用见表13-16。

表13-16 常用地坪涂料的性能与应用

涂料名称	主要成分	优点	缺点	应用范围
过氯乙烯地面涂料（薄质涂料）	过氯乙烯树脂（溶剂型）	耐水性好，较好的耐磨性和耐化学药品性能，干燥快，施工方便	基面须充分干燥（含水率小于6%），施工时应注意防火、防毒	住宅建筑，实验室，车间及仓库，适用新老水泥地面的涂装
苯乙烯地面涂料（薄质涂料）	苯乙烯焦油（溶剂型）	干燥快，施工方便，漆膜与水泥地面粘接牢固，耐水性良好	基面须充分干燥，施工时应注意防火、防毒，干后有特殊气味	住宅建筑，医院病房，化工及仪表车间
环氧树脂地面涂料（厚质涂料）	环氧树脂（溶剂型）	通常采用刮涂方法，形成地面涂层，称无缝塑料地面或塑料涂布地板，漆膜与水泥地面粘接牢固，坚硬、耐磨、有韧性，耐水、耐油、耐腐蚀、耐久性好，装饰性好	是双组分固化型涂料，施工操作较复杂	工业与民用住宅建筑中耐磨、耐腐蚀、耐水、防尘等工程地面
聚氨酯地面涂料（厚质涂料）	聚氨酯（溶剂型）	涂刷于水泥地面形成无缝弹性塑料状涂层，称聚氨酯弹性地面，漆膜与水泥地面粘接牢固，步感舒适、耐磨性特别好、耐油、耐水、耐酸碱，装饰性好	是双组分固化型涂料，施工操作较复杂涂料有刺激性气味，操作时应注意防火、防毒	会议室、影剧院等人流较大的场所地面，也可用于耐磨、耐油、耐腐蚀等车间
聚醋酸乙烯水泥地面涂料（水性涂料）	聚醋酸乙烯普通水泥	施工性能良好，与水泥基粘接牢固，耐磨、耐冲击、表面有弹性感类似塑料地板，装饰性好价格便宜	—	民用及其他建筑地面，特别旧水泥地面的翻新

（四）功能性建筑涂料

建筑涂料除用于内墙面（包括顶棚）、外墙面、地面之外，还有既可以有

261

装饰功能，还具有某些特殊功能的涂料如防水、防火、防霉、防腐保温隔热等，称为功能性建筑涂料。这种涂料常以聚氨酯类、环氧树脂类、丙烯酸酯类等为成膜物配制而成。

第九节 装饰砂浆及装饰混凝土

水泥砂浆与水泥混凝土有着单调灰暗色彩和缺乏质感的表面，不能满足人们的审美要求。但若采取适当的措施使其表面产生不同的色彩、线型、图案、质感，也会展现出独特的建筑装饰效果。

一、装饰砂浆

装饰砂浆产生装饰效果的具体做法有两类，一类是灰浆装饰面，另一类是石渣类装饰面。

（一）组成材料

1. 水泥。与普通抹面砂浆相同，可采用普通水泥、白色水泥或彩色水泥，其中彩色水泥即可直接采用彩色水泥，也可采用普通水泥或白色水泥与颜料进行调配。

2. 骨料。

（1）砂。一般可采用普通砂，必要时也可采用石英砂、彩釉砂、着色砂。彩釉砂、着色砂必须具有良好的耐水性、耐碱性及耐久性。

（2）石渣。又称石粒或石米，它是用天然大理石、花岗石、白云石经破碎加工而成。可有白色及其他多种颜色，其规格见表13-17。

表13-17 彩色石渣的规格

编号	1	2	3	4	5	6
规格名称	大二分	一分半	大八厘	中八厘	小八厘	米粒石
粒径（mm）	约20	约15	约8	约6	约4	0.3~1.2

（3）石屑。比石粒更小的细骨料，用于配置喷涂用聚合物砂浆，常有松香石屑、白云石屑。

（4）彩色瓷粒和玻璃珠。用以代替石渣，会有别样的装饰效果。

（5）颜料。应具有较好的耐碱性、耐水性、耐光性、耐候性等，通常为矿物颜料。

（二）灰浆装饰面

灰浆装饰面或者是通过对水泥砂浆的着色，或者是采用不同的工艺手段使饰面产生不同的表面质感如线条、方格、光面、花纹、图案及各种不同形式的粗糙面等。

灰浆装饰面的常用做法有拉毛灰、甩毛灰、搓毛灰、扫毛灰、拉条、假面砖及利用聚合物砂浆进行喷涂、滚涂、弹涂等，制得具有不同效果的灰浆装饰面。

（三）石渣类装饰面

石渣类装饰面是采用水泥石渣浆在装饰部位做抹灰层，然后在相应的时间进行表面处理，使其石渣产生不同程度的外露，形成不同的质感以及不同颜色水泥浆与石渣的颜色的对比而形成不同的装饰效果。

石渣类装饰面常有水刷石、干粘石、斩假石和水磨石等做法。

1. 水刷石。是待水泥浆初凝后，用硬毛刷或喷枪以清水冲刷表面的水泥浆层，使石子外露一定程度，而产生装饰效果。

2. 干粘石。是在新抹的素水泥浆或聚合物水泥砂浆上，采用手工甩粘或机械甩喷的方法将石渣粘于其上，再经拍平、压实而成。由于石渣棱角尖锐，为了安全起见，建筑物底层不宜采用干粘石饰面。

3. 斩假石。又称剁斧石，它是待水泥石渣浆达到一定强度时，用钝斧等工具将表面剁露出石子且剁斩出纹理，而获得类似天然石材经雕琢后的效果。

4. 水磨石。采用水泥与彩色石渣，或彩色水泥与色彩石渣制成水泥石渣浆，经浇捣、养护、表面打磨、洒草酸、上蜡等工序制得。施工前应预先设计要求的图案，划线并以铜条或玻璃条加以分割，则会获得预想的装饰效果。

二、装饰混凝土

装饰混凝土在结构中，通常不起结构作用，只是对建筑物或结构构件起表面修饰作用。按其做法不同，有清水装饰混凝土、彩色混凝土和露石混凝土三类。

（一）清水装饰混凝土

清水装饰混凝土是利用构件本身的几何外形，或在成型时利用混凝土的可塑性使混凝土表面上形成凹、凸花纹图案，而获得艺术装饰效果。常有正打法、反打法、及立模法三种工艺方法。

（二）彩色混凝土

彩色混凝土是利用彩色水泥的颜色，或者在混凝土中掺入着色剂，使混凝土整体着色而形成彩色混凝土。

（三）露石混凝土

露石混凝土是在混凝土硬化前或者硬化后，通过一定的工艺手段使混凝土的粗骨料适当外露，以水泥的颜色与骨料颜色的对比，或预先将骨料按设计好的图案设置，骨料露出后即产生一定的装饰效果。

第十节 民用建筑工程室内环境污染的控制

为了预防和控制民用建筑工程中，建筑材料与装修材料对室内产生的环境污染，保障公众健康，维护公共利益，必须在民用建筑工程的工程勘察设计、材料选择、工程施工及验收过程中严格控制所用材料污染物的含量、释放量及其对室内环境的污染程度。

国内外对室内环境污染的大量研究，已检测到有害物质达数百种，常见的有十种以上。目前我国对室内环境污染主要控制氡（简称 Rn-222）、甲醛、氨、苯[包括甲苯、二甲苯、乙苯、甲苯二异氰酸酯（TDI）等]和总挥发有机化合物（简称 TVOC）等五类。

这几类污染物对人的身体危害较大，如甲苯、氨对人有强烈的刺激性，对人的肺功能、肝功能、免疫功能都会产生一定的影响；游离甲苯二异氰酸酯会引起肺损伤；氡、苯、甲醛及挥发有机化合物中的多种成分都具有一定的致癌性。

一、对氡的控制

国家标准是通过限制建筑材料中长寿命天然放射性同位素镭-226、钍-232、钾-40 的比活度，来实现对室内放射性污染物氡的控制。

自然界中任何天然岩石、砂子、土壤以及各种矿石等无机非金属材料，无不含有天然放射性核素。一般来讲，室内的放射性污染主要来自这些存在于无机非金属材料中的长寿命的放射性核素。因此国家标准《民用建筑工程室内环境污染控制规范》（GB 50325—2010）中规定：

（一）对材料的要求

1. 民用建筑工程所使用的砂、石、砖、砌块、水泥、混凝土、混凝土预制构件等无机非金属建筑主体材料的放射性限量应符合表 13-18 的规定。

表 13-18 无机非金属建筑主体材料的放射性限量

测定项目	限量
内照射指数 I_{Ra}	≤1.0
外照射指数 I_r	≤1.0

2. 民用建筑工程所使用的无机非金属装饰材料，包括石材、建筑卫生陶瓷、石膏板、吊顶材料、无机瓷质砖粘接材料等，进行分类时，其放射性限量应符合表 13-19 的规定。

表 13-19　无机非金属装饰材料放射性限量

测定项目	限量	
	A	B
内照射指数 I_{Ra}	≤1.0	≤1.3
外照射指数 I_r	≤1.3	≤1.9

3. 民用建筑工程所使用的加气混凝土和空心率（孔洞率）大于 25% 的空心砖、空心砌块等建筑主体材料，其放射性限量应符合表 13-20 的规定。

表 13-20　加气混凝土和空心率（孔洞率）大于 25% 的建筑主体材料放射性限量

测定项目	限量
表面氡析出率 [Bq/(m²·s)]	≤0.015
内照射指数 I_{Ra}	≤1.0
外照射指数 I_r	≤1.3

（二）工程勘察设计

1. 工程设计前，应进行建筑场地土壤中氡浓度或土壤氡析出率测定，并提供相应的检验报告。

2. 根据建筑场地土壤中氡浓度或土壤氡析出率测定结果，分别采取措施。如采取建筑物底层地面抗裂措施；或按一级防水要求，对基础进行处理；或采取建筑物综合防氡措施。

3. 材料选择

（1）民用建筑工程室内不得使用国家禁止使用、限制使用的建筑材料。

（2）Ⅰ类民用建筑工程室内装修采用的无机非金属装饰材料必须为 A 类。

注：Ⅰ类民用建筑工程：住宅、医院、老年建筑、幼儿园、学校教室等民用建筑工程；
Ⅱ类民用建筑工程：办公楼、商店、旅馆、文化娱乐场所、书店、展览馆、体育馆、公共交通等候室、餐厅、理发店等民用建筑工程。

二、对氨的控制

民用建筑工程中所使用的能释放氨的阻燃剂、混凝土外加剂，氨的释放量不应大于 0.10%。

三、对其他污染物的控制

（一）人造木板及饰面人造木板

1. 材料的要求

（1）国家标准《民用建筑工程室内环境污染控制规范》（GB 50325—

2010）规定，民用建筑工程室内用人造木板及饰面人造木板，必须测定游离甲醛含量或游离甲醛释放量。其测定方法可采用穿孔萃取法（简称穿孔法）、干燥器法和环境测试舱法，仲裁时采用环境测试舱法（即气候箱法）。

（2）采用不同方法时的游离甲醛释放量限量见表13-21。

表13-21 室内装饰装修材料人造板及其制品中甲醛释放限量

产品名称	试验方法	限量值	使用范围	限量标志
中密度纤维板、高密度纤维板、刨花板、定向刨花板	穿孔萃取法	≤9mg/100g	可直接用于室内	E_1
		≤30mg/100g	必须饰面后可允许用于室内	E_2
胶合板、装饰单板贴面胶板、细木工板等	干燥器法	≤1.5mg/L	可直接用于室内	E_1
		≤5.0mg/L	必须饰面后可允许用于室内	E_2
饰面人造板（包括浸渍纸压木质地板、实木复合地板、竹地板、浸渍胶膜纸饰面人造板等）	气候箱法	≤0.12mg/m³	可直接用于室内	E_1
	干燥器法	≤1.5mg/L		

注：1. 仲裁时采用气候箱法；
　　2. E_1 为可直接用于室内的人造板；E_2 为必须饰面后可允许用于室内的人造板。

2. 工程勘察设计

（1）民用建筑工程室内不得使用国家禁止使用、限制使用的建筑材料。

（2）Ⅰ类民用建筑工程室内装修，采用的人造木板及饰面人造木板必须达到 E_1 级要求。

（3）Ⅱ类民用建筑工程室内装修，采用的人造木板及饰面人造木板宜达到 E_1 级要求。当采用 E_2 级人造木板时，直接暴露于空气的部位应进行表面涂覆密封处理。

（4）民用建筑工程室内装修中所使用的木地板及其他木质材料，严禁采用沥青、煤焦油类防腐、防潮处理剂。

（二）涂料、胶粘剂、水性处理剂及其他材料

1. 材料的要求

（1）涂料

①民用建筑工程室内用水性涂料和水性腻子应测定游离甲醛的含量，其限量为≤100mg/kg。

②民用建筑工程室内用溶剂型涂料和木器用溶剂型腻子应按其规定的最大稀释比例混合后，测定VOC和苯、甲苯+二甲苯+乙苯的含量，其限量应符

合表13-22的规定。

表13-22　室内用溶剂型涂料和木器用溶剂型腻子中VOC、苯、甲苯+二甲苯+乙苯限量

涂料类别	VOC（g/L）	苯（%）	甲苯+二甲苯+乙苯（%）
醇酸类涂料	≤500	≤0.3	≤5
硝基类涂料	≤720	≤0.3	≤30
聚氨酯类涂料	≤670	≤0.3	≤30
酚醛防锈漆	≤270	≤0.3	—
其他溶剂型涂料	≤600	≤0.3	≤30
木器用溶剂型腻子	≤550	≤0.3	≤30

③聚氨酯漆测定固化剂中游离二异氰酸酯（TDI、HDI）的含量后，应按其规定的最小稀释比例计算出聚氨酯漆中游离二异氰酸酯（TDI、HDI）的含量，且不应大于4g/kg。

（2）胶粘剂

①民用建筑工程室内用水性胶粘剂，应测定挥发性有机化合物（VOC）和游离甲醛的含量，其限量应符合表13-23的规定。

表13-23　室内用水性胶粘剂中VOC和游离甲醛限量

测定项目	水性胶粘剂种类			
	聚乙酸乙烯酯	橡胶类	聚氨酯类	其他
挥发性有机化合物（VOC）（g/L）	≤110	≤250	≤100	≤350
游离甲醛（g/kg）	≤1.0	≤1.0	—	≤1.0

②民用建筑工程室内用溶剂型胶粘剂，应测定挥发性有机化合物（VOC）、苯、甲苯+二甲苯的含量，其限量应符合表13-24的规定。

表13-24　室内用溶剂型胶粘剂中VOC、苯、甲苯+二甲苯限量

测定项目	溶剂型胶粘剂种类			
	氯丁橡胶	SBS	聚氨酯类	其他
苯（g/kg）	≤5.0			
甲苯+二甲苯（g/kg）	≤200	≤150	≤150	≤150
挥发性有机物（g/L）	≤700	≤650	≤700	≤700

③聚氨酯胶粘剂应测定游离甲苯二异氰酸酯（TDI）的含量，按产品推荐的最小稀释量计算出聚氨酯漆中游离甲苯二异氰酸酯（TDI）含量，且不应大于4g/kg。

（3）水性处理剂

民用建筑工程室内用水性阻燃剂（包括防火涂料）、防水剂、防腐剂等水性处理剂，应测定游离甲醛的含量，其限量为≤100（mg/kg）。

（4）能释放甲醛的混凝土外加剂

能释放甲醛的混凝土外加剂其游离甲醛含量不应大于500mg/kg。

（5）民用建筑工程中使用的胶合木结构材料，游离甲醛释放量不应大于 0.12mg/m³。

（6）民用建筑工程室内装修时，所使用的壁布、帷幕等游离甲醛释放量不应大于0.12mg/m³。

（7）民用建筑工程室内用壁纸中甲醛含量不应大于120mg/kg。

（8）民用建筑工程室内用聚氯乙烯卷材地板中挥发物含量的限量，应符合表13-25的规定。

表13-25 聚氯乙烯卷材地板中挥发物限量

名称		限量（g/m²）
发泡类卷材地板	玻璃纤维基材	≤75
	其他基材	≤35
非发泡类卷材地板	玻璃纤维基材	≤40
	其他基材	≤10

（9）民用建筑工程室内用地毯、地毯衬垫中总挥发性有机化合物和游离甲醛释放量，其限量应符合表13-26的规定。

表13-26 地毯、地毯衬垫中有害物质释放限量 [mg/(m²·h)]

名称	有害物质项目	A级	B级
地毯	总挥发性有机化合物	≤0.500	≤0.600
	游离甲醛	≤0.050	≤0.050
地毯衬垫	总挥发性有机化合物	≤1.000	≤1.200
	游离甲醛	≤0.050	≤0.050

2. 工程勘察设计

（1）民用建筑工程室内不得使用国家禁止使用、限制使用的建筑材料。

（2）民用建筑工程室内装修时，不应采用聚乙烯醇水玻璃内墙涂料、聚乙烯醇缩甲醛内墙涂料和树脂以硝化纤维素为主、溶剂以二甲苯为主的水包油型（O/W）多彩内墙涂料。

（3）民用建筑工程室内装修时，不应采用聚乙烯醇缩甲醛胶粘剂。

（4）Ⅰ类民用建筑工程室内装修粘贴塑料地板时，不应采用溶剂型胶粘剂。Ⅱ类民用建筑工程中地下室及不与室外直接自然通风的房间粘贴塑料地板时，不宜使用溶剂型胶粘剂。

（5）民用建筑工程中，不应在室内采用脲醛树脂泡沫塑料作为保温、隔热和吸声材料。

四、施工与验收

1. 施工前应有材料放射性指标检验报告（包括Ⅰ类民用建筑工程采用的异地回填土）；

2. 民用建筑工程验收时，必须进行室内环境污染物浓度检测，其限量应符合：Ⅰ类民用建筑工程，污染物氡（Bq/m^2）≤200；Ⅱ类民用建筑工程，污染物氡（Bq/m^2）≤400。

3. 民用建筑工程室内装修中所采用的人造木板及饰面人造木板，必须有游离甲醛含量或游离甲醛释放量检测报告，本应符合设计要求和规范的有关规定。

4. 民用建筑工程室内装修时，严禁使用苯、工业苯、石油苯、重质苯及混苯作为稀释剂和溶剂。也不应使用苯、甲苯、二甲苯和汽油进行除油等作业。

5. 民用建筑工程验收时，必须进行室内环境污染物浓度检测，其限量应符合表13-27的规定。

表13-27 室内环境污染物浓度限量

污染物	Ⅰ类民用建筑工程	Ⅱ类民用建筑工程
氡（Bq/m^3）	≤200	≤400
甲醛（mg/m^3）	≤0.08	≤0.1
苯（mg/m^3）	≤0.09	≤0.09
氨（mg/m^3）	≤0.2	≤0.2
TVOC（mg/m^3）	≤0.5	≤0.6

6. 室内环境质量验收不合格的民用建筑工程，严禁投入使用。

本章历年试题及模拟题解析

1. 举世闻名的北京故宫台阶和人民英雄纪念碑周边浮雕壁石料是哪种？

[1995-032]

A. 花岗岩　　B. 石英石　　C. 大理石　　D. 砂岩

【解析】 北京故宫台阶和人民英雄纪念碑周边浮雕壁是采用汉白玉雕琢

的，纯白色的大理石被称为汉白玉。

答案：C

2. 1999年新铺天安门广场地面石材，其材料和主要产地下列哪一组是正确的？ [2001-037]

A. 浅粉红色花岗岩，河北易县，山东泰安

B. 深灰色大理石，意大利米兰，法国马赛

C. 汉白玉石材，河北琢州，北京通州

D. 深色辉绿岩，河北唐山，广东佛山

【解析】 1999年是中华人民共和国建国五十周年，天安门广场进行了整体改造，将原来的水泥方砖换成浅粉红色花岗岩条石。铺装所用石材主要来自河北易县和山东泰安。

答案：A

3. 花岗岩是一种高级的建筑结构及装饰材料，其主要特性，下列哪个是错误的？ [1999-007，2000-005，2004-002]

A. 吸水率低　　B. 耐磨性能好　　C. 能抗火　　D. 能耐酸

【解析】 花岗岩属岩浆岩的深成岩，由长石、石英、少量暗色矿物及云母组成。花岗岩中SiO_2含量很高，故花岗岩为酸性岩石，花岗岩具有结构致密，抗压强度高，吸水率极低，具有优异的耐磨性，化学稳定性好，不易风化变质，耐酸性强（但氢氟酸及氟硅酸除外），耐久性好，装饰性好等特点。但抗火性差，因石英含量高，虽然耐酸性强，但因石英在573℃及870℃条件下发生晶型转化，产生体积膨胀，故火灾时花岗岩会发生严重开裂破坏。

答案：C

4. 大理石主要矿物成分是： [1999-018]

A. 石英　　　B. 方解石　　　C. 长石　　　D. 石灰石

【解析】 大理石是沉积岩石灰石经变质而形成的沉积岩变质岩，其矿物成分与石灰石相同，都是方解石。

答案：B

5. 大理石较耐以下何种腐蚀介质？ [1997-037，2001-009]

A. 硫酸　　　B. 盐酸　　　C. 醋酸　　　D. 碱

【解析】 大理石主要矿物成分是方解石，方解石是晶态的碳酸钙（$CaCO_3$）具有较好的耐碱性。

答案：D

6. 天然大理石板材不宜用于外装修，是由于空气中主要含有下列何种物质时，大理石表面层将变为石膏，致表面逐渐暗而终至破损？

[1999-057，2004-003，2006-004]

A. 二氧化碳　　B. 二氧化氮　　C. 一氧化碳　　D. 二氧化硫

【解析】 天然大理石的化学组成是碳酸钙（$CaCO_3$）耐酸性较差，当空气中主要含有二氧化硫时，大理石表面层将变为石膏，致表面逐渐暗而终至破损。因此，天然大理石板材不宜用于外装修，尤其是镜面板。

答案：D

7. 大理石不能用于建筑外装修的主要原因是易受到室外哪项因素的破坏？

[2010-017]

A. 风　　　　B. 雨　　　　C. 沙尘　　　　D. 阳光

【解析】 天然大理石板材不宜用于外装修，是由于空气中常含有二氧化硫（SO_2）或二氧化碳（CO_2）等酸性氧化物气体，当它们遇到雨水时，形成酸雨，对大理石产生腐蚀现象，致使镜面大理石板表面受损，失去光泽。因此，天然大理石不宜用于外装修，尤其是镜面板。

答案：B

8. 我国古建工程常用的汉白玉石材在下列主要产地中哪个是错的？

[2001-039]

A. 湖北黄石　　B. 广东石湾　　C. 天津蓟县　　D. 北京房山

【解析】 汉白玉是纯白色的大理石，主产于北京房山、天津蓟县、湖北黄石和四川成都。

答案：B

9. 古建筑工程中常用的汉白玉石材是以下哪种岩类？　　[2009-001]

A. 花岗岩　　B. 大理石　　C. 砂岩　　D. 石灰岩

【解析】 纯净的大理石呈白色，被称为称"汉白玉"。

答案：B

10. 我国生产的大理石装饰板材，厚度多为20mm，而发达国家向薄型方向发展，最薄可达到下列哪一种尺寸？

[2001-012]

A. 18mm　　B. 15mm　　C. 10mm　　D. 8mm

【解析】 大理石装饰板材在一些发达国家向薄型方向发展，大量生产12～15mm天然石材，并且推广使用厚度为8mm、10mm、11mm的薄型饰面石板。最薄可达到7mm。

答案：D

11. 石材幕墙中的单块石材板面面积不宜大于： ［2009-024］

A. 1.0m² B. 1.5m² C. 2.0m² D. 2.5m²

【解析】 根据《金属与石材幕墙工程技术规范》（JGJ 133—2001）4.1.3规定，石材幕墙立面划分时，单块面积不宜大于1.5m²。

答案：B

12. 天然石料难免有微量放射性，据检测研究不同色泽的花岗岩其辐射量由大到小的排序以下哪组正确？ ［2001-034，2003-055］

A. 赤红→粉色→纯黑→灰白　　B. 粉色→赤红→灰白→纯黑
C. 赤红→粉色→灰白→纯黑　　D. 纯黑→灰白→粉色→赤红

【解析】 据检测研究，不同色泽的花岗岩其辐射量有所不同。一般说，不同色泽的花岗岩其辐射量由大到小的排序大致是赤红色、绿色、粉色、灰白色、白色和纯黑色。

答案：C

13. 室内地面装修选用花岗岩，一般情况下，以下哪种颜色的放射性最小并较安全？ ［2009-060］

A. 白灰色 B. 浅灰杂色 C. 黄褐色 D. 橙红色

【解析】 对花岗岩来说，放射性的大小与岩石的颜色有一定的关系，据检测研究不同色泽的花岗岩其辐射量由大到小的排序是：红色→绿色→肉红色（粉色）→灰白色→白色→黑色。

答案：A

14. 石材中所含的放射性物质按行业标准《天然石材产品放射性防护分类控制标准》（JG 518）的规定可分为"A"、"B"、"C"三类产品，如用于旅馆门厅内墙饰面的磨光石板材，下列哪类产品可以使用？ ［2004-114］

A. "A、B"类产品
B. "A、C"类产品
C. "B、C"类产品
D. "C"类产品

【解析】 JG 518—93《天然石材产品放射性防护分类控制标准》将天然石材放射性水平划分为 A、B、C 三类。其中，A 类产品使用范围不受限制；B 类产品不可用于居室内饰面，可用于其他一切建筑物的内、外饰面；C 类产品可用于一切建筑物的外饰面。

答案：A

15. 花岗岩的放射性比活度由低到高的排序是 A 类、B 类、C 类和其他类，下列的叙述中哪条不正确？ [2006-057]

A. A 类不对人类健康造成危害，使用场合不受限制。
B. B 类不可用于 I 类民用建筑内饰面，可用于其他类建筑内外饰面。
C. C 类不可用于建筑外饰面。
D. 比活度超标的其他类只能用于碑石、桥墩。

【解析】 见上题。

答案：C

16. 大理石材的"比活度"（指放射性物质含量单位）要比花岗岩石材？ [2001-006]

A. 高　　　　B. 低　　　　C. 相仿　　　　D. 无规律

【解析】 一般说，在我国的天然石材中，花岗岩石材的比活度要比大理石、石灰石及板岩等高些。

答案：B

17. 建筑上用的釉面砖，是用以下哪种原料烧制而成的？ [2008-042]

A. 瓷土　　　B. 长石粉　　　C. 石英粉　　　D. 陶土

【解析】 建筑上用的釉面砖，亦称内墙面砖，属陶质砖，它是以陶土为原料经烧制而成。

答案：D

18. 马赛克原指以彩色石子或玻璃等小块材料镶嵌成一定图案的建筑饰面材料，现今我国把它统一定名为： [1995-003]

A. 小釉面砖　　B. 艺术瓷砖　　C. 陶瓷锦砖　　D. 装饰块砖

【解析】 马赛克原指以彩色石子或玻璃等小块材料镶嵌成一定图案的建筑饰面材料。1975 年我国把它统一定名为：陶瓷锦砖。2009 年在《建筑材料术语标准》（JGJ/T 191—2009）10.1.15 中称为：陶瓷马赛克。

答案：原为 C

19. 不适用于室外工程的陶瓷制品，是下列哪种？　　　　［1997-058，1999-052，2006-008］

A. 陶瓷面砖　　　B. 陶瓷铺地砖　　　C. 釉面瓷砖　　　D. 彩釉地转

【解析】　陶瓷面砖又称外墙面砖，当用作铺地材料时则称为陶瓷铺地砖，陶瓷铺地砖分为无釉面砖与彩釉面砖两种，人们将它们统称为墙地砖；墙地砖可用于室内外墙面、地面、台阶、踏步等。釉面瓷砖又称内墙面砖，这种砖的吸水率大于10%，抗风化性能差，不宜用于室外，只能用于室内。

答案： C

20. 陶质的饰面砖，用来铺筑地面时，下列哪条是正确的？　　　［2003-044］

A. 可用于室内外　　　　　　B. 可用于室内，不宜室外
C. 可用于室外，不宜室内　　D. 室内外均不适合用

【解析】　可用于铺筑地面的陶质的饰面砖，应为墙地砖；墙地砖可用于室内外墙面、地面、台阶、踏步等。若按《建筑材料术语标准》（JGJ/T 191—2009）10.1.7 陶质砖：吸水率大于10%的陶瓷砖。则陶质的饰面砖只可用于室内，不宜室外。

答案： 原为 A

21. 下列哪一种陶瓷地砖密度最大？　　　　　　　　　　　　［2006-048］

A. 抛光砖　　　B. 釉面砖　　　C. 劈离砖　　　D. 玻化砖

【解析】　抛光砖与玻化砖统称为通体砖，属于瓷质砖。它是将黏土与岩石碎屑经高压压制后烧制而成。因其正面和反面的材质与色泽一致，得名为通体砖。再经抛光后即抛光砖，其坚硬度可与天然石材相比，耐磨性好，吸水率低。玻化砖在生产时将原料压制得更加密实，烧制温度更高因此密度更大，吸水率更小，几乎为零。

釉面砖是一种表面带釉的陶质砖，吸水率一般大于10%。

劈离砖是将黏土原料经挤压成型、干燥、高温烧制而成的一种细炻砖。由于成型时为双砖背联坯体，烧成后再劈离成两块砖，故称劈离砖。劈离砖的吸水率较小，一般不大于6%。

答案： D

22. 下列用于装饰工程的墙地砖中，哪种是瓷质砖？　　　　　［2008-045］

A. 彩色釉面砖　　B. 普通釉面砖　　C. 通体砖　　D. 红地砖

【解析】　红地砖是采用优质陶土烧制的一种防潮砖；其余见上题。

答案： C

23. 一般透水性路面砖厚度不得小于： [2010-011]

A. 30mm　　　B. 40mm　　　C. 50mm　　　D. 70mm

【解析】 一般透水性路面砖厚度不得小于60mm。

答案：D

24. 选用抗辐射表面防护材料，当选用墙面为釉面瓷砖时，以下哪种规格最佳？ [2005-060]

A. 50mm×50mm×6mm　　　B. 50mm×150mm×6mm
C. 100mm×150mm×6mm　　　D. 150mm×150mm×6mm

【解析】 选用抗辐射表面防护材料，当选用墙面为釉面瓷砖时，为了有更好的防护效果，应尽量减少缝隙，即砖块规格越大，防护效果越佳。

答案：D

25. 民用地下室通道墙壁考虑防火应用哪种装饰材料？ [2007-054]

A. 瓷砖　　　B. 纤维石膏板　　　C. 多彩涂料　　　D. 珍珠岩板

【解析】 按照国标《建筑内部装修设计防火规范》（GB 50222—1995）规定，民用地下室通道墙壁考虑防火应采用A级的不燃装饰材料，下列材料中，除瓷砖为A级外，纤维石膏板、多彩涂料和珍珠岩板均属B_1级。

答案：A

26. 古建筑中宫殿、庙宇正殿多用的铺地砖，是以淋浆焙烧而成，质地细，强度好，敲之铿然有声响，这种砖叫： [2008-043]

A. 澄浆砖　　　B. 金砖　　　C. 大砂滚砖　　　D. 金墩砖

【解析】 古建筑中，宫殿的铺地砖称"金砖"。

答案：B

27. 用于宫殿的墁地砖（统称"金砖"），其规格是以下哪一种？ [2005-012]

A. 80mm×570mm×570mm　　　B. 64mm×440mm×440mm
C. 53mm×305mm×305mm　　　D. 96mm×680mm×680mm

【解析】 金砖是一种质地极细，强度高，敲之铿然有金属声，故名金砖。规格多为二尺方砖或二尺二方砖。适用于宫殿等高级建筑物铺地之用。按清代烧砖官窑的产品规格，二尺金砖公制尺寸的长、宽、厚为640mm×640mm×96mm；二尺二金砖为704mm×704mm×112mm（一营造尺=32cm）。

用于古建室内墁地面的铺地方砖还有足尺七方砖570mm×570mm×60mm；形尺七方砖500mm×500mm×60mm 或550mm×550mm×60mm；尺四方砖

470mm×470mm×60mm；尺二方砖 400mm×400mm×60mm 四种。（注：建筑材料手册（第二版），中国建筑工业出版社，P875）

答案：A

28. 在我国古代建筑中，琉璃瓦屋面的各种琉璃瓦件尺寸常以清营造尺为单位，以下何者为正确？　　　　　　[1997-030，1998-030，2001-010]
  A. 1 清营造尺 =18cm　　　　B. 1 清营造尺 =26cm
  C. 1 清营造尺 =32cm　　　　D. 1 清营造尺 =48cm

【解析】　在我国古代建筑中，琉璃瓦屋面的各种琉璃瓦件尺寸以及常用砖件其尺寸均以清营造尺计算。清营造尺：1 尺 =0.32m =320mm

答案：C

29. 关于琉璃瓦的型号，根据"清式营造则例"规定，共分"二样"至"九样"八种，一般常用者为以下哪三种型号？　　　[1998-040，2007-003]
  A. 三样、四样、五样　　　　B. 四样、五样、六样
  C. 五样、六样、七样　　　　D. 六样、七样、八样

【解析】　根据"清式营造则例"规定，共分"二样"、"三样"、"四样"、"五样"、"六样""七样""八样"、"九样"八种，一般常用者为"五样"、"六样""七样"三种型号。

答案：C

30. 古建筑上琉璃瓦的筒瓦，它的"样"共有多少种？　　　[2008-004]
  A. 12 种　　　B. 8 种　　　C. 6 种　　　D. 4 种

【解析】　见上题。

答案：B

31. 烧制建筑陶瓷应选用以下哪种原料？　　　　　　　[2009-044]
  A. 瓷土粉　　　B. 长石粉　　　C. 粘土　　　D. 石英粉

【解析】　瓷土粉、长石粉、石英粉不能用来烧制建筑陶瓷；而黏土则是生产各种建筑陶瓷的原料。

答案：C

32. 建筑琉璃制品，主要是用以下哪种原料制成？　　　　[2005-043]
  A. 黏土　　　B. 优质瓷土　　　C. 高岭土　　　D. 难熔黏土

【解析】　黏土按耐火度、杂质含量等将其分为四种即：高岭土、耐火黏土、难熔黏土、易熔黏土；高岭土（又称瓷土）烧熔温度为 1730～1770℃，

焙烧后呈白色,是制造瓷器的主要原料;耐火黏土(又称火泥)耐火温度大于1580℃,焙烧后呈淡黄至黄色,是生产耐火材料的主要原料;难熔黏土(又称陶土)烧熔温度为1350~1580℃,焙烧后呈淡灰、黄至红色,主要用于生产精陶器、琉璃制品等;易熔黏土(又称砖土)为砂质黏土,烧熔温度低于1350℃,焙烧后呈淡黄至红色,是生产粗陶制品及砖、黏土瓦的原料。

答案:D

33. 建筑琉璃制品是用以下哪种原料制成? [2009-042]

A. 长石　　　　B. 难熔黏土　　　C. 石英砂　　　D. 高岭土

【解析】 见上题。此外,石英砂与长石是生产玻璃的原料,在生产玻璃时,还需加入纯碱和石灰石。

答案:B

34. 冰冻期在一个月以上的地区,应用于室外的陶瓷墙砖吸水率应不大于:

[2010-045]

A. 14%　　　　B. 10%　　　　C. 6%　　　　D. 2%

【解析】 冰冻期在一个月以上的地区,应用于室外的陶瓷墙砖,应为瓷质砖、炻瓷砖、细炻砖及炻质砖;按照国家标准《外墙饰面砖工程施工及验收规程》(JGJ 126—2000)规定,在Ⅱ类气候区陶瓷面砖的吸水率不应大于6%,Ⅲ、Ⅳ、Ⅴ类气候区不宜大于6%。

答案:C

35. 关于玻璃的性能,以下何者不正确? [1998-018]

A. 热稳定性好

B. 在冲击作用下易破碎

C. 耐酸性强

D. 耐碱性较差

【解析】 玻璃是以 SiO_2 为形成玻璃的氧化物。它具有透光、透视、隔声、绝热、化学稳定性好、耐酸(氢氟酸除外)性强,且具有良好的装饰性。但玻璃也有性脆、耐急冷急热性差、能被碱液和金属碳酸盐溶蚀等缺点。

答案:A

36. 玻璃是由几种材料在1550~1600℃高温下熔融后经拉制或压制而成的,以下何项不属于玻璃的配料? [1997-014]

A. 石英砂　　　B. 氯化钠　　　C. 纯碱　　　D. 石灰石

【解析】 建筑玻璃是以石英砂、纯碱、长石及石灰石等为原料,在

1500～1600℃高温熔融，再经冷却固化而成的一种无定形的无机材料。

答案： B

37. 以下哪种材料不是生产玻璃的原料？　　　　　　　　[2008-046]

A. 石英砂　　　　B. 纯碱　　　　C. 长石　　　　D. 陶土

【解析】　见上题。

答案： D

38. 普通平板玻璃的产品计量方法以下列何种单位来计算？

[1997-023，2001-017]

A. 平方米

B. 重量（公斤）

C. 包装箱（长×宽×高）

D. 重量箱

【解析】　平板玻璃主要用于门窗，故又称窗用玻璃。通常，它以标准箱计量，厚度为2mm的平板玻璃，$10m^2$为一标准箱（重约50kg）；此外，普通平板玻璃的产品还可以重量箱计量，重量箱是指2mm厚度的平板玻璃每一标准箱的重量。

答案： D

39. 普通平板玻璃成品常采用以下哪种方式计算产量？　　[2010-009]

A. 重量　　　　B. 体积　　　　C. 平方米　　　　D. 标准箱

【解析】　见上题。

答案： D

40. 用一级普通玻璃经过风压淬火法处理后的是什么玻璃？

[2007-044，2008-40，2009-050，2010-002]

A. 泡沫玻璃　　B. 冰花玻璃　　C. 镭射玻璃　　D. 钢化玻璃

【解析】　风压淬火法是生产钢化玻璃的典型工艺。此外，还可以采用离子交换法生产钢化玻璃。

答案： D

41. 在建筑玻璃中，下述哪种玻璃不适合于有保温隔热要求的场合？

[1997-045]

A. 镀膜玻璃　　B. 中空玻璃　　C. 钢化玻璃　　D. 泡沫玻璃

【解析】 镀膜玻璃是一种节能玻璃，对太阳辐射热反射能力高，反射率达30%以上（普通玻璃为7%~8%），最大可达60%；中空玻璃具有良好的绝热性能和隔声性能，且冬季不结露；泡沫玻璃是一种多孔的玻璃，孔隙率在80%~90%，具有轻质、高强、保温、隔热、不燃等特点；钢化玻璃的绝热效果不显著，是一种安全玻璃。

答案：C

42. 以下哪种是防火玻璃，可起到隔绝火势的作用？

[1995-034，1997-044，1998-051，
1999-040，2000-060，2001-020，2005-044]

A. 吸热玻璃　　B. 夹丝玻璃　　C. 热反射玻璃　　D. 钢化玻璃

【解析】 吸热玻璃与热反射玻璃均属节能玻璃；夹丝玻璃与钢化玻璃属安全玻璃。在火焰作用下，吸热玻璃、热反射玻璃、钢化玻璃融化后，都将会流淌，失去对火焰的隔绝作用，而夹丝玻璃融化后，将会存留在铁丝网上，起到隔绝火势的作用，故又称"防火玻璃"。

答案：B

43. 在建筑玻璃中，以下哪个不属于用于防火和安全使用的安全玻璃？

[1997-047，2006-047]

A. 镀膜玻璃　　B. 夹层玻璃　　C. 夹丝玻璃　　D. 钢化玻璃

【解析】 上述四种玻璃中，夹层玻璃、夹丝玻璃和钢化玻璃属于安全玻璃。镀膜玻璃应属节能玻璃。

答案：A

44. 广泛用于银行、珠宝店、文物库的门窗玻璃是以下哪种玻璃？

[2009-041]

A. 彩釉钢化玻璃　　　　　B. 幻影玻璃
C. 铁甲箔膜玻璃　　　　　D. 镭射玻璃

【解析】 镭射玻璃属装饰玻璃，又称光栅玻璃；钢化玻璃敲击破碎后形成无棱角小颗粒不致伤人；幻影玻璃敲击破碎后碎片仍粘在玻璃的彩膜上不散落，这两种玻璃属安全玻璃；铁甲箔膜玻璃（亦称安全玻璃）由一种复合纤维箔膜经处理与玻璃粘和在一起而成，硬度比普通玻璃增强四倍，具有极高的抗贯穿力、抗破碎力、抗冲击力，具有防弹、防爆、防火、防振、防高温、防紫外线、耐酸碱能力；其安全性方便性、实用性与其他安全玻璃无法比拟。

答案：C

45. 下列哪一类玻璃产品具有防火玻璃的构造特性？ ［2006-045］
A. 钢化玻璃　　B. 夹层玻璃　　C. 热反射玻璃　　D. 低辐射玻璃

【解析】 防火玻璃按构造特性分为复合防火玻璃（灌注型和复合型）与单片防火玻璃。复合防火玻璃是将两片或两片以上的普通平板玻璃用透明防火胶粘剂粘结而成的玻璃。单片防火玻璃是一种单层玻璃构造的防火玻璃。在一定的时间内保持耐火完整性、阻断迎火面的明火及有毒、有害气体，但不具备隔温绝热功效。

答案：B

46. 下列哪一类玻璃不宜用于公共建筑的天窗？
［1995-045，1999-113，2001-108，2003-042］
A. 平板玻璃　　B. 夹丝玻璃　　C. 夹层玻璃　　D. 钢化玻璃

【解析】 夹丝玻璃与夹层玻璃一旦破碎，其碎片不离开原来位置，不脱落，它们属于安全玻璃，适用于公共建筑的天窗；钢化玻璃在破碎时会形成无尖锐棱角的小颗粒，高空坠落不致伤人，亦属安全玻璃，也适用于公共建筑的天窗；平板玻璃破碎时，碎片较大，且棱角尖锐，易把人弄伤，故不能用于公共建筑的天窗。

答案：A

47. 下列玻璃品种中，哪一种是属于装饰玻璃？ ［1997-043］
A. 中空玻璃　　B. 夹层玻璃　　C. 钢化玻璃　　D. 磨光玻璃

【解析】 中空玻璃通常以平板玻璃作为原片，还可以采用夹层玻璃、钢化玻璃、吸热玻璃、热反射玻璃、压花玻璃等作为原片。这样，即可获取节能效果，有提高了强度与装饰效果。但，一般说中空玻璃应属于节能玻璃。夹层玻璃与钢化玻璃属于安全玻璃。磨光玻璃又称镜面玻璃，由于普通玻璃是采用垂直引上法或水平引拉法生产，使玻璃有较多的光学畸变，为克服这一缺点，常将普通平板玻璃进行机械磨光、抛光，即称为磨光玻璃。自浮法玻璃的出现，磨光玻璃的采用已大大减少。磨光玻璃主要用于高级建筑的门窗采光，橱窗或制镜，故常将磨光玻璃归于装饰玻璃。

答案：D

48. 室内隔断所用玻璃，必须采用以下哪种玻璃？ ［2008-044］
A. 浮法玻璃　　B. 夹层玻璃　　C. 镀膜玻璃　　D. Low-E 玻璃

【解析】 作为室内隔断，应具有隔断空间作用，以及隔断声音、视线等效果，并要使用安全。夹层玻璃属于安全玻璃；镀膜玻璃具有单向透视与镜面效应；Low-E 玻璃为低辐射玻璃；故一般采用镀膜玻璃。

答案：C

49. 以下玻璃中不能进行切裁等再加工的是： [1998-055]

A. 夹丝玻璃 B. 钢化玻璃 C. 磨砂玻璃 D. 磨光玻璃

【解析】 磨砂玻璃与磨光玻璃均可以进行切裁再加工；夹丝玻璃进行再加工时应格外小心，易于受损；而钢化玻璃不能进行切裁再次加工，如再次切裁将会整片破碎成等大小、无尖锐棱角的小颗粒。

答案：B

50. 钢化玻璃的特性，下列哪种是错误的？ [1999-017]

A. 抗弯强度高   B. 抗冲击性能高
C. 能切割及磨削   D. 透光性能较好

【解析】 钢化玻璃具有抗冲击、抗弯曲，机械强度比普通玻璃高 3～5 倍，耐急冷急热，耐酸、碱浸蚀，透光性能较好等特点。但钢化玻璃不能切割及磨削（见上题）。

答案：C

51. 玻璃自爆是以下哪种建筑玻璃偶尔特有的现象？ [2010-043]

A. 中空玻璃 B. 夹层玻璃 C. 镀膜玻璃 D. 钢化玻璃

【解析】 当温差较大时，钢化玻璃偶尔会发生自爆现象，这是钢化玻璃特有的现象。

答案：D

52. 与夹层钢化玻璃相比，单一钢化玻璃不适合于下列哪个建筑部位？ [2006-044]

A. 玻璃隔断   B. 公共建筑物大门
C. 玻璃幕墙   D. 高大的采光天棚

【解析】 钢化玻璃在破碎时会形成无尖锐棱角的小颗粒，高空坠落不致伤人，亦属安全玻璃，也适用于公共建筑的天窗或高大的采光天棚。但是，与夹层钢化玻璃相比，单一钢化玻璃却是不合适的。因此，在《建筑玻璃应用技术规程》（JGJ 113—2009）8.2.2 中指出，当屋面玻璃最高点离地面大于 3m 时，必须使用夹层玻璃，其胶片厚度不应小于 0.76mm。

答案：D

53. 在两片钢化玻璃之间夹一层聚乙烯醇缩丁醛塑料胶片,经热压粘和而成的玻璃是以下哪种玻璃? [2009-045]

A. 防火玻璃　　B. 安全玻璃　　C. 防辐射玻璃　　D. 热反射玻璃

【解析】 在两片钢化玻璃之间夹一层聚乙烯醇缩丁醛塑料胶片,经热压粘和而成的玻璃是夹层玻璃,因其击碎后碎片不散落,故称安全玻璃。

答案:B

54. 按人体冲击安全规定要求,6.38 厚夹层玻璃的最大许用面积是: [2010-044]

A. $2m^2$　　B. $3m^2$　　C. $5m^2$　　D. $7m^2$

【解析】 6.38 厚夹层玻璃的最大许用面积是$3m^2$。

答案:B

55. 下列哪项不是安全玻璃? [2010-100]

A. 半钢化玻璃

B. 钢化玻璃

C. 半钢化夹层玻璃

D. 钢化夹层玻璃

【解析】 钢化玻璃与夹层玻璃都属于安全玻璃,因此 B、C、D 项均属于安全玻璃;半钢化玻璃是普通玻璃经半钢化处理后,强度提高1~2倍,耐热、抗冲击性能显著提高,但破坏时碎片状态与普通玻璃类似,不具有安全玻璃的特点。

答案:A

56. 阳台是住宅居室可直接与大自然接触的空间,就起居的健康质量而言,若要封阳台,以下哪种玻璃最为适宜? [2003-041]

A. 茶色玻璃

B. 中空蓝色玻璃

C. 涂膜反射玻璃

D. 普通平板无色玻璃

【解析】 为保证起居的健康质量,住宅居室阳台应选择透光性良好的普通平板无色玻璃,这样会使人在阳台上观看外界景色时,感到情景真实、心情舒畅。当采用其他三种带有颜色的玻璃时,会感觉光线昏暗,心情沉闷。

答案:D

57. 镀膜玻璃具有很多优点,因此在建筑工程中得到广泛的应用,但何项不属于它的优点? [1997-046]

　　A. 对太阳辐射热有较高的反射能力,可以节能
　　B. 有单向透射性,视线透过玻璃可看清光强一面的景物
　　C. 耐火、耐高温,提高了玻璃的耐火极限
　　D. 可调节室内可见光量,使室内光线柔和、舒适

【解析】 镀膜玻璃是在玻璃表面涂镀一层或多层金属、合金或金属化合物薄膜,以改变玻璃的光学性能,满足某种特定要求。镀膜玻璃按产品的不同特性,可分为以下几类:热反射玻璃、低辐射玻璃(Low-E)、导电膜玻璃和镀膜吸热玻璃等。

热反射玻璃一般是在玻璃表面镀一层或多层诸如铬、钛或不锈钢等金属或其化合物组成的薄膜,使产品有丰富的色彩,对于可见光有适当的透射率,对红外线有较高的反射率,可以节能,镀膜玻璃对紫外线有较高的透射率,呈较高吸收率,因此,也称为阳光控制玻璃,可调节室内可见光量,使室内光线柔和、舒适,主要用于建筑和玻璃幕墙。镀有金属膜的热反射玻璃具有镜片效应及单向透射性,视线透过玻璃可看清光强一面的景物。

低辐射玻璃是在玻璃表面镀由多层银、铜或锡等金属或其化合物组成的薄膜系,产品对可见光,对红外线有很高的反射率,具有良好的隔热性能,主要用于建筑和汽车、船舶等交通工具,由于膜层强度较差,一般都制成中空玻璃使用。

导电膜玻璃是在玻璃表面涂敷氧化铟锡等导电薄膜,可用于玻璃的加热、除霜、除雾以及用作液晶显示屏等。

答案: C

58. 在下列我国生产的镀膜玻璃中,何者具有镜片效应及单向透视性? [2004-043,2009-43]

　　A. 低辐射膜镀膜玻璃　　B. 导电膜镀膜玻璃
　　C. 镜面膜镀膜玻璃　　D. 热反射膜镀膜玻璃

【解析】 见上题。
答案: D

59. 适用于温、热带气候区的幕墙玻璃是: [1999-053]

　　A. 镜面膜镀膜玻璃　　B. 低辐射膜镀膜玻璃
　　C. 热反射膜镀膜玻璃　　D. 导电膜镀膜玻璃

【解析】 见57题。

答案：C

60. 对镀膜玻璃的技术性能叙述中，以下哪项是错误的？　　[1997-015]
　　A. 可见光透射率越小，则透过该玻璃的可见光量越少
　　B. 室外可见光反射率越大，玻璃反射掉的入射可见光量越少
　　C. 太阳能透射率越低，玻璃阻挡太阳能的效果越好
　　D. 太阳能反射率越高，玻璃的热反射性能越好
　　【解析】　玻璃对可见光的透射率越小，则透过该玻璃的可见光量越少；室外可见光反射率越大，玻璃反射掉的入射可见光量越大；太阳能透射率越低，玻璃阻挡太阳能的效果越好；太阳能反射率越高，玻璃的热反射性能越好。
　　答案：B

61. 窗用绝热薄膜对阳光的反射率最高可达：　　[2010-042]
　　A. 60%　　B. 70%　　C. 80%　　D. 90%
　　【解析】　窗用绝热薄膜对阳光的反射率最高可达80%。
　　答案：C

62. 在复合防火玻璃的下列性能中，何者是不正确的？　　[2004-044]
　　A. 在火灾发生初期，仍是透明的　　B. 可加工成茶色
　　C. 可以压花及磨砂　　D. 可以用玻璃刀任意切割
　　【解析】　复合防火玻璃是将两片或两片以上的普通平板玻璃用透明防火胶粘剂粘结而成的玻璃。在火灾发生初期，仍是透明的；火灾发生时，向火面玻璃遇高温后很快炸裂，其防火胶夹层相继发泡膨胀十倍左右，形成坚硬的乳白色泡状防火胶板，有效地阻断火焰，隔绝高温及有害气体。生产时玻璃原片可加工成茶色；可以压花及磨砂。但成品不宜进行切割。
　　答案：D

63. 室内外墙面装饰如采用镭射玻璃，需注意该玻璃与视线成下列何种角度效果最差？　　[2004-045]
　　A. 仰视角45°以内　　B. 与视线保持水平
　　C. 俯视角45°以内　　D. 俯视角45°~90°
　　【解析】　镭射玻璃与视线保持水平或低于视线时，效果好。
　　答案：A

64. 全息光栅玻璃属于以下哪种玻璃？ [2007-042]

A. 幻影玻璃　　B. 珍珠玻璃　　C. 镭射玻璃　　D. 宝石玻璃

【解析】 光栅玻璃俗称镭射玻璃。

答案：C

65. 玻璃空心砖的透光率最高可达： [2010-010]

A. 60%　　B. 70%　　C. 80%　　D. 90%

【解析】 玻璃空心砖的透光率很高，最高可达90%～92%。

答案：D

66. 能够防护X射线及γ射线的玻璃是： [1997-016]

A. 铅玻璃　　B. 钾玻璃　　C. 铝镁玻璃　　D. 石英玻璃

【解析】 铅玻璃对可见光谱是透明的，呈黄色或紫色，有防护X射线及γ射线的功能，适用于窥视孔洞等处的防护。

答案：A

67. 中间空气层厚度为10mm的中空玻璃，其导热系数是以下哪一种？ [2005-042]

A. $0.100W/(m·K)$　　　　　B. $0.320W/(m·K)$

C. $0.420W/(m·K)$　　　　　D. $0.756W/(m·K)$

【解析】 中空玻璃属节能玻璃，中间空气层厚度为10mm的中空玻璃，其导热系数只有$0.100W/(m·K)$，而普通玻璃的导热系数是$0.756W/(m·K)$。

答案：A

68. 未解决常规能源短缺危机，太阳能越来越被重视，一种新型建材"太阳能玻璃"应运而生，它的下列特点哪项有误？ [2003-053]

A. 透光率高，反射率低

B. 耐高温，易清洗，抗风化

C. 易加工成各类几何形状

D. 用途广泛，然而成本过高，没有应有价值

【解析】 太阳能玻璃对太阳能有很高的透过率和较低的反射率；能在玻璃中掺入某些着色剂，对光谱不同波长进行选择吸收；能耐几百度的高温；能加工成各类几何形状；表面平整光滑，易于清洗；能抵抗大气的风化；成本较低。其缺点是

较脆，易碎；但可通过钢化处理来提高强度。它是一种较理想的节能材料。

答案：D

69. 窗用隔热薄膜是一种直接贴在玻璃上的新型防热片，它的主要功能中下列哪条有误？　　　　　　　　　　　　　　　　　　　　　［2003-054］

A. 遮蔽阳光减少紫外线侵害
B. 节约能源减少夏季阳光入射
C. 增进安全感，避免玻璃破碎伤人
D. 能把透过玻璃的阳光反射出去，反射率高达50%～60%

【解析】 窗用隔热薄膜表面常涂以丙烯酸或溶剂基胶粘剂，使用时只要用水润湿即可粘贴在需要绝热的玻璃上，该膜对阳光的反射率最高可达80%，使用寿命5～10年。价格便宜，只有热反射玻璃的1/6。

答案：D

70. 请指出下列哪组材料都属于玻璃制品？　　［1995-047，2003-043］

A. 有机玻璃、微晶玻璃　　　　B. 玻璃布、水玻璃
C. 钢化玻璃、光敏玻璃　　　　D. 玻璃钢、泡沫玻璃

【解析】 上述几种材料中，有机玻璃为聚甲基丙烯酸甲酯塑料；水玻璃为碱金属的硅酸盐，属气硬性胶凝材料；玻璃钢为玻璃纤维增强塑料；其余均为玻璃制品，玻璃布为玻璃纤维布。

答案：C

71. 轻钢龙骨是以镀锌钢带或薄钢板由特制轧机轧制而成，作为支架主要用于下列几个方面，哪个不正确？　　　　　　　　　　　　　　　［1995-041］

A. 可上人吊顶　　　　　　　B. 不可上人吊顶
C. 悬挑阳台　　　　　　　　D. 隔墙

【解析】 轻钢龙骨按断面形状主要分为U型、C型及T型三种。U型与T型轻钢龙骨主要用于组成吊顶骨架，可复以石膏板或钙塑板、铝塑板、矿棉吸音板、装饰吸音板等组成不同形式的室内吊顶。吊顶龙骨代号为D，按承载能力分为上人龙骨和不上人龙骨两类。U型上人龙骨应能承受80～100kg集中活荷载。

C型轻钢龙骨主要用于组成隔墙骨架，两侧复以饰面板（石膏板、石棉水泥板）和饰面层可组成隔断墙体。隔墙龙骨代号为Q。C型轻钢龙骨也可用于水泥刨花板隔墙、稻草板隔墙、纤维板隔墙等。

答案：C

72. 石材幕墙的石板与幕墙龙骨系统连接的钢卡固件，应采用以下哪种材料？ [2009-025]

　　A. 热轧钢　　　B. 碳素结构钢　　C. 不锈钢　　　D. 冷轧钢

【解析】 根据《金属与石材幕墙工程技术规范》（JGJ 133—2001）规定，石材幕墙的石板与幕墙龙骨系统连接的钢卡固件，应采用不锈钢，且宜用奥氏体不锈钢材。

答案：C

73. 金属网是由金属丝编织而成，金属板网是由金属薄板经机器冲压冷拉而成，下列哪组产品适用于建筑粉刷基层？ [2006-030]

　　Ⅰ. 钢丝网；　　Ⅱ. 铁丝网；　　Ⅲ. 钢板网；　　Ⅳ. 铝板网

　　A. Ⅰ、Ⅱ　　　B. Ⅰ、Ⅲ　　　C. Ⅱ、Ⅳ　　　D. Ⅲ、Ⅳ

【解析】 钢丝网是以钢丝（即铁丝）编织而成。有方孔与六角孔之分，其大孔网（网孔径在1/8″以上）在建筑上适用于防护棚罩、隔离网、隔断等，其规格以网孔大小表示。小孔网适用于建筑粉刷。

　　钢板网是以低碳薄钢板（常在0.5~3mm）经冲压、冷拉而成。其标记：若板厚1.2mm 短节距为12mm 网面宽度2000mm 网面长度4000mm，示为GW1.2×12×2000×4000。其大网钢板网在建筑上适用于防护棚罩、隔离网、隔断等；小网钢板网适用于建筑粉刷。

答案：B

74. 大孔钢板网的规格以何种方法表示？ [2000-017]

　　A. 以厚度表示

　　B. 以厚度、网孔大小（网孔对角线尺寸）表示

　　C. 以厚度、网孔大小、网的面积（长×宽）表示

　　D. 以厚度、网孔大小、网的面积、质量表示

【解析】 按 QB/T 3896—1999《钢板网》标准规定，钢板网的标记为板厚、短节距、网面宽度、网面长度：若板厚1.2mm 短节距为12mm 网面宽度2000mm 网面长度4000mm，示为 GW1.2×12×2000×4000。

答案：C

75. 压型钢板是轻质、高强、美观的新型建材，下列要点哪条有误？ [2003-028]

　　A. 可使房屋桁架、柱子、基础轻型化

　　B. 节约投资，若作屋面仅为混凝土屋面建筑的60%

C. 目前尚不能作楼板用
D. 其厚度仅为1mm上下

【解析】 彩色涂层压型钢板自重轻，每平米只有7~13kg；15m柱距的厂房的屋面静荷载只有65kg/m²左右，只有6m柱距钢筋混凝土大型屋面板结构屋面静荷载的1/3；因此，可使房屋桁架、柱子、基础轻型化；且节约投资。压型钢板的厚度仅为0.5~1.0mm，其表面涂有有机涂膜，常有环氧树脂、聚酯、聚丙烯酸酯、醇酸树脂、聚氯乙烯、酚醛树脂等，具有良好的耐腐蚀能力，且色彩鲜艳丰富具有较好的装饰性能；抗震性能优越，适用于地震区建筑。目前主要用于工业与民用建筑屋面、墙面及维护结构和装饰工程。

答案：原为C

76. 下列暴露在大气层中的建筑用金属类压型板，按使用年限由短到长，以下哪组是正确排序？
[2003-025]

A. 彩色压型钢板→普通压型钢板→铝合金压型板
B. 普通压型钢板→彩色压型钢板→铝合金压型板
C. 铝合金压型板→普通压型钢板→彩色压型钢板
D. 普通压型钢板→铝合金压型板→彩色压型钢板

【解析】 彩色压型钢板是以冷轧薄钢板或经镀锌的薄钢板为基材，经轧制成型，并敷以防腐耐蚀涂层与彩色烤漆而制成的轻质围护结构材料。彩色压型钢板具有重量轻（板厚在0.5~1.5mm）、抗震性好、耐久性强（一般可使用15年）、色泽鲜艳、易加工、施工方便等特点。适用于工业与公共建筑的屋盖、墙壁等。

铝合金压型板有银白色（有较强的光反射能力可达75%~90%）及其他多种颜色，具有质轻、耐腐蚀、易安装等优点，且有一定的装饰效果。它经久耐用，在大气中可使用20年不需更换。可作为墙面和屋面。

答案：B

77. 镀锌薄钢板在建筑工程中应用很多，下列哪项不属工程用材？
[2003-030]

A. 镀锌铁皮 B. 白铁皮
C. 马口铁 D. 热镀锌或电镀锌薄钢板

【解析】 马口铁是电镀锡薄钢板的俗称，是指两面镀有商业纯锡的冷轧低碳薄钢板，锡主要起防止腐蚀与生锈的作用。它将钢的强度和成型性与锡的耐蚀性、锡焊性和美观的外表结合于一种材料之中，具有耐腐蚀、无毒、强度高、延展性好的特性。主要用作食品、饮料等包装，不用于工程。

答案：C

78. 根据国家标准，建筑常用薄钢板的厚度最大值为： [2010-027]

A. 2.5mm   B. 3.0mm   C. 4.0mm   D. 5.0mm

【解析】 国家标准规定 0.2~4mm 之间为薄钢板；4mm 以上的统称为厚钢板。在实际工作中常称中板 4~20mm；厚板 20~60mm；特厚板 >60mm。

答案：C

79. 建筑工程使用的燃气管用于室内时，应使用以下哪种管材？ [2007-059]

A. 铸铁管   B. 镀锌钢管   C. 生铁管   D. 硬聚氯乙烯管

【解析】 按《城镇燃气设计规范》（GB 50028—2006）规定，室内低压燃气管道宜选用热镀锌钢管。当然，也可以选用符合规定的钢管、铜管、不锈钢管、铝塑复合管和胶管。

铸铁亦称铸造生铁、灰口铁，用以铸造各种生铁铸件，如建筑上采用的输水管道及下水管道的铸铁管、阀门、暖气片等。铸铁抗压强度高，但性脆。受冲击、碰撞易破损。故建筑工程使用的燃气管用于室内时，不应使用。

答案：B

80. 彩板门窗是钢门窗的一种，适用于各种住宅、工业及公共建筑，下列哪条不是彩板门窗的基本特点？ [2006-032]

A. 强度高   B. 型材断面小   C. 焊接性能好   D. 防腐性能好

【解析】 彩板钢门窗亦称彩板组角钢门窗，不采用焊接工艺，全部采用插接件组角，自攻螺钉连接。具有耐腐蚀性能好；空腹结构，保温性能好；强度高，且型材断面小；施工方便；装饰性能好等特点，适用于高中级宾馆、饭店、展览馆、影剧院住宅等各类建筑。

答案：C

81. 彩色钢板岩棉夹芯板的燃烧性能属于下列何者？ [2008-031]

A. 不燃烧体   B. 难燃烧体   C. 可燃烧体   D. 易燃烧体

【解析】 彩色钢板岩棉夹芯板的燃烧性能属于不燃烧体。

答案：A

82. 不锈钢产品表面的粗糙度对防腐蚀性能有很大影响，下列哪种表面粗糙度最小？ [2006-027]

A. 发纹   B. 网纹
C. 电解抛光   D. 光亮退火表面形成的镜面

【解析】 发纹是指采用适当粒度的研磨材料对不锈钢表面进行抛光，使其表面呈现连续磨纹的处理；网纹是通过冲压处理而使不锈钢表面产生的一种较深的凹凸的图纹；电解抛光是通过电化学反应使钢材表面一层脱落，出现一个光滑的新表面，但新表面的光滑程度取决于加工前金属表面的条件；而经过光亮退火表面形成的镜面，则是最光滑的。

答案：D

83. 不锈钢是一种合金钢，不锈钢内主要含有下列哪种金属成分？　　　[2006-028]
   A. 镍　　　　B. 铬　　　　C. 钼　　　　D. 锰

【解析】 不锈钢是一种合金钢，不锈钢内主要含有铬、镍、锰、钛等合金元素；其中铬为不锈钢的主加元素，它可在钢的表面形成一个钝化膜，使得钢材得到保护，不致锈蚀。根据国标 GB/T 3280—2007 可知，不锈钢中铬的含量应大于 11%。

答案：B

84. 常用建筑不锈钢板中，以下哪种合金成分含量最高？　[2008-029]
   A. 锌　　　　B. 镍　　　　C. 铬　　　　D. 锡

【解析】 见上题。

答案：C

85. 铸铁在建筑工程上的应用，以下何者不正确？　[2000-046]
   A. 上下水道及其连接件　　　　B. 水沟、地沟盖板
   C. 煤气管道及其连接件　　　　D. 暖气片及其零部件

【解析】 铸铁亦称铸造生铁、灰口铁，用以铸造各种生铁铸件，如建筑上采用的输水管道及下水管道的铸铁管、阀门、下水井及阀门井盖板、暖气片及其零部件、围墙栅栏等。

答案：C

86. 铸铁是工程上用途广泛的一种黑色金属材料，它的以下性能何者不正确？
   [2000-047]
   A. 抗拉强度高　　　　B. 性脆
   C. 抗弯强度不高　　　　D. 无塑性

【解析】 铸铁属脆性材料性脆、无塑性；抗压强度高，但抗拉强度低；

受冲击、受碰撞易破损。

答案：A

87. 有一种广泛用于建筑业的金属，在自然界蕴藏极丰富，几乎占地壳总重的 7.45%，占地壳全部金属含量的三分之一，它是下列哪一种？　　　　　　　　　　　　　　　　　　　　　　　　　　　　　　　［2003-002］

    A. 铁　　　　B. 铝　　　　C. 铜　　　　D. 钙

【解析】 广泛用于建筑业的金属主要是铝、铁、铜等，但在自然界中蕴藏极其丰富的当属铝，在自然界蕴藏极丰富，几乎占地壳总重的 7.45%。

答案：B

88. 下列关于铝的性能，何者不正确？　　　　　　　　　　　　　　　［2000-044］

    A. 密度仅为钢的 1/3　　　　　　B. 强度高
    C. 延伸性好　　　　　　　　　　D. 在大气中有良好的抗蚀能力

【解析】 铝是一种银白色的轻金属，密度小（$2.7kg/m^3$），仅为钢的 1/3，具有强度低、熔点低（660℃）、导电、导热、延伸性好等特点，铝是一种活泼的金属元素，在空气中其表面易形成一层致密而又坚固的氧化铝（Al_2O_3）薄膜（厚度一般小于 $0.1\mu m$），起到保护作用，所以铝具有一定的耐腐蚀性。

答案：B

89. 铝合金波纹板是轻型的屋面新材料，下列要点中哪条是错误的？　　［2003-010］

    A. 轻质高强，美观大方
    B. 对阳光反射力强
    C. 方便安装，用于屋面需从下到上逆风铺设
    D. 波纹板与檩条连接固定要用铁钉或钢制构件

【解析】 铝合金波纹板有银白色（有较强的光反射能力可达 75%~90%）及其他多种颜色，具有质轻、耐腐蚀、易安装等优点。在用于屋面安装时，应从下到上逆风铺设以防呛水，波纹板与檩条连接固定要用用铝合金固定件，以防发生电化学锈蚀。

答案：D

90. 建筑物内厨房的顶棚装修，应选择以下哪种材料？　　　　　　　　［2008-052］

    A. 纸面石膏板　　　　　　　　　B. 矿棉装饰吸声板
    C. 铝合金板　　　　　　　　　　D. 岩棉装饰板

291

【解析】 建筑物内厨房的顶棚装修材料应不燃、耐热、防潮、不易吸油、吸尘、易于清洗。矿棉装饰吸声板、岩棉装饰板不燃、耐热、防潮性好，但易吸油、吸尘，不易于清洗；纸面石膏板易于受潮，吸油、吸尘，不易于清洗。

答案：C

91. 铝合金门窗的名称中通常以"××系列"表示（如40系列平开窗，90系列推拉窗等），试问系列是指以下何者？ [1997-022，0，21-047，2004-111]

A. 铝合金门窗框料断面的壁厚　　B. 铝合金门窗框料断面的宽度
C. 铝合金门窗框料断面的高度　　D. 铝合金门窗框料的长度

【解析】 铝合金门窗的规格有厚度基本尺寸系列和洞口尺寸系列；厚度基本尺寸系列是按框料厚度构造尺寸区分，分有40、55、60、70、80、90等基本尺寸系列；这里，框料厚度构造尺寸即框料断面的宽度。

答案：B

92. 80系列平开铝合金窗名称中的80指的是： [2006-031]

A. 框料的横断面尺寸　　B. 系列产品定型于20世纪80年代
C. 框料的壁厚　　D. 窗的抗风压强度值

【解析】 见上题。

答案：A

93. 铝合金门窗型材受力杆件的最小壁厚是下列何值？ [2010-031]

A. 2.0mm　　B. 1.4mm　　C. 1.0mm　　D. 0.6mm

【解析】 据国家标准《铝合金门窗》（GB/T 8478—2008）5.1.2.1规定，铝合金外门窗框、扇、拼樘框等主要受力杆件所用主型材壁厚应经设计计算或试验确定，主型材截面主要受力部位基材最小实测壁厚，外门不应低于2.0mm；外窗不应低于1.4mm。

答案：B

94. 铝合金窗用型材表面采用粉末喷涂处理时，涂层厚度应不小于： [2010-032]

A. $20\mu m$　　B. $30\mu m$　　C. $40\mu m$　　D. $50\mu m$

【解析】 国家标准《铝合金门窗》（GB/T 8478—2008）5.1.2.2规定，铝合金表面处理层厚度，采用粉末喷涂时其装饰面上涂层最小局部厚度应≥$40\mu m$。

答案：C

95. 建筑幕墙用的铝塑复合板中，铝板的厚度不应小于： ［2010-008］
A. 0.3mm　　　B. 0.4mm　　　C. 0.5mm　　　D. 0.6mm
【解析】 铝塑复合板中，铝板的厚度不应小于0.5mm。
答案：C

96. 以下哪种窗已停止生产与使用？ ［2008-057］
A. 塑料窗　　　B. 铝合金窗　　　C. 塑钢窗　　　D. 实腹钢窗
【解析】 实腹钢窗热损失大，易于锈蚀，已停止生产与使用。
答案：D

97. 一般涂用于建筑钢材，有银粉漆之称的防锈涂料，是加入了哪一种金属粉末制成的？ ［2003-029］
A. 铜粉　　　B. 锌粉　　　C. 银粉　　　D. 铝粉
【解析】 一般涂用于建筑钢材，有银粉漆之称的防锈涂料，是加入了铝粉（俗称银粉）制成的，铝粉常用于制备金属防锈涂料，还可作为发气剂用于生产加气混凝土。
答案：D

98. 以下哪个材料名称是指铜和锌的合金？ ［2010-028］
A. 红铜　　　B. 紫铜　　　C. 青铜　　　D. 黄铜
【解析】 铜和锌的合金称为黄铜，是纯铜（即紫铜）加入40%的锌而成。
答案：D

99. 铜材在建筑业中尤其在装饰上广泛应用，纯铜即紫铜，而金灿灿的黄铜管材是因为加入了下列哪种成分而生成的？
　　　　　　　　　　　　　　　　　　　　［2003-026，2004-026，2007-028］
A. 10%锡　　　B. 20%铁　　　C. 30%铅　　　D. 40%锌
【解析】 黄铜分为普通黄铜和特殊黄铜。普通黄铜是只含锌（Zn）元素（含量约为30%~45%）的铜合金，有较好的力学性能和工艺性能、耐腐蚀性好，且较纯铜便宜。
在普通黄铜中再加入 Pb、Mn、Sn、Al 等合金元素则制得特殊黄铜。特殊黄铜较普通黄铜的各项性能有所改善。
答案：D

100. 铅的以下特性何者不正确？　　　　　　　　　　[2000-045，2003-027]

A. 熔点较低，便于熔铸　　　　　B. 抗拉强度较高

C. 耐腐蚀材料　　　　　　　　　D. 是射线的屏蔽材料

【解析】 铅是一种浅蓝色软金属，密度为 11.34g/cm³，熔点低 (327.4℃)，导热系数小，热膨胀系数大，对 X、γ 射线的抗辐射能力强，强度低（0.38～0.42MPa）；在土壤和大气中，特别是在被硫化物剧烈污染的大气中，铅具有很高的耐腐蚀性能；但铅有毒。

在建筑工程中，铅主要用作耐腐蚀材料、防辐射材料和焊料等。

答案：B

101. 在下列四种非铁合金金属板中，何者常用于医院建筑中的 X、γ 射线操作室的屏蔽？　　　　　　　　　　　　　　　　　　　　[1998-044]

A. 铝　　　　B. 铜　　　　C. 锌　　　　D. 铅

【解析】 铅是一种密度较大的软金属，密度为 11.34g/cm³，对 X、γ 射线的抗辐射能力强，常用于医院建筑中的 X、γ 射线操作室的屏蔽。

答案：D

102. "贴金"是我国传统建筑艺术的最高级装饰，目前常用的贴金金箔，色浓片薄，若用 27g 金打成 9.33cm×9.33cm 的正方形金箔，可得多少片？

[1995-016]

A. 300 片　　　B. 500 片　　　C. 750 片　　　D. 2000 片

【解析】 金箔用于古建筑贴金。金箔有 95 金箔（含95%金，5%银）、98 金箔（含98%金，2%银）和 74 金箔（含74%，26%银）三种。南京金线金箔厂生产的 98 金箔，当规格为 93.3mm×93.3mm 时，每一万张金耗量 220 克，银耗量 5 克；该厂生产的 74 金箔，当规格为 83.3mm×83.3mm 时，每一万张金耗量 110 克，银耗量 30 克。

答案：D

103. 在我国，屋面主要材料采用钛金属板的是以下哪栋建筑？

[2008-025]

A. 国家游泳馆　　B. 国家体育馆　　C. 国家图书馆　　D. 国家大剧院

【解析】 国家大剧院屋面主要材料采用了钛金属板。

答案：D

104. 塑料地面的下列特性，何者是不正确的？　　　　　[2004-030]

A. 耐水、耐腐蚀　　　　　　　　B. 吸声、有弹性

C. 耐热、抗静电　　　　　　　　D. 不起尘、易清洗

【解析】　塑料地面应具有优异的耐磨性；耐水性及耐腐蚀性好；不起灰、耐污染、易清洗；有弹性，步感舒适；有一定的吸声性能；耐久性及抗静电性等。

答案：C

105. 建筑内墙装修材料中聚氯乙烯塑料的燃烧性能属于哪个级别？

[2007-052]

A. A级（不燃）　B. B_1级（难燃）　C. B_2级（可燃）　D. B_3级（易燃）

【解析】　聚氯乙烯具有自息性，因而它是难燃材料，应属于 B_1 级；见《建筑内部装修设计防火规范》（GB 50222—1995）。

答案：B

106. 聚氨酯艺术浮雕装饰材料与石膏制品比较的下列优点中，何者不正确？

[2004-033]

A. 自重轻　　　B. 柔性好　　　C. 防火好　　　D. 不怕水

【解析】　聚氨酯艺术浮雕装饰材料与石膏制品相比较的优点是：自重轻，柔性好，不怕水，耐腐蚀性好，耐久性好。

答案：C

107. 制作有机类的人造大理石，其所用胶粘剂一般为以下哪种树脂？

[2005-040]

A. 环氧树脂　　　　　　　　　　B. 酚醛树脂
C. 环氧呋喃树脂　　　　　　　　D. 不饱和聚酯树脂

【解析】　聚酯型人造石材（人造大理石）是以不饱和聚酯树脂为胶结剂，加入石英砂、大理石碎粒、方解石粉等无机填料、颜料经合理调配、室温固化而成。水泥型人造石材是以水泥为胶结材制得，硬化后再经磨光、抛光而成。

答案：D

108. 壁纸、壁布有多种材质、价格的产品可供选择，下列几种壁纸的价格，哪种相对最高？

[2005-045]

A. 织物复合壁纸　　　　　　　　B. 玻璃纤维壁布
C. 仿金银壁纸　　　　　　　　　D. 锦缎壁布

【解析】　一般说，壁布比壁纸的价格要高些。玻璃纤维印花贴墙布（简称玻纤印花墙布）是以中碱玻纤布为基材，经涂塑、印花而成。其特点是室内使用不褪色、不老化；防火性、防水性好；耐湿性强，可洗刷；施工简便，价格低廉。

锦缎属高级墙面装饰织物具有隔热、吸声及极好的装饰效果，可贴、可挂，且有纹理细腻、柔软绚丽、高雅华贵的特点，其价格昂贵。

答案： D

109. 壁纸的可洗性按使用要求分可洗、可刷洗、特别可洗三个等级，根据 GB 8945—1988，特别可洗壁纸可以洗多少次而外观上无损伤和变化？

[2006-049]

  A. 25 次   B. 50 次   C. 100 次   D. 200 次

【解析】 根据《PVC 壁纸》（GB 8945—1988）规定，壁纸的可洗性按使用要求分可洗、可刷洗、特别可洗三个等级分别为 30 次、40 次和 100 次外观上无损伤和变化。

答案： C

110. 一种新型装饰材料——织物壁纸，下列哪项不是其主要原材料？

[2003-045]

  A. 棉纤维   B. 麻纤维   C. 涤纶丝   D. 毛纤维

【解析】 织物壁纸是以棉、麻、草、毛等天然纤维材料经艺术编织后，粘合于纸基上而制得。这类壁纸透气性好，质感好，给人以高雅、柔和、舒适的感觉，且价格便宜。

答案： C

111. 敷贴织物壁纸于墙面时，墙面应平整，去除浮灰，并要用 106 白色涂料满涂一次，主要作用为下列哪一条？

[2003-046]

  A. 墙面更加平洁   B. 隔绝墙内潮气
  C. 增加粘贴牢度   D. 防底色反透墙面

【解析】 为了使墙面基底颜色一致，防止防底色反透墙面造成敷贴织物壁纸于墙面后产生色差。

答案： D

112. 同为室内墙面装饰材料的织物壁纸和塑料壁纸，以下哪条特点并非其共同具有的？

[2003-047]

  A. 美观高雅 B. 吸声性好 C. 透气性好 D. 耐日晒、耐老化

【解析】 织物壁纸是以棉、麻、草、毛等天然纤维材料经艺术编织后，粘合于纸基上而制得。这类壁纸透气性好，质感好，给人以高雅、柔和、舒适的感觉，具有一定的吸声性能，耐日晒、耐老化，且价格便宜。

塑料壁纸是以聚氯乙烯为主，加入各种添加剂和颜料，以纸或玻璃纤维布为基料，经涂塑、发泡、压花、印花等工艺而制成。具有装饰性好、难燃、隔热、吸声、防霉、耐水、耐酸碱、耐久、可刷洗等特点，透气性好，可在未完全干燥的基底上施工。

答案： D

113. 室内装修工程中，以下哪种壁纸有吸声的特点？ ［2008-047］

　　A. 聚氯乙烯壁纸　　　　　　B. 织物复合壁纸
　　C. 金属壁纸　　　　　　　　D. 复合纸质壁纸

【解析】 见上题。

答案： B

114. 塑料壁纸可用在哪种建筑物的室内？ ［2007-047］

　　A. 旅馆客房　　B. 餐馆营业厅　　C. 办公室　　D. 居室

【解析】 根据《建筑内部装修设计防火规范》（GB 50222—1995）规定，塑料壁纸属 B_2 级装饰材料，仅适应于普通住宅室内墙面装修。

答案： D

115. 一般墙面软包用布进行阻燃处理时应使用下列哪一种整理剂？

［2006-050］

　　A. 一次性整理剂　　　　　　B. 非永久性整理剂
　　C. 半永久性整理剂　　　　　D. 永久性整理剂

【解析】 阻燃处理剂按耐久程度分为非永久性整理剂、半永久性整理剂、永久性整理剂。根据织物所需的阻燃性能要求不同，选用相应的整理剂。经永久性整理剂整理的产品，能耐水洗50次以上，并且能耐皂洗，主要用于消防服、劳保服、床单、睡衣等；经半永久性整理剂整理的产品，能耐水洗1~15次中性皂洗涤，主要用于门帘、窗帘、沙发套、床垫及电热毯等；非永久性整理剂整理的产品也有一定的阻燃性能，但不耐水洗，一般用于墙面软包用布的阻燃处理。

答案： B

116. 建筑用纸面稻草板制作简易隔墙，下列哪一种描述是正确的？

［2003-057］

　　A. 墙高可到2700mm
　　B. 晴天可在室外搭建
　　C. 沿地的钢或木龙骨下不必垫油毡条
　　D. 不得用于有水气的房间

【解析】 纸面稻草板制作简易隔墙一般应不超过2400mm左右；当沿地面或楼面的钢或木龙骨下必须铺垫防潮油毡条，以防纸面稻草板受潮；纸面稻草板只能制作简易内隔墙，当用作外墙时，应进行防水处理。当然，纸面稻草板是不得用于有水气的房间的。

答案：D

117. 用马、牛等杂次废毛掺适量植物纤维和浆糊制成的毛毡，在建筑中下列用途哪一条并不合适？ [2003-059]

A. 门窗部位衬垫　　　　　　B. 缝隙堵塞加衬
C. 贴墙保温吸声　　　　　　D. 厅室装饰地毯

【解析】 毛毡，尤其是用马、牛等杂次废毛掺适量植物纤维和浆糊制成的毛毡，主要用于门窗部位、墙体间的缝隙堵塞加衬，起堵塞、保温、吸声等作用。它不宜用作地毯。

答案：D

118. 地毯产品按材质不同价格相差非常大，下列地毯哪一种成本最低？ [2005-046]

A. 羊毛地毯　　　　　　　　B. 混纺纤维地毯
C. 丙纶纤维地毯　　　　　　D. 尼龙纤维地毯

【解析】 一般，在地毯中以羊毛地毯价格最高；在化学纤维地毯中，以尼龙纤维地毯价格最高；丙纶纤维地毯价格最低。

答案：C

119. 在化纤地毯的面层中，下列何种纤维面层的耐磨性、弹性、耐老化性、抗静电性不怕日晒最好？ [2004-051]

A. 丙纶纤维　　B. 腈纶纤维　　C. 涤纶纤维　　D. 尼龙纤维

【解析】 丙纶纤维（聚丙烯纤维）地毯耐磨性、耐酸碱、耐湿性、阻燃性好，防虫蛀性好，但手感略硬、回弹性、抗静电性较差，在阳光照射下老化快，价格较便宜；

腈纶纤维（聚丙烯腈纶）地毯性能与丙纶纤维地毯相近，抗静电性优于丙纶纤维地毯；

涤纶纤维（聚酯纤维）地毯耐磨性优于腈纶纤维地毯，抗静电性优于丙纶纤维地毯；

尼龙纤维（锦纶）地毯各种性能均优于其他化纤地毯，手感富有弹性似羊毛，耐磨、耐虫性能好，不怕日晒、不易老化，抗静电性极好，且易于清洗，价位较其他化纤地毯高。

答案：D

120. 化纤地毯中，以下哪种面层材料的地毯不怕日晒，不易老化？
[2009-047]
A. 丙纶纤维　　B. 腈纶纤维　　C. 涤纶纤维　　D. 尼龙纤维
【解析】 见上题。
答案：D

121. 在合成纤维地毯中，以下哪种地毯耐磨性较好？ [2008-049]
A. 丙纶地毯　　B. 腈纶地毯　　C. 涤纶地毯　　D. 尼龙地毯
【解析】 见119题。
答案：D

122. 下列何种纤维面层的地毯阻燃性最好？ [2007-046]
A. 丙纶纤维　　B. 腈纶纤维　　C. 涤纶纤维　　D. 尼龙纤维
【解析】 见119题。
答案：A

123. 以下几种人工合成纤维中，阻燃性和防霉防蛀性能俱佳的是：
[2009-048，2010-047]
A. 丙纶　　　　B. 腈纶　　　　C. 涤纶　　　　D. 尼龙
【解析】 见119题。
答案：A

124. 丙纶纤维地毯的下述特点中，何者是不正确的？ [2004-052]
A. 绒毛不易脱落，使用寿命较长　　B. 纤维密度小，耐磨性好
C. 抗拉强度较高　　D. 抗静电性较好
【解析】 见119题。
答案：D

125. 我国化纤地毯面层纺织工艺有两种方法，机织法与簇绒法相比，下列优点何者不正确？ [2004-053]
A. 密度较大、耐磨性高　　B. 工序较少、编织速度快
C. 纤维用量多、成本较高　　D. 毯面的平整性好
【解析】 机织地毯纤维用量多，密度较大，毯面的平整性好，因此耐磨

性好，成本较高。但工序较多、编织速度慢。

答案：B

126. 地毯一般分为6个使用等级，其划分依据是：　　　　［2010-046］
   A. 纤维品种　　　B. 绒头密度　　　C. 毯面结构　　　D. 耐磨性

【解析】 地毯按其所用场所不同，分为六个等级，见表13-28。

表13-28　地毯的等级

等级	所用场所
1. 轻度家用级	铺设在不常使用的房间或部位
2. 中度家用级（或轻度专业使用级）	用于主卧室或家庭餐厅等
3. 一般家用级（或中度专业使用级）	用于起居室及楼梯、走廊等行走频繁的部位
4. 重度家用级（或一般专业使用级）	用于家中重度磨损的场所
5. 重度专业使用级	用于特殊要求场合
6. 豪华级	地毯品质好，绒毛纤维长，具有豪华气派，用于高级装饰的场合

可见，上述的分类虽说是按照所用场所不同的分类，但可以看出类别的高低与地毯承受磨损的情况具有一定的相关性。即级别越高，地毯受到磨损的可能性越大。

答案：D

127. 地毯宜在以下哪种房间里铺设？　　　　　　　　　　［2008-048］
   A. 排练厅　　　　　　　　　　B. 老年人公共活动房间
   C. 迪斯科舞厅　　　　　　　　D. 大众餐厅

【解析】 一般，排练厅与迪斯科舞厅不需铺设地毯；大众餐厅不得铺设地毯；在老年人公共活动房间铺设地毯，有利于老年人的身体健康。

答案：B

128. 建筑工程中使用油漆涂料的目的，最全面正确的是：　　　　［1995-037］
   A. 经济、实用、美观　　　　　B. 保护、卫生、装饰
   C. 遮盖、防腐、耐蚀　　　　　D. 宣传、美化、广告

【解析】 建筑工程中使用油漆涂料的目的，应是①对被涂表面起到保护作用，使得材料表面不受潮湿，不受腐蚀等不利影响；②是通过表面涂饰，以

不同的色彩和质感使材料表面得到装饰；③由于进行了表面装饰，从而改善了环境卫生，且使得表面易于清洗。

答案：B

129. 涂料应用极广，如港湾的飞机库屋面涂成绿色，而飞机上部涂草绿色下部漆湛蓝色，船舰都涂成蓝灰色，请问这属于涂料的下列哪一种作用？

[2003-036]

A. 保护耐用　　B. 装饰标记　　C. 伪装混淆　　D. 特殊专用

【解析】 涂装除了保护、卫生、装饰作用外，还可具有其他功能，如防火、保温、伪装等。

答案：C

130. 古建筑油漆彩画常用的油漆，以下何者最好？

[1995-006，1997-042，1998-060，1999-060，2005-039，2006-041]

A. 磁漆　　B. 大漆　　C. 调和漆　　D. 硝基漆

【解析】 古建筑油漆彩画常用的油漆是大漆（又称天然漆、生漆、国漆等），生漆漆膜坚硬，富有光泽，而且具有独特的耐久性、抗渗性、耐磨性、耐油性、耐化学腐蚀性、耐水性、绝缘性、耐热性（使用温度≤250℃）等优良性能。其缺点是漆膜色深，性脆，挠性与抗曲性差，耐强氧化剂和强碱性能差，不耐阳光直射。而且有毒性，施工时会使人发生皮肤过敏。

答案：B

131. 古建筑油漆彩画用的是以下哪种漆？　　　　[2009-038]

A. 浅色酯胶磁漆　B. 虫胶清漆　　C. 钙酯清漆　　D. 熟漆

【解析】 古建筑油漆彩画用的是天然树脂漆又称大漆、生漆、国漆、土漆、天然漆等；将其加工或改制成各种精制漆，称为熟漆。现代仿古建筑（园林建筑）以多用这种大漆改性制品（熟漆）。

答案：D

132. 天然漆为我国特产，又称大漆或生漆。其下列特性哪一条是错的？

[2001-056，2003-058，2004-038]

A. 漆膜坚硬、光泽耐久

B. 耐水、耐磨、耐蚀、耐热（≤250℃）

C. 黏度不大，较易施工，耐曝晒

D. 与基底材料表面结合力强，抗碱性较差

【解析】 见130题。
答案：C

133. 漆树液汁过滤后属于什么漆？ ［2007-040］
A. 清油　　　　B. 虫胶漆　　　　C. 脂胶漆　　　　D. 大漆

【解析】 天然漆是以漆树汁为原料经过滤而成的涂料。又称大漆、生漆、国漆等，为我国著名特产。
答案：D

134. 油料成膜剂分为干性油、半干性油、不干性油三种，在以下四种油中，何者属于干性油？ ［1998-004］
A. 蓖麻油　　　　B. 椰子油　　　　C. 大豆油　　　　D. 桐油

【解析】 按其能否干结成膜及成膜速度油料成膜剂分为干性油、半干性油和不干性油，制造油漆主要采用干性油作为成膜物。

干性油能在空气中发生氧化和聚合作用，经一段时间（一周内）形成坚硬的漆膜，耐水且具有弹性。属干性油的有亚麻油、桐油、梓油、苏籽油等；

半干性油需经较长时间才能成膜，且油膜软而粘。如豆油、向日葵油、棉籽油等；

不干性油在正常情况下，不能成膜，如花生油、蓖麻油、椰子油等。
答案：D

135. 常用油料都是制作涂料的成膜剂，何组属于干性油，具有快干的性能？ ［2000-054］
A. 亚麻仁油、桐油　　　　　　B. 大豆油、向日葵油
C. 蓖麻油、椰子油　　　　　　D. 花生油、菜籽油

【解析】 见上题。
答案：A

136. 玻璃在木门窗扇上安装，采用油灰，是用何种油拌制的？
［2000-057］
A. 蓖麻油　　　　B. 椰子油　　　　C. 熟桐油　　　　D. 向日葵油

【解析】 油灰（亦称腻子或玻璃腻子）它是由大量的填料（如石粉、滑石粉、石膏粉）、少量胶粘剂（熟桐油、清漆、合成树脂溶液或乳液）拌制而成。是一种白色或浅黄色膏状物。施工后3~7天结膜，并逐渐硬结。在建筑上常用作玻璃在木门窗扇上安装后嵌边加固密封用，也可作木器油漆打底用。

答案：C

137. 适用于外粉刷的白色颜料是：

A. 钛白粉　　　B. 立德粉　　　C. 大白粉　　　D. 锌氧粉

【解析】 钛白粉的主要成分是 TiO_2，白色粉末，性能稳定，遮盖力及着色力极强，化学稳定性好，不易变色。商品有两种：①金红石型二氧化钛，耐光性非常强，适用于外粉刷；②锐钛矿型二氧化钛，耐光性较差，适用于内粉刷；

立德粉，学名锌钡白，是硫化锌（ZnS）和硫酸钡（$BaSO_4$）的共沉淀物，白色颜料，遮盖力比锌氧粉强，但不及钛白粉，经日光长期曝晒能变色，故不宜用于外粉刷；

大白粉只用于室内粉刷；

锌氧粉，俗称锌白，学名氧化锌（ZnO）高温及长期贮存会变黄，故不宜用于外粉刷。

答案：A

138. 在油脂树脂漆中加入无机颜料即可制成以下哪种漆？　　［2010-036］

A. 调和漆　　　B. 光漆　　　C. 磁漆　　　D. 喷漆

【解析】 在油脂树脂漆（即清漆）中加入无机颜料即可制成磁漆。

答案：C

139. 木面门窗的油漆，如需显露木纹时，要选择哪种油漆？　　［1997-041］

A. 调和漆　　　B. 磁漆　　　C. 大漆　　　D. 清漆

【解析】 清漆是由树脂加入挥发性溶剂（汽油、酒精）制成的，由于未加入颜料及填料，清漆呈透明状态，当木门窗油漆后需显露木纹时，应采用清漆。清漆主要用作调制磁漆与磁性调和漆。

答案：D

140. 在油漆涂料中，哪种为价格较经济并适用于耐酸、耐碱、耐水、耐磨、耐大气、耐溶剂、保色、保光漆层的油漆？　　［1995-039］

A. 沥青漆　　　B. 酚醛漆　　　C. 醇酸漆　　　D. 乙烯漆

【解析】 沥青漆具有较好的耐水、耐酸、耐碱性，且能绝缘，但颜色黑，不宜做浅色漆，对日光稳定性差，耐溶剂性差；

酚醛漆干燥快，漆膜坚硬，耐磨、耐水、耐化学腐蚀，能绝缘，但颜色易泛黄、变深，漆膜较脆；

醇酸漆耐候性优良，保光性好，耐久性好，但漆膜较软，耐碱性和耐水性差；

乙烯漆漆膜弹性优良，色白，耐腐蚀性能强、耐水，但由于固体份低，耐溶剂性差，清漆不耐晒，高温时易碳化。

答案：B

141. 从防腐性能衡量，能耐酸、耐碱、耐水、耐磨、耐溶剂、防潮、绝缘、耐老化并耐久10年以上的涂层，下列哪种能满足上述要求？　　[2003-050]
　　A. 沥青漆　　B. 乙烯漆　　C. 天然大漆　　D. 环氧树脂漆

【解析】 沥青漆、乙烯漆见上题说明；天然大漆见前面有关题解析；环氧树脂漆附着力强，抗化学腐蚀性好，漆膜坚韧，能绝缘，但保光性差，室外暴晒易粉化。

答案：C

142. 清漆腊克适用于下列哪种材料表面？　　[1999-050]
　　A. 金属表面　　B. 混凝土表面　　C. 木装修表面　　D. 室外装修表面

【解析】 清漆腊克又称光漆，是由硝化棉、天然树脂、溶剂等制成，腊克的漆膜具有很好的光泽，但耐候性较差，不宜使用于室外，它常用来涂饰高级木器、家具等木装修表面，故又称"硝基木质清漆"。

答案：C

143. 调和漆是以成膜干性油加入体质颜料、溶剂、催干剂加工而成。以下哪种漆属于调和漆？　　[2008-002]
　　A. 天然树脂漆　　B. 油脂漆　　C. 硝基漆　　D. 醇酸树脂漆

【解析】 以成膜干性油为成膜剂，再加入体质颜料、溶剂、催干剂加工而成的涂料属于调和漆（亦称油性调和漆）。

答案：B

144. 乳胶漆属于以下哪种油漆涂料？　　[2010-038]
　　A. 烯树脂漆类　　B. 丙烯酸漆类　　C. 聚酯漆类　　D. 醇酸树脂漆类

【解析】 乳胶漆系指极细小的合成树脂粒子分散在有乳化剂的水中构成乳液，再加入颜料、填料等制得乳胶漆涂料，即用于建筑物内、外墙的建筑涂料，常有丙烯酸漆类。

答案：B

145. 在建筑工程中，用于给水管道、饮水容器、游泳池及浴池等专用内壁油漆是哪一种？ ［2004-035］

　　A. 磁漆　　　　B. 环氧漆　　　　C. 清漆　　　　D. 防锈漆

【解析】 磁漆常用于室内外木器或金属表面涂装；环氧漆附着力强，抗化学腐蚀性好，漆膜坚韧，能绝缘，但不宜受阳光照射。适用于大件化工设备、贮槽、管道内外壁及混凝土表面涂装；专门用于给水管道、饮水容器、游泳池及浴池等专用内壁油漆，又名"饮水容器内壁环氧涂料"。清漆主要用于木器的涂装；防锈漆主要用于金属表面防腐。

答案：B

146. 适用于地下管道、贮槽的环氧树脂，是以下哪种漆？ ［2005-038］

　　A. 环氧磁漆　　　B. 环氧沥青漆　　C. 环氧无光磁漆　　D. 环氧富锌漆

【解析】 环氧漆附着力强，抗化学腐蚀性好，耐溶剂、耐寒、耐磨，漆膜坚韧，能绝缘，但不宜受阳光照射。常用环氧树脂漆的性能、用途见表13-29。

表13-29　常用环氧树脂漆的性能、用途

名称	性能	用途
环氧磁漆	漆膜坚硬，干燥性能超群，有良好的附着力，防水、防酸碱、防溶剂，防腐性能好	广泛用于各种酸、碱、盐环境下的钢结构防腐面漆
环氧沥青漆	漆膜坚硬，有良好的附着力，有良好的耐潮及防腐蚀性能，但不宜受阳光照射	用于涂装地下管道、贮槽及金属或混凝土表面以防腐蚀
环氧富锌漆	漆膜中锌含量高，具有优异的附着力、耐水性、及防锈性能，漆膜干快且坚硬，有良好的柔韧性和耐候性	适用于矿山、井架、港口码头钢结构、铁塔，石油管道；化工、冶金等行业的钢结构、设备表面作为基层防腐底漆；镀锌板表面的防腐蚀底漆

答案：B

147. 环氧树脂涂层属于什么涂料？ ［2007-002］

　　A. 外墙涂料　　　B. 内墙涂料　　　C. 地面涂料　　　D. 屋面涂料

【解析】 环氧树脂涂层属于地面涂料（地坪涂料），通常采用刮涂方法，形成地面涂层，称无缝塑料地面或塑料涂布地板，漆膜与水泥地面粘结牢固，坚硬、耐磨、有韧性、耐水、耐油、耐腐蚀、耐久性好，装饰性好；常用于工业与民用住宅建筑中耐磨、耐腐蚀、耐水、防尘等工程地面。

答案：C

148. 环氧树脂耐磨地面是建筑工程中一种常用的地面耐磨涂料，下列哪一条不是环氧树脂耐磨地面的特性？　　　　　　　　　　[2006-039]
　　A. 耐酸碱腐蚀　　B. 防产生静电　　C. 耐汽油腐蚀　　D. 地面易清洁
【解析】　见上题。
答案：B

149. 在下列油性防锈漆中，何者不能用在锌板、铝板上？　[2004-036]
　　A. 红丹油性防锈漆　　　　　　B. 铁红油性防锈漆
　　C. 铁黑油性防锈漆　　　　　　D. 锌灰油性防锈漆
【解析】　红丹油性防锈漆中，防锈颜料为红丹（Pb_3O_4）在一定的条件下能与锌、铝发生化学反应，使得锌板、铝板遭到腐蚀。
答案：A

150. 建筑工程常用的下列油漆中，何者适用于金属、木材表面的涂饰，作防腐用？　　　　　　　　　　　　　　　　　　　　[2004-037]
　　A. 酚醛树脂漆　　B. 醇酸树脂漆　　C. 硝基漆　　D. 过氯乙烯磁漆
【解析】　酚醛树脂漆常用于绝缘、金属防腐、耐酸防腐、室内外金属、木装饰；
　　醇酸树脂漆耐候性优良，保光性好，耐久性好，但漆膜较软，耐碱性和耐水性差，常用于耐油、耐热、保色、保光、绝缘涂层；
　　硝基漆耐油、保光性好，常作木器家具、金属装饰用，不宜作防腐用；
　　过氯乙烯磁漆耐酸、碱、耐高温、高湿，耐久性好，常用作外墙涂料、地坪涂料及金属、木材表面防腐蚀。
答案：D

151. 不能用作耐酸涂层的涂料是：　　　　　　　　　　　　[2000-056]
　　A. 聚氨酯漆　　B. 丙烯酸漆　　C. 氯丁橡胶漆　　D. 环氧树脂漆
【解析】　聚氨酯漆、氯丁橡胶漆、环氧树脂漆都是可以用来作耐酸涂膜的涂料，其中氯丁橡胶漆除可以用来作耐酸涂膜外，还可作为耐水涂膜、防潮涂膜、耐磨涂膜、耐大气涂膜等；丙烯酸漆不能作为耐酸涂膜的涂料。
答案：B

152. 室内空气中有酸碱成分的室内墙面，应使用哪种油漆？　[1999-056]
　　A. 调和漆　　　B. 清漆　　　C. 过氯乙烯漆　　D. 乳胶漆
【解析】　过氯乙烯漆是一种水乳型涂料，具有耐酸、碱，耐高温、高湿，耐久性好，常用作外墙涂料、地坪涂料及各类建筑物防腐蚀。一般说，外墙涂料均可用作内墙装饰，但溶剂型涂料却不宜用于内墙。

答案：C

153．常用的建筑油漆中，以下哪种具有良好的耐化学腐蚀性？
[2009-046]

A．油性调和漆　　B．虫胶漆　　C．醇酸清漆　　D．过氯乙烯漆

【解析】　见上题。

答案：D

154．建筑涂料按稀释剂可分为水溶型、水乳型、溶剂型涂料三种，下列哪条不是溶剂型涂料的特性？
[2006-042]

A．涂膜薄而坚硬　　　　　　B．价格较高
C．挥发物质对人体有害　　　D．耐水性较差

【解析】　溶剂型涂料是以高分子合成树脂为主要成膜物质，有机溶剂为稀释剂加入一定量颜料、填料、助剂等经混合、搅拌溶解研磨而成的一种挥发性涂料。涂刷后，溶剂挥发、成膜物等形成涂膜。

溶剂型涂料漆膜较薄而紧密，有较好的硬度、光泽、耐水性、耐化学腐蚀性和一定的耐久性。且成膜块，但漆膜透气性差。施工时须基底干燥，而且有机溶剂价格较高，挥发后污染环境。挥发物质对人体有害，且浪费能源。

答案：D

155．按照建筑装饰工程材料质量要求，外墙涂料应使用下列何种性能的颜料？
[2004-039]

A．耐酸　　B．耐碱　　C．耐盐　　D．中性

【解析】　由于外墙涂料一般涂装在水泥砂浆基底上，而水泥硬化后呈碱性，故要求外墙涂料应使用耐碱性较好的涂料；此外，外墙涂料还应具有良好的耐水性、耐光性、耐污染性、耐候性等性能，且应便于涂刷，容易清洗与维修。

答案：B

156．四种常用外墙涂料中，哪个不是以有机溶剂为稀释剂的涂料？
[1998-003，2000-055]

A．丙烯酸乳液涂料　　　　B．过氯乙烯涂料
C．苯乙烯焦油涂料　　　　D．聚乙烯醇缩丁醛涂料

【解析】 乳液型（亦称水乳型、乳胶型）涂料是成膜物微滴借助于乳化剂均匀的悬浮于水中而形成。以水为稀释剂，施工方便，不要求基底干燥，待水分蒸发后，成膜物破乳成膜。

乳液型涂料具有透气性好、耐候性好、耐久性好等优良性能；价格较便宜，无毒，不燃，对人体无害；其缺点是在较低的温度下不能形成优质的涂膜，必须在10℃以上施工才能确保质量；冬季不宜使用。

答案：A

157. 乳胶漆（乙酸乙烯类）用水代溶剂，合成树脂代植物油，其下列特点哪条有误？ [2003-037]

A. 色彩柔和且漆膜坚硬　　　　B. 漆膜快干而平整有光
C. 易在新湿墙面及顶棚上施工　D. 无毒、耐碱、不引火

【解析】 见上题。

答案：B

158. 某建筑物外墙面有微裂纹需要粉刷，出于装饰和保护建筑物的目的，应选用下列哪种外墙涂料？ [2006-040]

A. 砂壁状外墙涂料　　　　B. 复层外墙涂料
C. 弹性外墙涂料　　　　　D. 拉毛外墙涂料

【解析】 由于弹性外墙涂料的涂膜具有较好的弹性，可适应基底层的变形，遮盖基底的裂纹，保持对基层的保护作用，因此能够达到装饰和保护建筑物的目的。

答案：C

159. 在下列外墙涂料中，哪一种具有良好的耐腐蚀性、耐水性及抗大气性？ [2004-040]

A. 聚乙烯醇缩丁醛涂料　　B. 苯乙烯焦油涂料
C. 过氯乙烯涂料　　　　　D. 丙烯酸乳液涂料

【解析】 过氯乙烯涂料外墙涂料具有干燥快、施工方便，漆膜耐候性、耐腐蚀性、耐水性、防霉性、阻燃性好，干透后附着力强、抗大气性好等特点。常用有乳液型和溶剂型两种。

答案：C

160. 水泥漆的主要组成是以下哪种物质？ [2005-036]

A. 干性植物油　　B. 氯化橡胶　　C. 有机硅树脂　　D. 丙烯酸树脂

【解析】 水泥漆又称氯化橡胶墙面涂料，系以氯化橡胶、增塑剂、颜料、助剂等加工而成。

答案：B

161. 制作水磨石用的色石渣主要是由下列什么天然石料破碎加工而成的？　　　　　　　　　　　　　　　　　　　　　　　　　　［1997-005，2001-036］

A. 花岗岩　　　B. 大理石　　　C. 麻石　　　D. 石英石

【解析】 色石渣可由花岗岩或大理石经破碎而得，但因花岗岩质地坚硬不适合用来制作水磨石，因而制作水磨石用的色石渣主要是由大理石破碎加工而成的。

答案：B

162. 斩假石又称剁斧石，是属于下列哪种材料？　　　　　　　［1999-004］

A. 混凝土　　　B. 抹面砂浆　　　C. 装饰砂浆　　　D. 合成石材

【解析】 斩假石又称剁斧石，它是以水泥石渣浆或者以其作为面层抹灰，待其硬化具有一定强度时，用钝斧及其他工具在面层上剁斩出类似石材经雕琢的纹理效果的一种人造石材装饰方法。斩假石的装饰效果极好，貌似真石，给人以朴实、自然、素雅、庄重的感觉。斩假石属于装饰砂浆。

答案：C

163. 建筑工程顶棚装修时不应采用以下哪种板材？　　　　　［2008-058］

A. 纸面石膏板　　　　　　B. 矿棉装饰吸声板
C. 水泥石棉板　　　　　　D. 珍珠岩装饰吸声板

【解析】 水泥石棉板有碍人体健康，在建筑工程顶棚装修时不应采用。

答案：C

164. 建筑工程室内装修材料，以下哪种材料燃烧性能等级为 A 级？
　　　　　　　　　　　　　　　　　　　　　　　　　　　　［2005-013］

A. 矿棉吸声板　　B. 岩棉装饰板　　C. 石膏板　　D. 多彩涂料

【解析】 国家标准《建筑内部装修设计防火规范》（GB 50222—1995）规定，矿棉吸声板、岩棉装饰板、多彩涂料属 B_1 级；石膏板为 A 级。

答案：C

165. 玻璃棉的燃烧性能是以下哪个等级？　　　　　　　　　　［2009-011］

A. 不燃　　　　B. 难燃　　　　C. 可燃　　　　D. 易燃

【解析】 国家标准《建筑内部装修设计防火规范》（GB 50222—1995）规定，玻璃棉板属难燃材料。

答案：B

166. 高层住宅顶棚装修时，应选用以下哪种材料能满足防火要求？

[2008-033]

A. 纸面石膏板

B. 木制人造板

C. 塑料贴面装饰板

D. 铝塑板

【解析】 高层住宅顶棚装修满足防火要求，应选用不燃烧体。安装在钢龙骨上的纸面石膏板，可作为 A 级装修材料使用；铝塑板亦为不燃烧材料。

答案：D

167. 一类高层办公楼，当设有火灾自动报警装置和自动灭火系统时，其顶棚装修材料的燃烧性能应采用哪级？

[2009-053]

A. B_3 B. B_2 C. B_1 D. A

【解析】 一类高层建筑其顶棚应为不燃烧体，即应采用不燃烧材料制成。

答案：D

168. 燃烧性能属于 B_2 等级的是以下哪种材料？

[2008-041]

A. 纸面石膏板   B. 酚醛塑料   C. 矿棉板   D. 聚氨酯装饰板

【解析】 纸面石膏板、酚醛塑料、矿棉板属难燃烧材料（B_1 级）；聚氨酯装饰板燃烧性能属于 B_2 等级。

答案：D

169. 建筑内部装修材料中，纸面石膏板板材的燃烧性能是以下哪种级别？

[2009-032]

A. B_1 B. B_2 C. B_3 D. A

【解析】 建筑内部装修材料中，纸面石膏板板材的燃烧性能是 B_1 级。

答案：A

170. 以下哪项可作为 A 级装修材料使用？

[2009-055]

A. 胶合板表面涂覆一级饰面型防火涂料

B. 安装在钢龙骨的纸面石膏板

C. 混凝土墙上粘贴墙纸

D. 水泥砂浆墙上粘贴墙布

【解析】 国家标准《建筑内部装修设计防火规范》（GB 50222—1995）2.0.4规定，安装在钢龙骨上的纸面石膏板，可作为A级装修材料使用。

答案：B

171. 安装在轻钢龙骨上的纸面石膏板，可作为燃烧性能为哪一级的装饰材料使用？ [2010-114]

A. A级　　B. B_1级　　C. B_2级　　D. B_3级

【解析】 见上题。

答案：A

172. 民用建筑工程室内装修时，不应采用以下哪种内墙涂料？ [2005-058]

A. 聚乙烯醇水玻璃内墙涂料　　B. 合成树脂乳液内墙涂料

C. 水溶性内墙涂料　　D. 仿瓷涂料

【解析】 国家标准《民用建筑工程室内环境污染控制规范》（GB 50325—2010）4.3.7规定，民用建筑工程室内装修时，不应采用聚乙烯醇水玻璃内墙涂料、聚乙烯醇缩甲醛内墙涂料和树脂以硝化纤维素为主、溶剂以二甲苯为主的水包油型（O/W）多彩内墙涂料。

答案：A

173. 民用建筑工程室内装修所采用的溶剂，严禁使用以下哪种？ [2005-059]

A. 苯　　B. 丙酮　　C. 丁醇　　D. 酒精

【解析】 国家标准《民用建筑工程室内环境污染控制规范》（GB 50325—2010）5.3.3规定，民用建筑工程室内装修时，严禁使用苯、工业苯、石油苯、重质苯及混苯作为稀释剂和溶剂。

答案：A

174. 民用建筑室内装修工程中，以下哪种类型的材料应测定苯的含量？ [2009-057]

A. 水性涂料　　B. 水性胶粘剂　　C. 水性阻燃剂　　D. 溶剂型胶粘剂

【解析】 国家标准《民用建筑工程室内环境污染控制规范》（GB 50325—2010）3.4.2规定，民用建筑工程室内用溶剂型胶粘剂，应测定挥发性有机化合物（VOC）、苯、甲苯+二甲苯的含量。

答案：D

175. 对民用建筑工程室内用聚氨酯胶粘剂，应测定以下哪种有害物的含量？ [2005-056]

A. 游离甲醛
B. 游离甲苯二异氰酸酯
C. 总挥发性有机化合物
D. 氨

【解析】 国家标准《民用建筑工程室内环境污染控制规范》（GB 50325—2010）3.4.3 规定，聚氨酯胶粘剂应测定游离甲苯二异氰酸酯（TDI）的含量，并不应大于 10g/kg。

答案：B

176. 具有下列哪一项条件的材料不能作为抗 α、β 辐射材料？ [2006-056]

A. 优良的抗撞击强度和耐磨性　　B. 材料表面光滑无孔具不透水性
C. 材料为离子型　　　　　　　　D. 材料表面具耐热性

【解析】 由于 α、β 射线穿透能力很低，因此一般表面防护材料本身也可以同时防护 α、β 辐射。但要求：①应有优良的抗撞击强度和优良的耐磨性、耐腐蚀性、耐热性和耐风化性；②材料表面应光滑无孔，具优良的不透水性；③材料应为非离子型；④应易于洗涤，易于挖补。

答案：C

177. 设计使用放射性物质实验室，墙壁装修应采用什么材料？

[2007-056]

A. 水泥　　　　B. 木板　　　　C. 石膏板　　　　D. 不锈钢板

【解析】 见上题。

答案：D

178. 民用建筑工程中室内使用以下哪种材料时应测定总挥发性有机化合物（TVOC）的含量？ [2006-060]

A. 石膏板　　　B. 人造木板　　　C. 卫生陶瓷　　　D. 水性涂料

【解析】 国家标准《民用建筑工程室内环境污染控制规范》（GB 50325—2010）规定，都不必测定总挥发性有机化合物（TVOC）的含量。

答案：原为 D

179. 民用建筑工程中,室内使用以下哪种材料时必须测定有害物质释放量? [2008-059]

　　A. 石膏板　　　B. 人造木板　　C. 卫生陶瓷　　D. 商品混凝土

【解析】 国家标准《民用建筑工程室内环境污染控制规范》(GB 50325—2010)规定,人造木板必须测定游离甲醛含量或游离甲醛释放量。

答案:B

180. 以下哪种装修材料含有害气体甲醛? [2009-059]

　　A. 大理石　　　B. 卫生陶瓷　　C. 石膏板　　　D. 胶合板

【解析】 见上题。

答案:D

181. 采用环境测试舱法,能测定室内装修材料中哪种污染物的释放量?

[2008-008,2009-58,2010-059]

　　A. 氡　　　　　B. 苯　　　　　C. 游离甲醛　　D. 氨

【解析】 游离甲醛的测定方法有三种:"环境测试舱法"可以直接测得各类板材释放到空气中的游离甲醛浓度;"穿孔法"可以测试板材中所含的游离甲醛的总量;"干燥器"法可以测试板材释放到空气中游离甲醛浓度。实际应用中,三者各有优缺点。

答案:C

182. 民用建筑工程中室内装修时,不应采用以下哪种胶粘剂?

[2005-056]

　　A. 酚醛树脂胶粘剂　　　　　　B. 聚酯树脂胶粘剂
　　C. 合成橡胶胶粘剂　　　　　　D. 聚乙烯醇缩甲醛胶粘剂

【解析】 国家标准《民用建筑工程室内环境污染控制规范》(GB 50325—2010)4.3.7 规定,民用建筑工程中室内装修时,不应采用107胶粘剂等聚乙烯醇缩甲醛胶粘剂。

答案:D

183. 住宅工程验收时,室内环境污染物 TVOC 的浓度总量不应大于:

[2010-060]

　　A. $0.8mg/m^3$　　B. $0.7mg/m^3$　　C. $0.6mg/m^3$　　D. $0.5mg/m^3$

【解析】《民用建筑工程室内环境污染控制规范》国家标准(GB 50325—

2010）规定，住宅工程（Ⅰ类民用建筑工程）验收时，室内环境污染物 TVOC 的浓度总量不应大于 $0.5mg/m^3$。

答案： D

184. 商品混凝土的放射性指标——外照射指数（I_r）的限量应符合下列哪一种？　　　　　　　　　　　　　　　　　　　　　　　[2006-058]

　　A. ≤0.2　　　　B. ≤1.0　　　　C. ≤2.0　　　　D. ≤3.0

【解析】 国家标准《民用建筑工程室内环境污染控制规范》（GB 50325—2010）规定，民用建筑工程所使用的无机非金属材料，包括砂、石、砖、水泥、商品混凝土、预制构件和新型墙体材料等，其放射性指标内照射指数（I_{Ra}）及外照射指数（I_r）的限量均应≤1.0。

答案： B

185. 民用建筑工程室内装修中所使用的木地板及其他木质材料，严禁使用下列何种类的防腐、防潮处理剂？　　　　　　　　[2004-022，2005-024]

　　A. 沥青类　　　B. 环氧树脂类　　C. 聚氨酯类　　D. 氯磺化聚乙烯类

【解析】《民用建筑工程室内环境污染控制规范》（GB 50325—2010）4.3.10 规定：民用建筑工程室内装修中所使用的木地板及其他木质材料，严禁采用沥青类防腐、防潮处理剂。

答案： A

186. 民用建筑工程室内用人造木板，必须测定游离甲醛释放量，用环境测试舱法测定，游离甲醛释放限量（mg/m^3），应是以下哪一种？

　　　　　　　　　　　　　　　　　　　　　　[2005-057，2007-011]

　　A. ≤0.12　　　B. ≤0.15　　　C. ≤5　　　　D. ≤9

【解析】 根据《民用建筑工程室内环境污染控制规范》（GB 50325—2001）规定，当采用环境测试舱法测定游离甲醛释放量，并依此对人造木板进行分类时，其限量应≤$0.12mg/m^3$。

答案： A

187. 根据《室内装饰装修材料人造板及其制品中甲醛释放限量》（GB 18580—2001）的要求，强化木地板甲醛释放量应为：　　　[2006-060]

　　A. ≤0.5mg/L　　B. ≤1.5mg/L　　C. ≤3mg/L　　D. ≤6mg/L

【解析】 根据《室内装饰装修材料人造板及其制品中甲醛释放限量》

（GB 18580—2001）中表1的规定，强化木地板甲醛释放量应为：≤1.5mg/L。

答案：B

附：（GB 18580—2001）中表1　人造板及其制品中甲醛释放量试验方法及限量值

产品名称	试验方法	限量值	使用范围	限量标志
中密度纤维板、高密度纤维板、刨花板、定向刨花板等	穿孔萃取法	≤9mg/100g	可直接用于室内	E_1
		≤30mg/100g	必须饰面处理后可允许用于室内	E_2
胶合板、装饰单板贴面胶合板、细木工板等	干燥器法	≤1.5mg/L	可直接用于室内	E_1
		≤5mg/L	必须饰面处理后可允许用于室内	E_2
饰面人造板（包括浸渍层压木质地板、实木复合地板、竹地板、浸渍胶膜纸饰面人造板等）	气候箱法	≤0.12mg/m³		
	干燥器法	≤1.5mg/L	可直接用于室内	E_1

参考文献

[1] 湖南大学，天津大学，同济大学，东南大学．土木工程材料［M］．中国建筑工业出版社，2002．
[2] 王寿华，马芸芳，姚庭舟，等．实用建筑材料学［M］．中国建筑工业出版社，1988．
[3] 符芳．建筑装饰材料［M］．东南大学出版社，1999．
[4] 刘祥顺．建筑材料（第三版）［M］．中国建筑工业出版社，2010．
[5] 陕西省建筑设计研究院编．建筑材料手册［M］．中国建筑工业出版社，1997．
[6] 中国新型建筑材料公司编．新型建筑材料实用手册［M］．中国建筑工业出版社，1987．